Beyond UFOs

BEYOND UFOs

UFO, 그 너머의 이야기

최준식 (UFO협력단/UFO Cooperation Corps 설립자) 글 　우물이 있는 집

차례

서문

무슨 근거로 부정하려 하는가?
이제는 UFO를 말해야 할 때!

※

프로이트에 따르면 인류는 역사적인 두 사건으로 인해 자존심을 크게 상했다. 그 첫 번째는 지동설의 등장으로 이로써 지구는 우주의 중심이 아니라 변방으로 추락했다. 두 번째는 다윈의 진화론으로 이 이론에 따르면 인간은 더 이상 신이 특별히 창조한 만물의 영장이 아니라 '원숭이'에서 진화한 동물의 한 종류에 불과한 존재가 되었다. 이에 이어서 프로이트는 인류는 자신에 의해 세 번째로 자존심에 크게 상처받을 일을 겪을 것이라며 '정신분석학' 이론을 발표했다. 그에 따르면 인간은 계몽시대에 믿었던 것처럼 이성적이고 합리적인 존재가 아니라 무의식에 있는 비이성적인 충동에 따라 움직이는 존재라는 것이다.

위에서 본 주장의 연장선상에서 보면 인류는 지금 네 번째로 자존심에 상처받을 수 있는 기로에 서 있는 듯하다. 그 단초를 제공한 것은 바로 UFO(그리고 외계 지성체)의 괄목할 만한 출현이다. 지난 세기에 인류는 과거 어느 때보다도 UFO와 잦은 만남을 가졌는데 그 결과 드디어 그들을 인정해야 하는 역사적 시점에 다다랐다. 그런데 인류 앞에 나타난 이 외계 존재들은 인간들보다 훨씬 우등한 존재로 판명됐다. 이 점은 이 책을 읽어보면 자연스럽게 수긍할 수 있을 것이다.

이들은 인류가 절대로 따라잡을 수 없을 정도로 빠르게 움직이는가 하면 아무 소리도 내지 않고 공중에 정지해 있었다. 그뿐만 아니라 물질과 에너지의 구분이나 시간과 공간의 제약을 뛰어넘어 출몰을 자유자재로 하는 다차원적인 모습을 보였다. 그들은 인간처럼 3차원 세계에 갇힌 존재가 아니라 차원을 넘나드는 초월적인 존재인 것이다.

인간은 이제 이런 외계, 혹은 다른 차원의 존재를 인정할 수밖에 없게 되었는데 이는 인간의 자존심에 큰 상처를 주게 될 것이다. 지금까지 인간은 존재의 대사슬(great chain of being)에서 '만물의 영장'으로서 가장 우위를 점하고 있었는데 그 지위가 위태롭게 된 것이다. 인간보다 월등한 존재가 나타났으니 이는 어쩔 수 없는 일일 것이다.

만일 이 주장을 인정한다면 우리는 온 힘을 다해 이 외계 지성체를 이해하기 위해 노력해야 할 것이다. 왜냐하면 이들이 존재한다는 것은 의심할 수 없는 사안이 되었지만 그들에 대해서는 아는 것이 거의 없기 때문이다. 이제 우리는 이 책에서 그들을 이해하려는 새로운 시도를 할 것이다.

I.
그가 오죽하면 유언장에 남겼을까

"형 요새 뭐해요?"
막역한 고교 후배인 허 교수가 내게 물었다.
"요즘 UFO 좀 들춰보고 있지."
나의 대답이 끝나기도 전에 허 교수는 소리치듯 말했다.
"뭐라고요? 형 미친 거 아냐? 하지 마, 하지 말라고요!"

허 교수는 평소에 취하던 공손한 태도를 잊은 듯 내게 이렇게 반말 투로 외쳤다. 사실 그는 그동안 내가 하는 연구에 대해 늘 칭찬을 아끼지 않았다. 내가 한국 문화나 죽음, 그리고 종교에 관해 책을 내면 후배는 항상 나를 칭송하곤 했다. 그런데 UFO 이야기가 나오자 마치 애인이 예고 없이 배신하는 것처럼 그는 자신의 태도를 순식간에 바꾸어버렸다.
"왜, UFO가 어때서? 그거 공부하면 안 돼?"

갑작스러운 그의 부정적인 반응에 외려 머쓱해진 나는 UFO 주제로는 대화가 더 이상 안 되겠다 싶어 성급히 화제를 다른 데로 돌렸다.

나는 그동안 UFO를 공부하면서 내 동료, 그것도 친한 동료들에게 이런 식의 응대를 여러 번 받았다. 그래서 요즘은 동료들을 만나도 될 수 있으면 이 주제에 대해 말하는 것을 삼간다. 나를 안쓰럽게 쳐다보는 그들의 얼굴에 내가 오히려 미안해지니 그렇게 할 수밖에 없었다. 사실 내 동료들의 태도는 한국의 지식인들이 UFO에 대해 갖는 전형적인 반응이 아닌가 싶다. 그들에게 UFO 현상은 일종의 미신 같은 것이라 배운 사람은 그런 것에 관심을 두어서는 안 되고 더 나아가서 경멸해도 되는 주제였다. 그들에게는 UFO 현상이 저급하고 치기 어린 일로밖에는 보이지 않는 것이다.

그러나 이것은 그들이 지금 전 세계에서 UFO 현상이 어떻게 일어나고 있고 연구가 어떻게 진행되는지 모르기 때문에 생기는 일이다. 20세기 중반이 되면서 인간과 UFO(그리고 외계인)의 만남이 부쩍 늘어났고 그에 따라 그에 관한 연구가 UFO학(Ufology)이라고 불릴 정도로 활발하게 이루어졌다. 이 연구는 미국을 중심으로 이루어졌는데 그 연구의 면모를 보면 눈이 휘둥그레진다. 너무나 다양한 분야에서 연구가 진행되었기 때문이다. 그리고 이 현상을 두고 수없이 많은 다큐멘터리 영상이 제작되었고 개인이 만든 유튜브 영상이 무더기로 나타났다. UFO 현상을 무시하는 사람들은 아마 이런 연구를 제대로 접하지 못했던 것 같다. 만일 이 가운데 제대로 된 연구를 하나라도 접했다면 앞에서 거론한 내 후배처럼 UFO 현상을 일언지하에 폄하하지는 못했을 것이다.

나는 진즉에 UFO에 대해 관심이 많아 호시탐탐 간헐적으로 공부해왔는데 책을 쓸 만큼의 연구가 축적되지는 못했다. 그러다 2007년에 로즈웰 UFO 추락 사건의 진상을 알린 미 공군 장교, 하우트의 유언장을 접하게 되었다. 그때 나는 더 이상 미루지 말고 UFO 현상을 정리해서 책을 써야겠다는 생각이 들었다. 나는 그전까지는 로즈웰의 UFO 추락 사건에 대해 긴가민가하면서 선뜻 믿지 못하고 있었다. 'UFO가 미국의 어느 벌판에 추락했는데 거기에는 죽은 외계인의 시신도 있었다. 미군 당국은 UFO와 외계인 시신을 어느 공군기지로 가져가 보관하고 있다'라는 것이 그 사건의 개요인데 나는 당시 이런 것은 공상과학소설에나 나올 법한 내용이라고 생각했다. 만일 같은 내용이 카툰 같은 것에 나온다면 재미 삼아 보겠지만 그것을 사실로 여기는 것은 온전한 정신 상태로는 힘들었다.

이에 대한 자세한 사정은 본문에서 말하겠지만 하우트는 이때 추락한 UFO와 외계인 시체를 직접 목격한 사람이다. 그리고 그는 그것들이 공군기지로 이송되어 보관되는 과정을 모두 지켜보았다. 그러나 미 공군의 모르쇠 정책 때문에 그는 진실을 이야기하지 못하고 죽을 때까지 함구하고 있었다. 그러다 그의 유언장이 공개됐는데 나는 그가 얼마나 로즈웰 사건의 진실을 알리고 싶었으면 유언장으로 남기고 죽었을까 하는 생각에 그의 진실성을 의심할 수 없었다.

나는 하우트의 유언장을 접하고 더 이상 지체하면 안 되겠다는 생각에 UFO에 관해 책을 써야겠다는 결심을 굳혔다. 그런데 혼자 능력으로는 가능하지 않아 주저하던 차에 옥스퍼드 대학에서 한국학을 가르치고 있던 지영해

월트 하우트(1922-2005) 중위

교수를 알게 되었다. 지 교수는 한국에는 잘 알려지지 않았지만, 한국인 가운데에는 가장 뛰어난 UFO 연구자이다. 그를 만나 대화를 해보니 곧 의기가 투합되었다. 그 결과 책을 같이 쓰기로 했고 그래서 나온 게 『외계지성체의 방문과 인류종말의 문제에 관하여』(2015)이었다. 이 책은 지 교수의 해박한 지식 덕에 UFO에 관한 많은 정보를 담을 수 있었지만 나와 지 교수의 대화체로 진행되다 보니 아무래도 독자들이 읽는 데에 부담을 느끼는 것 같았다. 그래서 UFO에 관한 책을 다시 쓰고 싶었는데 내가 이 주제에 대해 책을 다시 쓸 만한 깜냥은 못 되어 그렇게 날만 보내고 있었다.

II.
극렬하게 부정하던 미국 정부조차 인정한 시대에

그렇게 지내면서도 UFO에 관한 관심과 공부를 틈틈이 이어가고 있었는데 2021년에 큰 사건이 터지고 말았다. 미국 정부가 UFO의 존재를 공식적으로 인정한 것이다. 이게 왜 큰 사건인가 하는 것은 본문에서 설명하겠지만 UFO 연구사를 조금이라도 아는 사람은 금세 이 사건의 의미를 알 것이다.

그 유명한 로즈웰 사건 이후 미 정부는 UFO의 존재를 줄곧 부정해왔다. 다른 나라 정부들도 대체로 UFO의 존재를 부정했지만 2000년대 들어오면서 이전의 태도를 바꾸어 UFO를 인정하는 추세로 돌아섰다. 그러나 미국 정부만 유독 고집을 피우면서 UFO의 존재를 애써 무시해왔다.

미국 정부가 이 같은 부정적인 태도를 보였던 데에는 나름의 이유가 있다. 이것은 그들이 UFO를 인정하는 순간 자기들보다 앞선 문명을 가진 존재를 인정하는 것이 되어 세계 일등 국가의 지위를 박탈당하기 때문일 것이다. 그러니까 미국이 지금까지 전 세계에 대해 갖고 있었던 헤게모니, 즉 주도권을 이 외계 존재에게 빼앗기게 되는 처지가 될 수 있으니 UFO를 인정할 수 없었던 것이다. 그 때문에 그렇게 극렬하게 UFO를 부정한 것인데 UFO가 많은 지역에서 숱하게 나타나고 그에 따라 다수의 목격담이 발생하자 미국 정부도 어쩔 수 없이 UFO를 인정한 것이다. 손바닥으로 하늘을 가리면서 하늘을 부정하려 했지만 넘쳐나는 증거에 미국 정부가 손을 들고 만 것이다.

이 사건은 무엇을 의미하는 것일까? 이것은 이제 우리 인류가 외계인들과 더불어 살아야 하는 시대가 도래했다는 것을 의미한다. 아직도 우리는 이 외계인들의 정체를 잘 모르지만 그들을 인정했으니 좋든 싫든 같이 살아야 하는 것이다.

나는 이 엄청난 사건을 접하고 UFO를 본격적으로 공부해야겠다는 굳은(?) 결심을 하고 UFO 현상을 연구한 책을 구매하고 온라인에서 영상이나 기사를 찾기 시작했다. 때는 마침 내가 대학을 은퇴한 직후라 많은 시간을 투자할 수 있었다. 그러나 이 여정은 그리 간단하지 않았다. 인터넷을 뒤져보면 관계 영상이나 기사가 많이 있는 것을 발견할 수 있었지만 기본은 역시 책이다. 그런데 UFO를 전문적인 수준에서 연구한 책은 대부분 미국에서 출간된 것이라 국내에서는 그런 전문서를 찾을 길이 없었다. 그래서 어쩔 수 없이 미국에 사는 아들을 통해 아마존에서 어렵게 관계서들을 구입해 읽어나갔다.

이와 더불어 큰 도움이 됐던 것은 유튜브를 통해 접한 수많은 다큐멘터리 영상이었다. 이 영상들 덕분에 이 책의 내용이 훨씬 더 풍부해졌다. 물론 아무 영상이나 원용한 것은 아니다. 자료로서 가치가 있는 것을 선별해서 활용했다. 유튜브에는 믿을 수 없는 영상이 많은지라 엄격하게 가리지 않으면 낭패를 볼 수 있기 때문이다. 내가 본문에서 영상들을 인용할 때는 해당 주소를 각주에 올려놓았으니 관심 있는 독자는 원본을 찾아서 볼 수 있을 것이다.

III.
BEST 7 사건을 추려 소개하기로

이렇게 긴 시간을 공부하다 보니 UFO의 역사가 어느 정도 또렷하게 손에 잡히었다. 그리고 어떻게 이 현상을 소개하면 좋을지에 대해 방안이 서기 시작했다. 나는 특히 이 다양한 UFO 현상을 어떻게 하면 일목요연하게 알릴 수 있을지를 고민했는데 마침 해답을 찾을 수 있었다. 그것은 전체 UFO 역사에서 가장 중요한 사건을 골라 시대순으로 소개하는 일이었다.

독자들도 알다시피 지금 전 세계적으로 알려진 UFO 목격을 포함해서 피랍 등 UFO와 관련된 현상은 부지기수로 많다. 하도 많아 이것들을 다 일별하는 것 자체가 불가능할 정도다. 그래서 그런지 국내 UFO 연구서나 관련 동영상들을 보면 그저 UFO 영상을 나열하는 데에 그치는 경우가 많다. 그러니 노상 새로운 영상을 소개하기에만 바빠 심도 있는 해석을 하지 못한다. 그러나 그런 식으로 접근해서는 UFO 현상이 갖고 있는 진정한 의미를 알기 힘들다. 그렇게만 하면 많은 영상 사이에서 헤매다 UFO 현상에서 무엇이 중요한 요소인지를 알지 못하고 끝날 수 있다.

이런 문제를 잘 알고 있었던 나는 그 많은 UFO 현상 가운데 괄목할 만한 사례를 찾아 일곱 가지 범주로 분류했다. 이것들은 UFO 연구의 전환점이 될 만한 사건들로 이 사건만 알면 우리 인간에게 UFO가 무슨 의미를 갖는 것인지를 기초적인 수준에서 알 수 있다. 그 많은 UFO 사건을 일일이 섭렵하지 않더라도 UFO가 우리 인류에게 어떤 의미를 갖는지 알 수 있다는 것이다.

  그런 의미에서 이 책은 UFO에 관심을 갖기 시작했거나 약간의 지식이 있는 사람들에게 입문서로서 좋을 역할을 할 것이다. 본서에서 다루는 괄목할 만한 'Best 7' 사건을 일별해보면 다음과 같다.

  1) 미국 트리니티 사건(1945): 목격자가 UFO가 추락한 현장을 직접 목도하고 세 명의 외계인까지 목격한 사건

  2) 미국 로즈웰 사건(1947): 하도 유명해서 설명이 필요 없는 사건

  3) 미국 소코로 사건(1964): 트리니티 사건과 자매 격인 사건으로 착륙한 UFO와 두 명의 외계인을 목격한 사건

  4) 영국 렌들샴 숲 사건(1980): 목격자가 착륙한 UFO를 실제로 만져 본 사건

  5) 벨기에 UFO 웨이브 현상(1989~1992): 수천 명이 3년에 걸쳐 UFO를 목격한 사건

  6) 짐바브웨 에이리얼 초등학교 사건(1994): UFO가 착륙하고 외계인이 내려와 초등학생들에게 직접 메시지를 전달한 사건

  7) 그 외 꼭 알아야 할 UFO 사건들

이 7건은 각각 UFO 현상을 대표하는 특징을 갖고 있어 UFO 를 이해하는 데에 도움을 줄 것이다. 그리고 이 사례들을 읽어보면 독자들은 그때부터 아마도 UFO와 외계인의 실재를 부정할 수 없 게 될 것이다.

IV.
도래하는 새로운 세상, 적극적으로 준비해야

이제 우리는 외계인들과 같이 살게 되었다. 아니, 많은 연구가 에 따르면 UFO와 외계인들은 이전부터 우리와 함께 있었는데 인 간의 과학 수준이 그다지 높지 못해 그들의 존재를 제대로 파악 하지 못했을 뿐이라고 한다. 그러나 지금은 인간의 과학과 기술로 UFO의 실재를 알게 되었고 어렴풋이나마 그들의 정체를 파악할 수 있게 되었다. 그런 의미에서 우리는 UFO와 함께 사는 새로운 시대에 들어왔다고 할 수 있는데 아직도 우리는 그들에 대해 모르 는 것이 너무 많다. 따라서 우리는 더 적극적으로 UFO 현상을 이 해하려고 노력해야 한다.

나는 지금 인류가 UFO와 관련해서 어떤 상황에 부닥쳐 있는가 를 다음과 같은 비유로 들어 설명하곤 한다. 나는 집에 살고 있는 데 어느 때부터인지 몰라도 정체를 알 수 없는 존재들이 낮이고 밤 이고 집 밖에 있는 숲에 나타나 나를 관찰하고 있었다. 그 존재는 인간과 비슷하게 생겼지만 분명 인간은 아니었다. 그들은 움직이는 것부터 인간과 달랐는데 미끄러지면서 다니는가 하면 슬로비디오의 움직임처럼 느리게 움직이는 등 지구의 중력을 무시하고 다니는 것처럼 보였다. 그런가 하면 그들이 타고 다니는 차량은 소리 없이 공중에 떠 있는가 하면 갑자기 사라지기도 하고 한번 움직이면 너무나 빨라 그 속도를 가늠할 수 없었다. 이들은 이처럼 인간의 과학으로는 설명할 수 없는 움직임을 보였는데 항상 우리를 관찰하고 있는 것 같았다. 그렇지만 우리는 그들을 만날 수 없었고 그들 역시 여간해서는 우리 앞에 나타나지 않았다.

이것은 현재 인간과 UFO(그리고 외계인)가 처한 상황을 간단한 비유로 묘사한 것이다. 원래는 이보다 훨씬 더 복잡한 양상을 보이지만 독자들을 헷갈리지 않게 간단하게 설명했다. 만일 내 집 앞에 이러한 상황이 계속 일어난다면 우리는 어떻게 행동해야 할까? 말할 것도 없이 이 알 수 없는 현상을 이해하기 위해 노력을 아끼지 말아야 할 것이다. 내 집 앞에서 우리를 주시하고 있는 이 이름 모를 존재가 바로 우리에게 나타난 외계인이다. 이제 우리 인류는 외계인과 더불어 사는 세상을 만들 때가 됐다. 이 책은 그런 세상을 만드는 데에 기초적인 정보를 줄 것이다. 완독한다면 여러분은 자연스럽게 새로운 세상이 도래하고 있다는 사실을 감지할 것이다.

제1부
쉽게 갖추린 UFO 연구 현황

본격적인 UFO 연구의 출발점,
'로즈웰 사건'

인류가 언제부터 UFO로 불리는 비행체에 의해 방문을 받았는
지는 확실하지 않지만 UFO에 관심 있는 사람들이라면 반드시 거

로즈웰에 있는 국제 UFO 박물관 및 연구소

치는 중요한 사건이 있다. 1947년에 미국 로즈웰(Roswell)에서 발생한 UFO 추락 사건이 그것으로 이 사건은 UFO가 추락한 최초의 사례로 알려졌고 탑승한 존재와 잔해에 대해 수많은 소문이 생겨나 이 세계에서는 가장 유명한 사건이 되었다. 로즈웰은 작은 도시이지만 UFO를 연구하거나 관심 있는 사람들에게는 흡사 성지처럼 되어 있다. 내가 직접 가본 것은 아니지만 영상을 통해 보면 그곳에는 UFO 관련 시설이 즐비한 것을 알 수 있다.

소문만 무성한 그 사건

본문에서 상세하게 설명하겠지만 독자들의 이해를 위해 이 사건의 진상을 잠깐 보면, 1947년 7월에 미국의 뉴멕시코주에 있는 작은 도시인 로즈웰에 인류가 일찍이 보지 못한 비행체가 추락했다. 그리고 사고 직후 그 기체의 잔해와 탑승해 있던 존재(외계인?)들이 미군에 의해 모두 수거되어 어떤 기지로 이송되었다는 것이 소문의 대강이다. 이 기지는 아마 오하이오주에 있는 라이트 비행장(Wright Field, 현재는 라이트 - 패터슨 공군기지)일 것으로 추정된다. 이렇게 추정은 하지만 그 후에 어떻게 됐는지는 알려진 바가 없다. 그저 소문만 무성할 뿐이다.

그런데 여기서 그냥 지나칠 수 없는 중요한 사실이 하나 있다. 그것은 사람들이 아는 것처럼 이 로즈웰 사건이 UFO의 첫 번째 추락 사건이 아니라는 것이다. 이것은 UFO에 대해 꽤 안다는 사람들도 잘 모르는 사실이다. 왜냐하면 극히 최근에 이러한 사실이 알려졌기 때문이다. UFO 연구자 가운데 대가 중의 대가라고 할 수 있는 프랑스 출신의 자크 발레(Jacques Vallée) 박사의 주장에 따르면 1975년에 "American Institute of Aeronautics and Astronautics(미국 항공학과 우주항행학 연구소)" 주최로 열린 학회에서 로즈웰 추락 사건 이전에도 UFO 조우 사건이 여럿 있었고 목격자만 무려 52명이나 되었다는 발표가 있었다고 한다.

최근에 알려진 보석 같은 대형사건

그 후 발레는 로즈웰 사건 이전에 발생했던 많은 UFO 사건 가운데 가장 괄목할 만한 것을 주목해 연구했다. 이 사건은 속칭 "트리니티 사건"으로 불리는 것으로 발레는 이 사건을 집중적으로 연구해서 2021년에 공동 연구서를 출간했다. 사실 발레는 이 사건에 대해 전혀 모르고 있었다. 그러다가 이탈리아 출신의 언론인인 파올라 해리스라는 여성과 연결되면서 이 사건을 알게 된다.

발레는 곧 이 사건이 UFO 역사는 물론 인류 역사를 통틀어서 엄청나게 중요한 대형사건이라는 것을 눈치채고 본격적인 연구에 돌입했다. 해리스는 발레보다 먼저 이 사건을 접했는데 처음에는

---

1   Jacque Vallée 외(2021), 『Trinity: The Best-Kept Secret』, StarworksUSA, p. 132.

혼자 연구하다 나중에 발레의 참여를 독려하여 같이 연구하게 된다. 그리고 이 두 사람은 몇 년 동안 같이 연구한 끝에 2021년에 『Trinity: The Best-Kept Secret(트리니티—가장 잘 보존된 비밀)』이라는 연구서를 출간하게 된 것이다.

나도 이 책을 통해 이 사건의 자초지종을 알게 됐는데 읽어보니 곧 보통 사건이 아니라는 것을 알 수 있었다. 이 추락 사건은 1945년에 일어났으니 로즈웰 사건보다 2년 일찍 일어난 셈인데 시기도 그렇지만 그 내용이 다른 어떤 UFO 조우 사건과 비교가 안 될 정도로 뛰어났다. 나는 이 점을 간파하고 이 책에서 이 트리니티 사례를 처음으로 소개하려고 하는데 이는 아마 한국에서 최초로 공개되는 것일 것이다. 그 자세한 정황은 뒤에서(제2부) 보기로 하는데 발레는 이 사건이 지닌 중요성에도 불구하고 제대로 조명받지 못하고 있는 현실에 대해 불만을 토로했다. 어떤 불만일까? 즉 로즈웰 사건보다 트리니티 사건이 훨씬 더 원형에 가깝고 때가 타지 않은 진짜 사례인데 왜 UFO 연구자나 호사가들은 로즈웰만 가지고 호들갑을 떠느냐는 것이었다.

나 역시 발레의 의견에 동의한다. 내가 그동안 UFO를 연구하면서 얻은 지식을 바탕으로 이 두 사건을 비교해봐도 로즈웰 쪽보다 트리니티 쪽이 훨씬 더 중요한 사례라고 판단된다. 보석 같은 트리니티 사건이 그동안 세상에 알려지지 않은 것은 목격자가 2000년대 들어와서야 비로소 발설했기 때문이다. 그리고 이 사건을 심도 있게 들이 판 것도 앞에서 말한 해리스와 발레밖에 없어서 사람들이 이 사건을 접할 기회가 거의 없었기 때문이다. 이 기가 막힌 사연은 제2부의 첫 번째 장에서 세세하게 소개하니 그때 다시 보기로 하자.

연구를 할 수밖에……

사정이 그렇다고 해서 로즈웰 사건의 의미가 퇴색하는 것은 아니다. 이유는 간단하다. 이 사건을 계기로 인류가 소위 UFO라고 불리는 현상에 관해 본격적인 연구를 시작했기 때문이다.

연구의 시작은 말할 것도 없이 1952년에 미국 정부에 의해 시작된 블루북 프로젝트(Project Blue Book)이다.[2] 이 프로젝트는 당시에 UFO가 미국 상공에 자주 출몰하고 또 추락 내지 착륙하는 사건이 자꾸 발생하니까 미국 정부가 그 현상을 더 이상 묵과할 수 없어 시작한 것이다. 특히 국가 안보 차원에서 볼 때 UFO가 심대한 위협이 될 수 있었으니 미국은 정부 차원에서 연구하지 않을 수 없었을 것이다. 이 프로젝트는 1969년까지 약 17년간 지속되었으니 결코 간단한 기획이 아니었다는 것을 알 수 있다. 따라서 UFO 연구사를 간략하게 훑어보려면 이 프로젝트를 가장 먼저 보는 게 이치에 합당하겠다는 생각이다.

2 이 기획의 전신이 있었는데 1948년부터 시작된 "사인 프로젝트(Project Sign)"나 그 이듬해에 시작된 "그루지 프로젝트(Project Grudge)"가 그것이다. 그러나 일반적으로는 블루북 프로젝트가 많이 알려져 있고 사인 프로젝트와 그루지 프로젝트는 블루북 프로젝트와 내용이 그다지 다르지 않아 다루지 않았다.

로즈웰 사건 이후에 진행된 블루북 프로젝트

앞에서 말한 대로 로즈웰 사건 이후에 벌어진 UFO의 연구 상황을 보면 양상이 꽤 복잡한데 우리는 그것을 다 알 필요가 없을 뿐만 아니라 들어봐야 혼란만 가중된다. 여러 가지 연구가 복잡하게 진행되어 나도 이 양상을 접할 때마다 노상 헷갈렸다. 따라서 독자들의 혼란을 줄이기 위해 여기서는 가장 중요한 것만 골라 간단하게 볼까 한다.

그들의 결론은 진실일까?, 17년짜리 블루북 프로젝트

이 같은 연구 중에 가장 대표적인 것은 말할 것도 없이 앞에서 거론한 블루북 프로젝트이다.[3] 미국 공군기지 등에 나타나는 UFO

---

3 이 블루북 프로젝트와 겹쳐서 이루어졌던 연구 중에 콘돈 위원회(Condon Committee)가 행한 것이 있었다. 이 프로젝트 역시 미국 공군의 지원 아래 "University of Colorado UFO Project"라는 이름으로 1966년부터 1968년까지 지속되었다. 콜로라도 대학의 물리학자인 콘돈 교수가 주도해서 진행했는데 연구 결과가 블루북의 그것과 크게 다르지 않아 여기서는 설명을 생략했다.

를 조사하고 연구하려는 목적으로 만들어진 이 프로젝트는 본부를 오하이오주 라이트 - 패터슨 공군기지 내에 두었다. 1952년부터 1969년까지 연구 및 조사가 이루어졌는데 목적은 단순했다. 과학적으로 UFO와 관련된 모든 자료를 수집해서 분석하는 것이 그 첫 번째 목적인데 이는 UFO가 국가 안보에 위협이 되는지 안 되는지를 알아보기 위함이었다.

그 결과 약 1만 2천 건이 넘는 막대한 사례가 수집되었는데 분석 결과 대부분은 자연현상이나 새떼, 풍선, 비행기 등으로 판명됐다. 그러나 약 700건은 이 같은 현상으로 설명되지 않아 말 그대로 UFO로 남게 된다. 이것은 전체 건수의 약 6%에 해당하는 것인데 적절한 수치라고 생각한다. 이것이 무슨 말인가 하면, 사람들이 하늘에서 목격한 이상 현상 가운데 6%~7%만이 UFO, 즉 정체를 알 수 없는 물체 혹은 현상으로 판명되었는데 블루북 프로젝트에서 발표한 결과도 이와 비슷한 수치가 나왔다는 것이다.

이렇게 연구한 결과 그들이 내린 결론은 다음과 같이 세 가지로 정리할 수 있다.

첫째, 'UFO는 국가 안보에 위협이 되지 않는다'
둘째, 'UFO가 현재 인류가 갖고 있는 과학적인 지식의 범위를 넘어서는 기술 수준이나 이론적인 원리를 갖고 있다는 증거는 없다'
셋째, 'UFO가 외계에서 왔다는 증거는 없다'

그런데 이 세 조항은 모두 나름의 문제점을 지니고 있다. 가장 문제 되는 것은 두 번째가 아닐까 한다. 두 번째 결론은 한마디로 말해 UFO가 기술적으로 인간들의 수준을 능가한다고 볼 수 없다는 것인데 어쩌다가 이런 결론을 내렸는지 궁금하다. UFO가 출몰하는 모습을 보면, 잘 알려진 것처럼 추진 장치도 없는 것 같은데 믿을 수 없는 속도로 빠르게 움직이거나 아무 소리도 없이 공중에 가만히 떠 있는 등 지구상의 기술로는 도저히 실현할 수 없는 기술 수준을 보여준다. 그런데 그런 것을 보고도 어떻게 UFO가 인간의 과학 기술 수준을 뛰어넘는 것은 아니라고 주장하는지 그 진의를 모르겠다. 아마 UFO의 기술적 우위를 인정하지 않으려는 정부나 군의 정책에 부응하느라 억지로 이런 결론을 내린 것 아닌가 하는 생각이다. 그러나 이런 헛된 자존심은 오래 가지 않았다. 왜냐면 후대로 가면 미국은 물론이고 대부분의 국가가 UFO가 지닌 비행술은 인간의 기술 수준을 훨씬 능가한다고 토로했기 때문이다.

이와 비슷한 태도는 첫 번째 결론인 'UFO는 국가 안보에 위협적이지 않다'라는 데에서도 보인다. 그런데 이 문제는 조금 복잡하다. 왜냐하면 이런 결론을 내린 배경이 명확하지 않기 때문이다. 그들이 UFO를 조사해보고 인류의 과학 수준이 UFO가 지닌 과학에 버금간다고 판단해 인류의 안위를 걱정하지 않아도 된다고 결론 내렸을 수 있다. 그러나 여기에는 또 다른 가능성도 있다. 인간, 특히 전투기 조종사들이 UFO와 조우할 때 벌어지는 양상을 조사해보고 내린 결론일 수도 있겠다는 것이다. 즉 UFO가 먼저 인간을 공격한 적은 없으니 그것을 통해 그들이 인류에게 적대감이 없다는 식으로 결론을 내렸을 수도 있다는 것이다. 이 문제는 꽤 중요한 것이라 뒤에서 'UFO는 인간에게 우호적인가? 적대적인가?'와 같은 주제를 다룰 때 다시 보기로 한다.

이 블루북 프로젝트의 결론들과 관계해서 마지막으로 언급하고 싶은 것은 이 가운데 가장 정확한 것은 세 번째 결론이라는 것이다. 여기서 말하는 것처럼 이 비행체들이 외계에 기원을 두었다는 증거가 발견되지 않았다는 것은 정확한 분석이라고 할 수 있다. 사람들이 UFO와 관련해서 깊게 생각해보지 않고 어림짐작하는 것이 있다. 그것은 이 비행체들이 무조건 외계에서 왔다고 믿는 것이다. 그러나 이것은 짐작에 그칠 뿐이지 이에 관해 정확하게 밝혀진 것은 아무것도 없다. 우리는 그런 비행체가 존재한다는 것은 알지만 그것이 어디서 왔는지는 어떤 정보도 갖고 있지 않아 잘 모른다. 따라서 이 비행체가 다른 행성, 즉 외계에서 왔다고 생각하는 것은 성급한 판단이라고 할 수 있다. 연구자들 사이에서도 이 문제에 대해서는 의견이 엇갈린다. 어떤 사람은 외계 기원설을 주장하지만 어떤 사람은 다른 차원에서 도래했다고 하는 등 그 누구도 이 비행체의 기원에 대해 정확하게 알지 못한다.

UFO 연구의 아이콘, 하이네크 교수

블루북 프로젝트를 말할 때 항상 언급되는 인물이 있다. 천체 물리학자로 미국 오하이오 주립대 천문학과 교수를 지낸 알렌 하이네크 박사가 그 사람이다. 그는 UFO의 초기 연구사에서 가장 중요한 역할을 한 학자라고 할 수 있다.

하이네크는 블루북 프로젝트의 전신이었던 사인(Sign) 프로젝트부터 참여했는데 사람들은 그가 블루북 프로젝트의 주도자라고 잘못 알고 있는 경우가 많다. 그러나 그것은 사실이 아니다. 이 프로젝트는 공군에서 시작한 것이기 때문에 책임자는 당연히 공군 장교였고 하이네크는 고문으로만 참여했다. 그러나 그는 단연 이 프로젝트의 중심인물이라고 할 수 있다. UFO 주제에 대해 전문적인 지식을 갖고 있었고 십여 년을 고문으로 활동했기 때문이다. 프로젝트의 책임자인 장교들은 보직 변경으로 계속해서 바뀌었지만 그는 자리를 옮기지 않고 연구를 계속했으니 중심인물이라고 말할 수 있는 것이다.

이 프로젝트를 수행하던 중 하이네크는 연구 태도에서 재미있는 변화를 겪었다. 그가 사인 프로젝트에 참여하기 시작했을 때는 UFO에 대해 매우 회의적인 시각을 갖고 있었다고 한다. 즉 UFO라는 미지의 비행체는 존재하지 않는다고 생각했던 것이다. 이것은 당시 UFO 현상을 비과학적인 환상에 불과하다고 생각한 많은 과학자들의 견해와 맥을 같이하는 것이니 충분히 이해할 만하다. 그러나 그는 블루북 프로젝트 등을 이행하면서 너무나 많은 UFO

현상을 목격하게 되었고 그 결과 자신의 태도를 변경해 UFO에 대해 긍정적인 시각을 갖게 된다. 그는 양심(?)상 도저히 UFO의 존재를 부정할 수 없었던 것이다.

그러나 이 같은 하이네크의 태도와 달리 공군이 주도하고 있던 블루북 프로젝트는 UFO 현상과 그 존재에 대해 부정적인 시각을 가졌을 뿐만 아니라 무시하려는 경향이 강했다. 이것은 당시 미국 정부가 내세우는 주장에 맞추느라 어쩔 수 없었을 것이다. 그 때문으로 생각되는데 하이네크는 블루북 프로젝트에 대해서 반감을 갖고 있었던 것 같다. 그는 블루북 프로젝트가 종료된 후, 1973년에 미국 정부나 군과는 관계없는 UFO 연구 센터(CUFOS)를 세워 독자적인 연구를 이어나간다. 민간 연구 기관을 만들어 정부의 규제에서 벗어나 자유롭게 연구할 수 있는 터전을 마련한 것이다.

그의 UFO 연구 가운데 특기할 만한 것은 인간이 UFO를 만나는 사건을 척도에 따라 분류했다는 것이다. 그는 이것을 '근접 조우(Close Encounter)'라고 불렀는데 여기에는 3종류가 있다. 이에 대한 설명이 다소 복잡한데 간단하게 정리해 보면 다음과 같다.

첫 번째 종류는 약 150m 미만 거리에서 UFO를 목격하는 것으로 이렇게 가깝게 보면 이 비행체를 세세하게 묘사할 수 있다.

두 번째 종류는 UFO가 남긴 영향이나 흔적들을 발견하는 것으로 무전기 같은 전자 장치가 작동하지 않거나, 동물의 이상한 반응, 열의 유무, 땅에 나타난 그을린 흔적 등이 여기에 포함된다.

세 번째 종류는 여기서 한 걸음 더 나아가서 UFO의 탑승자로 보이는 존재와 만나는 경우를 지칭한다. 그런데 이러한 분류법이 UFO 현상의 모든 것을 설명하는 것은 아니지만 앞으로 다양한 UFO 현상을 만나게 될 때 참고하면 좋겠다는 생각이다. 특히 세 번째 분류는 여간해서는 일어나지 않는 현상으로 UFO와의 조우 사건 중 가장 강력한 것으로 볼 수 있다(물론 이른바 UFO 피랍 사건이라 불리는 기이한 현상은 제외하고).

이처럼 UFO 연구에 몰두했던 그가 대중들과 가까워지는 일이 있었다. 1977년에 천재 영화감독 가운데 하나인 스티븐 스필버그가 UFO를 주제로 만든 영화, 『Close Encounters of the Third Kind』의 자문 역을 맡은 것이다. 이 영화는 같은 해에 한국에서도 개봉되었다. 한국판 제목은 원래 제목의 앞부분만 가져와서 『크로스 인카운터』인데 이는 바로 하이네크의 용어에서 따온 것이다. 원작 제목에는 '3종(third kind)'이라는 단어도 보이는데 이것 역시 하이네크의 용어를 그대로 따온 것임을 알 수 있다.

이 영화는 스필버그의 다른 UFO 영화인 『E.T.』와 함께 UFO

영화 『Close Encounters of the Third Kind』의 마지막 장면

현상을 긍정적으로 그린 대표적인 영화로 정평이 나 있다. 더 재미
있는 것은 하이네크가 이 영화에 카메오로 출연했다는 사실이다.
영화의 마지막 장면에서 그의 대표적인 모습이라 할 수 있는, 수염
을 기르고 파이프 담배를 물고 서 있었던 모습이 기억난다.

  하이네크의 명성은 거기서 끝나지 않았다. 그가 초기 UFO 연구
사에서 보여준 강렬한 인상은 대중들에게 엄청난 '임팩트'를 준 모
양이었다. 그는 미국 UFO 연구사에서 거의 아이콘 혹은 아이돌처럼
되는데 그것은 그가 드라마의 주인공으로 등장했기 때문이다. 미국
에서 2019년부터 예의 『프로젝트 블루북』이라는 제목의 드라마가
시리즈로 방영되기 시작했는데 여기에 그가 주인공으로 등장한다.
이 드라마는 2023년 현재에도 방영되고 있는데 감독은 『백 투 더 퓨
처』와 『포레스트 검프』를 만들었던 로버트 저메키스가 맡았으니 그
수준을 기대할 만하겠다. 나는 간간이 이 드라마를 보았는데 하이네
크로 분한 배우가 실제의 하이네크와 매우 닮아 인상적이었다.

『Close Encounters of the Third Kind』에 카메오로 출연한 하이네크의 모습

참고로 그는 1982년 한국을 방문해 강연한 적이 있는데 그때 통역은 일명 '아폴로 박사'라 불리던 조경철 교수가 맡았다. 조 교수는 당시 『이경규의 몰래카메라』라는 TV 프로그램에도 나오는 등 대중적인 인지도가 꽤 높았다(강원도 화천에는 그의 이름을 딴 '화천 조경철 천문대'도 있다).

『Close Encounters of the Third Kind』의 한국 개봉 포스터

유럽(영국)의 동향, 콘다인 보고서와 UAP

UFO 연구는 미국에서만 이루어진 것이 아니다. 유럽에서도 영국과 프랑스 등을 중심으로 이루어졌는데 미국 측의 입장과 다른 점은 잘 보이지 않는다. 따라서 간략하게 보면 될 것 같은데 이에 대해서는 앞서 언급한 지영해 교수와 공저한 책(2015)에서도 밝힌 바 있다. 여기서도 그것을 토대로 보려고 하는데, 다만 지식의 한계로 민간 활동은 잘 알지 못하니 정부의 연구 동향만 보아야 할

것 같다.[4]

영국 정부와 프랑스 정부는 UFO 현상과 관련해서 정부가 그동 안 모은 자료를 정보 자유법에 따라 2000년대 중반에 정부의 해 당 부서 홈페이지에 올렸다. 이에 따라 영국 정부의 국방부는 1만 여 건에 달하는 UFO 관련 자료를 홈페이지에 올렸고 프랑스는 같 은 주제를 다룬 자료 6천여 건을 국립 우주연구센터(CNS)의 홈페 이지에 올렸다. 나는 프랑스 정부가 이 자료를 공개했을 때 시험 삼아 이 홈페이지를 방문해보았는데 다 검토해본 것은 아니지만 괄목할 만한, 혹은 획기적인 사례는 없었던 것으로 기억된다.

이 가운데 가장 잘 알려진 자료는 영국 국방성이 정보 자유법 에 따라 2006년 5월에 공개한, 400여 페이지에 달하는 콘다인 보 고서(The Condign Report)이다. 이 보고서의 제목은 「영국 방공 지 역의 미확인 공중현상(Unidentified Aerial Phenomena in the UK Air Defense Region)」이라고 되어 있는 데 여기에 특이한 단어가 나 타난다. 앞의 세 단어의 줄임말인 UAP가 그것으로 이것은 요즘 에 UFO라는 단어 대신에 많이 쓰이고 있는 용어이다. 바로 이 'UAP'가 이 제목에서 처음으로 선을 보인 것이다. 이 보고서에는 그때까지 수집한 약 만 건의 UFO 현상이 분석되어 있는데 대부분 은 항공기나 풍선 등과 같은 일반적인 물체가 그릇 인식된 것이라 고 밝히고 있다.

4 가령 영국에는 UFO를 연구하는 유력한 민간단체로 1962년에 설립된 "British UFO Research Association (BUFORA, 영국 UFO 연구협회)"와 같은 단체가 있지만 정 보가 충분하지 않아 다루지 못했다. 이 단체가 궁금한 사람은 홈페이지에 들어가 보면 되겠다.

그런데 이 보고서가 제시하는 UFO에 대한 설명이 기상천외하다. 이 보고서에 따르면 이른바 UFO라고 불리는 현상의 주원인은 대기(大氣) 중에서 전기가 충전되면서 나타난 플라스마 장이 사람의 대뇌에 있는 측두엽을 자극하면서 환각 등을 유발한 데에서 찾을 수 있다는 것이다. 이 환각을 두고 사람들이 UFO로 오인한다는 것인데 이런 설명이 얼마나 무모한 것인지는 굳이 설명하지 않아도 될 것 같다. 그들은 어떻게 해서든 UFO 현상을 심리적인 투사 혹은 그릇된 판단 등으로 치부하여 인정하지 않으려고 하는 것이다. 이렇게 UFO 현상을 부정하는 것은 미국 정부와 맥을 같이 하는데 UFO를 연구하던 초기에는 각국 정부가 모두 이런 태도를 보였다.

그런데 이 보고서는 미국과 달리 UFO가 인간의 능력으로 따라갈 수 없는 수준의 기술을 가졌다는 점은 인정했다. 이것은 우리가 UFO의 특징을 말할 때 항상 거론되는 것으로 앞에서 언급했으니 다시 설명할 필요 없을 것이다. 그런데 그다음에 나오는 설명이 재미있다. 이 보고서는 영국 정부가 이런 UFO의 특장점을 군사적 목적에 맞게 사용할 수 있게 연구해야 한다고 적고 있는데 이 주장을 접하고 나는 '영국인들이 꿈이 참으로 야무지구나'라는 생각을 지울 길이 없었다.

왜냐하면 내가 보기에 UFO가 속한 세계의 기술 혹은 정신적 수준은 인간이 발전한다고 다다를 수 있는 것이 아니라 아예 차원을 달리하는 다른 세계의 수준인 것 같기 때문이다. 이것은 그들이 출몰하는 모습만 보아도 알 수 있다. 잘 알려진 것처럼 그들은 나

타나고 사라지는 것을 자유자재로 한다. 그래서 인간은 그들을 손
아귀에 넣지 못하고 있으니 그들은 인간보다 적어도 한 차원은 더
높은 곳에 있는 것이 분명하다. 그런데 영국 정부가 자신들이 연구
해서 그들의 문명 수준을 따라잡겠다고 하니 그게 맹랑하다는 것
이다. 좋은 비유가 되는지 모르겠지만 영국인들의 꿈은 흡사 침팬
지가 인간이 되겠다고 용트림하는 것처럼 보인다.

이 보고서는 전투기 조종사들에게 유효한 충고도 남겼다. 즉 비
행하다 UFO와 조우하는 경우가 생기면 자극하지 말라는 것이 그
것이다. 이것은 그 이전에 여러 나라에서 UFO를 향해 무력을 행사
한 전투기들이 어떤 꼴을 당했는가를 알고 있었기 때문에 내린 결
정 같다. 이 문제는 뒤에서 상세하게 다룰 예정인데 UFO를 공격한
전투기들이 모두 실패했다는 것은 잘 알려진 사실이다. UFO가 이
리저리 피해서 도저히 미사일을 쏠 수 없었던 경우도 있었고 UFO
를 조준해서 미사일을 쏘려고 하면 발사 단추를 누르기 직전에 기
계가 먹통이 되는 등 인간의 전투기는 도저히 UFO를 격추할 수 없
었다. 아니 공격 자체를 할 수 없었다. 이 일을 익히 알고 있던 영국
국방부가 전투기 조종사들에게 자제를 부탁한 것이리라.

2021년 미국 정부의 입장 변화 "UFO는 존재한다!"

UFO 연구사를 제대로 이해하려면 2019년부터 미국 정부가 UFO에 대해 보인 반응을 살펴보아야 한다. 이때부터 미국 국방부가 이 주제에 대해 이전과는 다른 태도를 보이기 시작했기 때문이다. 당시 미국 국방부는 비밀 프로젝트(일명 '블랙 프로젝트')를 발동해 진지하게 UFO 관계 자료를 모으고 그것을 조사하고 분석했다. 그전에 미국 정부는 UFO에 대해 부정 일변도의 태도를 보였기 때문에 UFO를 연구하는 데에 그다지 진지한 모습을 보이지 않았다.

그러다 2019년부터 미국 정부는 UFO의 존재를 긍정하는 방향으로 선회하기 시작했다. 이는 UFO 연구사에서 제일 중요한 사건인데 이런 변화는 하루아침에 생긴 것이 아니다. 이것은 그들이 이전부터 축적해 온 연구와 거기서 발생한 파급 효과가 있었기 때문에 가능한 것이었다. 그뿐만이 아니라 민간 연구도 활발하게 이루어졌고 스마트폰을 통한 촬영도 한몫해 수많은 UFO 사진이 등장했다. 이 덕분에 빼도 박도 못하는 결정적인 자료들이 많이 등장해 미국 정부도 태도를 바꿀 수밖에 없었을 것이다.

전 국방부 직원 왈, 인류는 우주에서 혼자가 아니야

미국 정부는 이 프로젝트를 시행하기 전인 2007년부터 에이팁 (AATIP, Advanced Aerospace Threat Identification Program, 고등항공우주 위협 구별프로그램)이라는 프로젝트를 만들어 당시 방첩부대의 특수요원이었던 루이스 엘리존도에게 운영을 맡긴다. 에이팁 프로젝트는 2012년까지 진행되었는데 당시 배당된 예산이 다 소진되었지만 그 후에도 국방부는 이름을 바꾸어 연구를 계속한다.

그러다 2017년에 엘리존도는 국방부와 지속적인 마찰 끝에 사임하게 된다. 그 이유는, 그가 정부 자료를 확인할수록 UFO가 위협적인 것으로 드러났는데 정부 관료들이 그의 말을 듣지 않았기 때문이다. 그는 UFO가 국가 안보에 위협이 될 수 있다는 생각에 따라 당시 국방부 장관이었던 제임스 마티스에게도 UFO 현상을 더 힘써서 연구해야 한다고 주장했는데 그 역시 엘리존도의 말을 듣지 않았다.

관료들의 이런 반응에 실망한 나머지 그는 공무원 신분을 사직하고 개인적인 활동을 하기 시작한다. 그는 사임하던 그해부터 언론에 자신을 노출하는데 미국의 CNN 방송과 한 면담에서 '(자신은) 인류가 우주에서 혼자가 아니라는 설득력 있는 증거를 갖고 있다'라고 하면서 자신의 의견을 피력하기도 했다.

엘리존도는 자신의 의견을 더 널리 알리고자 엔터테인먼트와 과학, 그리고 항공 우주 등과 관계된 모든 것을 취급하는 "To the

Stars"(Academy of Arts and Science)라는 회사에 들어간다. 여기서 이 회사를 언급하는 이유는 그가 이 회사의 홈페이지에 UFO와 관계해서 경이로운 영상 세 개를 올려 세상에 알렸기 때문이다.

해당 영상은 해군의 전투기 조종사가 레이더상에 나타난 UFO를 찍은 것인데 이 영상은 안 본 사람이 없을 정도로 유명해졌다. 왜냐하면 이 영상은 군에서 기밀 해제된 터라 각 언론이 앞다투어 보도했고 그 결과 대중들이 쉽게 접할 수 있었기 때문이다. 일례로 뉴욕타임스가 이 영상을 그들의 웹사이트에 공개했더니 뉴욕타임스 역사상 가장 많은 조회 수를 기록했다고 한다.

루이스 엘리존도

이 사실만으로도 그가 제공한 영상의 인기를 알 수 있지 않을까 싶다. 이전에는 접하지 못했던 UFO 영상이 미군에 의해 촬영되어 만천하에 공개되니 대중들이 환호한 것이다. 보통의 민간인이 어쩌다 찍은 영상이 아니라 미군 조종사가 근거리에서 찍은 것이라 신임이 갔던 것이리라.

UFO 연구의 전환점이 된 결정적인 세 개의 영상

엘리존도가 올린 세 개의 영상은 워낙 잘 알려져 설명이 필요 없을 정도이지만 간단히 소개하면 다음과 같다. 첫 번째 영상은 통상 '틱택(tic tac)'이라는 별명을 지닌 UFO를 찍은 것이다. 틱택은 우리가 일상에서 많이 사용하는 구강청정제를 말한다. 해당 영상에 나오는 UFO의 생김새가 이 과자를 닮았다고 해서 그런 이름이 붙은 것이다.

이 틱택 형 UFO는 2004년 캘리포니아주의 샌디에이고의 해안에서 훈련하던 니미츠 항공모함의 레이더에 잡혔는데 당시 고도가 24km(8만 피트)였다고 한다. 이 비행체의 정체를 확인하고자 F-18 전투기 2대가 이륙해 가까이 갔더니 이 비행체는 1초도 안 되어 당시 고도인 24km에서 바다에 바로 근접한 15m(50피트)까지 하강했다. 조종사들이 그 속도를 계산해보니 마하 20의 속도로도 따라잡을 수 없을 정도였다고 한다. 그런데 이 비행체의 밑에는 물속에 어떤 물체가 있는 것처럼 파도가 요동치고 있었다고 한다. 이 물속의 물체는 크기가 보잉 737 정도였다고 하니 상당히 큰 것임을 알 수 있다. 그런데 이 물체와 틱택 형 비행체는 상호 작용하면서 움직이는 것처럼 보였다고 하는데 이 물속의 물체가 바로 USO, 즉 미확인 수중 물체(Unidentified Submerged Object)일 수도 있겠다는 생각이 든다.

당시 조종사들은 이 틱택 형 UFO의 특징에 대해 묘사하기를

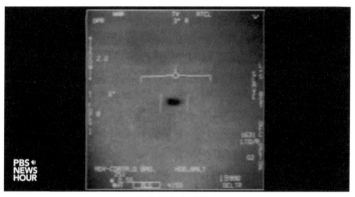

2004년에 찍힌 틱택 형 UFO

'크기는 12m 정도에 달했고 창문은 없었으며 날개나 추진 장치 역시 없었고 배기가스도 없었다. 그러나 고도나 속도를 자꾸 바꾸는 바람에 레이더로 잡기가 매우 힘들었다. 그러다 우리와 마주치자 그 비행체는 (왼쪽으로) 사라져버렸다'라고 말했는데, 이것은 UFO를 목격한 조종사들이 늘 하던 말이라 새로운 것은 없다. 그런데 이렇게 사라진 UFO는 1분도 안 되어 다시 레이더에 잡혔는데 이번에는 놀랍게도 약 100km 떨어진 거리에 가 있었다고 한다.[5]

5 이 내용은 다음의 영상을 참고했다.
    https://www.youtube.com/watch?v=sm6AL5lA4Zc
    "The UFO Phenomenon | Full Documentary 2021 | 7NEWS Spotlight"

틱택 형 UFO를 좇는 F-18 슈퍼호넷(추정도)

이 지점은 캡 포인트(CAP point, combat air patrol point)라고 불리는데 비행기들이 공중에서 만나는 지점을 일컫는다고 한다. 전문가들에 따르면 UFO가 이 지점에 가 있었다는 것은 그들이 미군의 전투기가 이 지점에 오리라는 것을 알고 있었다는 것을 뜻한다고 한다. 그러니까 이 UFO는 의식적으로 인간들에게 '우리는 너희의 비행기가 움직이는 궤적을 다 알고 있다'라고 알리는 것이라고 할 수 있다. 이것을 한국식으로 표현하면 UFO가 인간들에게 '너희들이 아무리 재주를 피워봐야 부처님 손바닥 위에 있는 손오공에 불과하다'라고 교훈을 주는 것이라고 할 수 있다. 이와 동시에 그들은 인간들에게 '섣부른 짓 하지 마라'라고 경고하는 것 아닐까 하는 생각도 든다.

또 다른 두 영상에 잡힌 UFO는 각각 '김벌(gimbal)'과 '고패스트(GoFast)'라는 별명으로 불린다. 김벌은 나침반을 수평으로 유지하는 장치이고, 고패스트는 이 비행체가 하도 빨라 붙인 이름이다. 이 두 영상은 모두 2015년 플로리다주 해안에 있던 루스벨트 항공모함에서 이륙한 전투기에서 촬영한 것이다.

여기서 중요한 점은 이 세 개 영상에 등장하는 UFO가 모두 믿

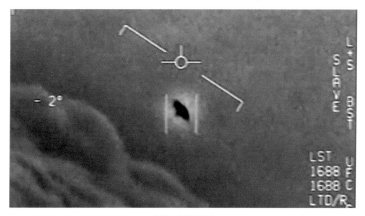

2015년에 찍힌 김벌 UFO

을 수 없는 속도로 빨리 움직였을 뿐만 아니라 지그재그로 비행한다거나 혼자서 회전하는 등 항공 역학 법칙에 반하는 행태로 움직였다는 사실이다. 이와 관련해서 엘리존도가 다음과 같이 UFO의 특징을 요약해서 소개하고 있어 우리의 눈길을 끈다. 나의 산발적인 묘사보다는 엘리존도가 UFO의 움직임을 잘 정리하고 있어 일견하면 좋겠다는 생각이다. 엘리존도에 따르면 우리 주위에 나타나는 UFO는 다음과 같은 특징을 지닌다.

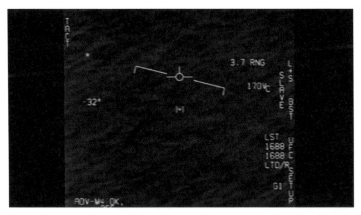
2015년에 찍힌 고패스트UFO

1) 순간 가속(instantaneous acceleration):
목격자 시야에서 가만히 정지해 있다가 순식간에 사라지듯
이동한다.

2) 극초음속 속도(hypersonic velocity):
수십 km를 순식간에 이동하는 등 음속의 수십 배가 넘는 속
도를 낸다. 그러나 이때 비행체가 음속을 돌파할 때 나는 소
리인 소닉붐은 발생하지 않는다.

3) 낮은 관찰 가능성(low observability) 혹은 스텔스(stealth):
눈에는 보이는데 레이다에는 포착되지 않거나 레이다에는
포착되나 눈에는 보이지 않는다.

4) 초매체(혹은 다매체) 운행(trans - medium travel):
우주 공간이나 대기 중, 그리고 물속을 자유자재로 이동한다.

5) 반(反) 중력(anti - gravity):

　날개나 추진 장치가 없는데도 마치 중력이 존재하지 않는 것
　처럼 자유롭게 이동한다.

　국방부 직원이던 엘리존도가 이렇게 강한 어조로 UFO의 실재에 관해 주장하니 미국 국방부도 그동안 은폐와 부정으로만 일관했던 정책을 접는다. 서서히 긍정으로 선회하기 시작한 것이다. 이것은 미국에서 진행된 UFO 연구가 전환점을 맞이했다는 것을 의미한다. 이 사건 덕에 UFO 연구가 비주류의 민간인들만 하는 것이 아니라 정부나 학계 등도 참여하는 주류의 연구로 들어갔다는 평가를 받았기 때문이다. 앞에서 언급한 것처럼 미국 정부가 2019년에 비밀 프로젝트인 일명 블랙 프로젝트를 만들어 UFO를 진지하게 연구하게 된 것은 이처럼 전반적인 사회 분위기가 긍정적으로 바뀐 데에 기인할 것이다. 괄목할 만한 일은 그다음에 일어난다.

2021년, 마침내 UFO의 존재를 '인정'하는 정부!

　미국 국방부는 2020년 8월 UAPTF(Unidentified Aerial Phenomena Task Force, 미확인 공중현상 프로젝트팀)의 신설을 승인하고 UFO와 관련해서 그들이 갖고 있던 자료를 투명하게 공개한다(이 같은 팀이 하도 많이 만들어져 나도 헷갈린다!). 그리고 이 프로젝트의

연구 결과에 따라 국방부는 2021년 6월 25일에 「미확인 공중현상 예비보고서(Preliminary Assessment: UAP)」를 발표했다. 이는 공개 즉시 엄청난 화제를 모았는데 UFO 현상에 대한 확실한 보고서라고 할 수 있다.

이 보고서에는 2004년부터 2021년까지 보고된 144건의 미확인 비행체의 목격 사례와 그에 대한 평가가 담겨 있다. 이 보고서는 이들 목격 사례를 5가지 범주로 나누고 있는데 그것을 간단하게 보면 다음과 같다. 먼저 1) 새떼나 기구처럼 하늘에 떠 있는 것, 2) 얼음 같은 자연 대기현상, 3) 미국 정부나 기업 등이 제작한 프로그램, 4) 러시아나 중국 같은 적성 국가에서 만들어진 시스템이 그것인데 문제가 되는 것은 마지막에 5) 기타(others)로 구분된 범주이다. 이 범주는 기존의 설명으로는 정체를 알 수 없는 것들을 포함하고 있다.

이 기타로 보고된 물체들이 바로 UFO 혹은 UAP에 해당하는 것인데 보고서에서는 이 물체들이 고도의 기술력을 지니고 있다고 분석했다. 어떤 기술력일까? 바람이 세게 부는데도 공중에 떠 있거나 바람이 부는 방향을 거슬리면서 움직이는가 하면, 갑자기 움직이고 추진 장치도 없는 것 같은데 엄청난 속도로 날아가는 것 등이 그것이다. 이것은 앞에서 엘리존도가 정리한 것과 맥을 같이 한다. 이러한 주장은 미국 정부가 UFO의 존재를 인정한 것이라 볼 수 있는데 여기서 주의해야 할 것은 UFO의 외계(extraterrestrial) 기원설을 인정한 것은 아니라는 것이다. 이 점은 나도 동의한다.

UFO의 존재는 안정한다고 해도 그것이 외계에서 도래했다는 것을 밝힐 수 있는 근거는 아직 찾아내지 못했기 때문이다.

이처럼 미국 정부는 현재 인간이 보유한 과학의 수준으로는 도저히 설명할 수 없는 현상이나 실체가 존재한다는 것을 인정했다. 그리고 이것이 미국의 국가 안보에 위협이 될 수 있다고 밝혔는데 이것을 공식으로 인정한 것은 엄청난 변화라고 할 수 있다. 그전까지 미국 정부는 이 UFO로 간주되는 물체들이 미국 안보에 위협이 되지 않는다는 입장을 견지하고 있었기 때문이다. 미국 정부의 입장이 이렇게 바뀐 것은 큰 진전이라고 할 수 있다. UFO로 나타나는 그룹이 자신들보다 앞섰다는 것을 인정했기 때문이다.

나는 이 같은 미국 정부의 입장을 접하면서 그들이 떠밀려서 솔직해지고 있다는 인상을 받는다. 그들도 내부적으로는 UFO의 존재나 그들이 보유하고 있는 과학 기술의 선진적인 수준을 알고 있었지만 그것을 대놓고 인정하기는 싫었던 것이다. 미국 정부는 그동안 자신들은 요지부동의 세계 제일의 국가라 자부했는데 자기들보다 과학 기술 수준이 월등히 높은 존재들이 줄지어 나타나니 어쩔 수 없이 그 존재를 시인한 것이다. UFO 연구는 더디지만 이렇게 조금씩 진보하고 있다.

이 사건으로 인해 전 세계 UFO 연구에 하나의 커다란 전환점이 생겼다. 이 덕에 우리는 UFO에 대해 공개적으로 발설하고 연구할 수 있게 되었다. 이전에는 UFO의 실재를 주장하면 조롱받고 미친 사람처럼 취급됐는데 이제는 그런 모멸을 받지 않아도 된다는 것이다. 물론 이전의 반(反)UFO적인 태도가 모두 사라진 것은 아니지만 UFO 연구를 비웃는 자들에게 '이제 미국 정부도 UFO의 존재를 인정했는데 당신이 무슨 근거로 UFO를 부정하려고 하는가'라는 식으로 응대할 수 있게 된 것이다. 사실 이렇게 UFO를 부정하는 사

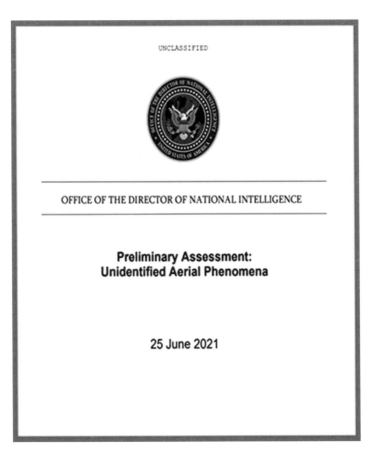

UFO를 공식 인정한 「미확인 공중현상 예비보고서(Preliminary Assessment: UAP)」

람들의 면모를 보면 보통 UFO에 대한 기초 지식이 없는 경우가 태반이다. 그들은 이전에 잘못 심어진 편견으로 무작정 UFO를 부정하는 것이다. 그런 그들에게 미국 정부의 입장을 들이대면 UFO를 부정하는 태도가 일단은 움츠러들 수밖에 없을 것이다.

미국 정부의 공인 후 터져 나온 각계 연구자의 반응

이제 UFO 연구에서 전환점이 된 이 사건을 두고 연구자들이 어떤 반응을 보였는지를 살펴보려고 하는데 이것을 집약해서 밝힌 자료는 없다. 대신 미국의 《히스토리 채널》의 영상 가운데 이 사건을 대하는 학자들의 반응을 잘 정리한 것이 있어 그것을 소개하고자 한다.[6]

우선 당대의 스타 물리학자인 일본계 미국인 미치오 카쿠 교수(1947~, 미국 뉴욕시립대 석좌교수)의 반응이다. 카쿠에 따르면 UFO 현상을 접한 물리학자들은 흡사 자신들이 금광에 앉아 있다고 느낀다고 한다. 왜냐하면 이 UFO들이 지금까지 자신들이 보아 왔던 것과는 완전히 다른 새로운 물리법칙에 따라 움직였기 때문이다. 이 때문에 그들은 '도대체 이 새로운 물리법칙은 어떤 것일까?'라고 반문하면서 그 법칙을 알고 싶어 미친다고 한다. 그것을 금광 위에 있다는 식으로 비유한 것인데 금광에서 금을 캐면 대박이 나

---

6 "정부가 UFO를 인정할 수밖에 없었던 이유"
   https://www.youtube.com/watch?v=e7qeHe2ypTs

듯이 이 UFO의 운동 원리를 알아낸다면 그것 역시 대박이 아니겠느냐는 것이리라. 이 기술이나 원리를 적용해서 새로운 비행체를 만들어낸다면 인류사에서 처음 있는 일일 터이니 그런 게 대박이 아니겠는가 하고 생각하는 듯하다.

또 이 보고서(2021)에는 '추가적인 과학 지식이 있어야 UFO 현상 중 일부라도 성공적으로 분석하고 이해할 수 있을 것이다'라고 명시되어 있는데 이것은 UFO가 인간을 넘어서는 기술을 갖고 있다는 것을 말하는 것이다. 이에 대해 카쿠는 이 기술이 인간의 그것보다 수천 년은 앞섰을 것이라고 조심스럽게 진단하고 있는데 그렇게 생각하는 근거에 대해서는 밝히지 않았다.

이 발표 후에 마코 누비오 같은 플로리다주 연방 상원의원 등은 UFO 현상을 연구하는 데에 추가 예산을 집행하라고 중앙 정부에 요구했다. 그 이유에 대해 그는, 현재 미국 정부에는 UFO 관련 문서가 엄청나게 많이 쌓여 있는데 지금까지 이 자료들을 제대로 검토하지 않고 수박 겉핥기식으로 조사했으니 제대로 연구해야 한다는 것이다. 다시 말해 이제부터는 좀 더 많은 예산을 투입해 그 많은 사례를 꼼꼼하고 엄중하게 조사해야 한다는 것이 그들의 생각이었다.

또한 이 보고서에 실린 예들은 앞에서 말한 대로 대부분 해군의 것인데 이를 보완하기 위해서 미연방 항공청과 공군이 제시하는 자료를 추가로 받아 기존 자료와 함께 인공 지능으로 분석할 계획이라는 전언도 있었다. 이에 대해서 카쿠는 UFO 목격 사건과 관련해 일종의 기준을 마련한다면 공군 조종사들의 목격담이 쏟아져 나올 것이라고 예상했다. 그는 이어서 만일 이 일이 정말로 일어난다면 물리학자나 과학자들은 그 다양한 목격담을 분석할 수 있을 것이고 그 결과 예기치 못한 성과가 나올 수도 있다고 주장했다.

더 재미있는 반응은 고대 문명과 UFO를 연관해서 연구하는 조르지오 츄칼로스가 보인 것이다. 츄칼로스는 《히스토리 채널》에서 만든 『고대의 외계인(Ancient Aliens)』 시리즈 프로그램의 주 진행자로 출연하면서 명성을 얻은 사람이다. 그는 이 보고서가 UFO 연구단체에는 혁명적인 것이었다고 주장했는데 그 이유를 보면, 미국 역사 최초로 정부가 UFO와 연관된 모든 의문을 다루었고 UFO가 적대국과 아무 관련이 없다는 것을 밝혔기 때문이라는 것이다. 그전까지는 UFO를 설명할 때 걸핏하면 소련(러시아) 같은 적국이 비밀리에 개발한 무기라고 치부하는 경우가 많았는데 이런 것이 사실이 아니라는 것을 밝혔다는 것이다.

츄칼로스가 에리히 폰 데니켄(스위스, 1935~)이라는 학자의 설에 심취해 그의 노선을 따르고 있다는 것은 잘 알려진 사실이다. 이 영상에는 데니켄도 등장하는데 그 역시 매우 흥미로운 주장을 하고 있어 우리의 눈길을 끈다.

데니켄은 이집트나 페루 등지에 있는 고대 문명과 UFO의 관계를 연구해 거기에 나타난 외계인의 흔적을 연구한 학자로 이름이 높다. 그는 1968년, 자신의 저서 『신들의 전차(Chariots of the Gods)』에서 '지구 문명이 일정한 수준에 도달하면 외계인이 나타날 것이다'라고 예언한 바 있다. 그는 위의 영상에서 "수천 년 전에 외계인들은 먼 미래에 다시 오겠다고 약속했다. 현재 그들이 돌아왔다고 믿을 만한 증거는 충분하다. 입증된 UFO 목격담이 점점 더 많이 공개되고 있다. 전에는 절대로 공개되지 않았던 것들이다. 우리는 혼자가 아니라는 것을 알고 있다. 누군가가 우리를 관찰하고 있다. 그 누군가는 외계인일 수밖에 없다."라고 힘주어 말했다.

얼핏 보면 데니켄의 이 주장은 황당하게 들릴 수 있지만 필자는 이 주장이 헛된 것만은 아니라는 생각이다. 왜냐하면 2019년에 북미에서 보고된 UFO 목격 건수가 약 6천 건으로 급증한 것을 보면 혹시 그의 말이 현실화하는 것 아닌가 하는 생각이 들기 때문이다. 이 영상은 재미있는 언사로 결론 아닌 결론을 내리고 있다. 즉 'UFO 사건과 관계해서 다음에 공개될 것은 지금처럼 각국 정부나 군 관계자가 아니라 외계에서 온 방문객이 될 수 있지 않을까'라는 조심스러운 예측을 하고 있는데 이것 역시 아주 허망한 예상 같지는 않다.

그런데 이렇게 UFO에 관한 정보가 대거 공개되었다고 하나 아직도 미진한 부분이 많은 것 같다. 왜냐하면 2023년 7월 미국 의회가 벌인 청문회에서 UFO와 관련해서 폭로성 발언이 또 나왔기 때문이다. 정보 요원을 지낸 공군 장교 출신 데이비드 그러시와 해군 전투기 조종사 출신인 라이언 그레이브스, 그리고 데이비드 프레이버(일명 '틱택'으로 불리는 UFO를 처음 발견한 조종사)는 이날 미국

하원 소위원회가 개최한 청문회에서 "정부가 UFO에 대해 갖고 있는 내용을 공개해야 한다"라고 주장했다. 그러면서 미국 정부는 추락한 UFO의 잔해나 그 탑승자로 보이는 존재의 유해를 보관하고 있다는 주장도 동시에 표방했다.

그 외에도 이렇게 수거한 UFO를 분해해 그 비행 원리를 파악하는 역설계 프로그램이 시행되었다는 믿기 힘든 주장도 있었는데 이에 대해서는 더 이상의 언급이 없었다. 그러면서 청문회 말미에서 그들은 미국 정부가 이런 정보들을 아직도 감추고 있어 그 진실을 정확하게 모르니 하루빨리 이것을 공표해야 한다고 강력하게 의견을 표명했다.

우리는 미국이든 영국이든 프랑스든 정보자유법에 따라 UFO 관련 자료들을 모두 공개한 것처럼 생각하기 쉬운데 사실은 그렇지 않은 모양이다. 아직도 조금 전에 미군 조종사들이 주장한 것들을 본 적이 없기 때문이다. 그렇게 생각할 수밖에 없는 것이, 현재까지도 미국 정부가 공군기지의 격납고 안에 보관하고 있다는 UFO나 특수 처리해 보존하고 있다는 외계인의 사체가 정말로 있는지 그 진실이 속 시원하게 밝혀지지 않았기 때문이다. 여러 정황으로 볼 때 UFO나 외계인의 사체가 미군기지 어딘가에 보관되어 있을 것 같은데 정보의 부족 때문에 우리는 이런 일을 확인할 길이 없다. 그런 면에서 UFO 연구는 아직도 갈 길이 멀다고 해야겠다.

1부를 정리하며

이제 필수적인 사전 정보로서 간략하게 살펴본 UFO 연구사를 정리할 때가 되었다. 1950년대에 시작한 UFO 연구는 여러 제약 때문에 느리게 진행되었지만 그래도 꾸준히 진전해 소기의 성과를 거두었다. 그 성과는 말할 것도 없이 미국 같은 주요 국가들이 지난 수십 년 동안 부정으로 일관해오던 UFO의 존재를 공식적으로 인정한 것을 말한다.

사실 UFO가 우리의 하늘을 날아다닌다는 것은 알려진 비밀이라고 할 수 있다. 그동안 전투기 조종사는 말할 것도 없고 민항기 조종사들도 숱하게 UFO를 목격했지만 그들은 입을 다물고 있는 것이 자신들의 경력에 도움이 된다고 생각해 함구하고 있었을 뿐이다. 내가 개인적으로 알고 있는 전투기 조종사나 민항기 조종사 중에서도 UFO라고 생각되는 물체를 목격한 적이 있다고 실토한 사람이 있었다. 그들의 전언에 따르면 조종사들 사이에는 UFO 출몰 현상은 상식처럼 되어 있다고 한다.

그런가 하면 UFO의 실재를 옹호하려고 할 때 가장 많이 인용되는 증거로 소위 UFO 피랍 사건이 있다. 이 사건은 객관적으로 보기에 황당한 것이라 이번 책에서는 다루지 않을 것이다. 이 체험을 한 사람들의 증언을 들어보면 선뜻 믿기지 않는 측면이 많기 때문이다. 그들에 따르면, 외계인들이 자신들을 납치해 우주선에 끌고 가서 여러 가지 도구로 생체 실험을 할 뿐만 아니라 '칩' 같은 것을 몸에 심어 놓고 계속해서 감시한다고 한다. 거기서 끝나면 그래도 조금 나으련만 그렇게 붙잡아 간 인간에게서 정자나 난자를 추출해 외계인의 유전 인자와 교배시켜 이른바 혼종, 즉 하이브리드(hybrid)를 만든다고 주장하는데 이쯤 오면 우리는 할 말을 잃는다.

이 이외에도 UFO 피랍 사건에는 믿지 못할 이야기들이 부지기수로 많다. 그런데 문제는 한두 사람이 이런 일을 겪었다고 주장하면 그들이 헛것을 보았거나 혹은 헛체험을 했다고 무시할 수 있지만 이런 체험을 한 사람이 전 세계적으로 수백 수천 명이 된다는 것이다. 이 체험을 한 사람의 정확한 숫자는 영원히 알 수 없다. 왜냐면 자신이 납치당했다는 것을 모르는 사람도 있고 납치당한 사실을 알았다고 하더라도 발설하지 않는 것이 자신을 보호하는 일이라 생각해 입을 다물고 있는 사람도 꽤 될 것이기 때문이다.

그런데 이들의 말을 마냥 환상이라고 무시할 수 없다는 데에 문제가 있다. 그 이유는 그들이 모두 비슷한 이야기를 하고 있기 때문이다. 경험은 각자가 따로따로 했는데 그들이 하는 이야기는 그 대강이 비슷하니 이들이 하는 말에 일말의 진실이 있는 것은 아닌가 하는 생각도 든다.

외계인들이 지구에 있는 존재들을 대상으로 자행했다고 하는 황당한 행동은 여기서 끝나지 않는다. 외계인들은 인간만 데리고 가서 생체 실험을 한 것이 아니다. 그들은 소, 고양이, 다람쥐 등 수많은 동물들을 피 한 방울 흘리지 않고 해부하여 생식기나 직장, 귀, 눈과 같은 장기를 적출한다고 한다. 그런 일이 벌어지고 있는 지역 가운데 미국 유타주에 있는 스킨워커 목장은 대표적인 곳이다.

이 목장은 UFO와 관련해서 매우 이상한 일이 벌어지고 있는 곳으로 알려져 있는데 그 때문인지 이곳을 다룬 연구 서적은 물론이고 다큐멘터리 필름도 여러 개가 만들어졌다. 나는 그 가운데 《히스토리 채널》에서 시리즈로 만든 프로그램을 보았는데 실제로 그곳에서는 믿을 수 없는 일이 많이 일어나고 있었다. 『The Secret of Skinwalker Ranch(2020)』라는 제목으로 만들어진 이 다큐멘터리 필름을 만들기 위해 각 분야의 전문가들이 최첨단의 장비와 시설을 갖추고 몇 달 동안 이 목장에서 일어나는 일을 관찰하고 실험하고 그 결과를 기록으로 남겼다.[7]

그런데 이 목장에서 일어나는 일이 수상했다. 예를 들어 매우 강력한 전자기파가 발생한다거나 극초단파부터, 감마선 등 모든 전파의 주파수가 갑자기 치솟는가 하면, 전화기의 배터리가 방전되고 전화기의 여러 기능이 미친 듯이 날뛰는 것 같은 일들이 일어

---

7 이 팀의 장비 중 일부는 삼성전자가 제공했다고 한다.

났다고 하니 말이다. 이런 일이 생길 때 대원 중의 어떤 사람은 머리나 손가락 같은 특정 부위에 이상한 혹 같은 게 생겨 병원에서 제거 수술을 받은 일도 있었다.

동물의 사체 훼손 문제도 그렇다. 분명히 오전에 멀쩡하게 살아 있던 소가 오후에 피 한 방울의 흔적도 없이 장기들이 모두 적출된 상태로 발견된 사건이 있었다. 환한 대낮에 이런 일이 일어난 것이다. 이것은 분명 인간이 할 수 있는 일이 아닌데 지상에서 이상 현상이 일어날 때마다 공중에서는 UFO로 추정되는 물체가 발견되었다고 한다. 그들은 이런 여러 사건이 UFO의 출현과 연관이 있을 것이라고 추정하지만 직접적인 증거가 없으니 함부로 예단해서 말할 수는 없다.

이 책에서는 이 사건에 대해서도 다루지 않을 것이다. 이런 사건은 앞에서 본 UFO 피랍 사건처럼 아직도 많은 논란이 있는 주제라 피하려는 것이다. 이런 주제를 다루게 되면 UFO 회의론자들에게 쓸데없는 공격의 빌미를 줄 수 있을 수 있으니 다루지 않는 것이 현명할 것이라는 생각이다. 이 같은 태도에 대해서는 『The UFOs: Generals, Pilots, and Government Officials Go on the Record(UFO: 장군과 조종사, 관료가 남긴 기록들)』(2011)라는 UFO 관련 명저를 쓴 언론인인 레슬리 킨(L. Kean)도 동의했다. 그녀는 UFO 피랍 사건 등과 같은 관련 주제를 잘 알고 있었지만 자신의 저서에서는 이 같은 주제를 전혀 다루지 않았다. 공연히 그런 것들을 다루었다가 자신의 연구가 미신적인 것으로 매도당할지도 모른다는 위험을 감지한 것이다. 나는 이런 태도가 바람직하다고 생각한다.

따라서 이 책에서는 UFO가 실재한다는 것을 지지할 수 있는 과학적이고 일차적인, 따라서 부정하기 힘든 자료만 가지고 접근하려고 한다. 그것은 바로 인간과 UFO의 조우 사건이다. 이제 그것을 찾아 떠나볼까 한다.

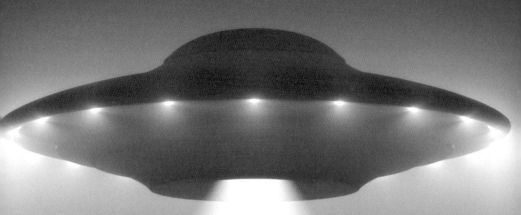

제2부
인류사를 뒤엎은 UFO 사건
Best 7

UFO Best 7의 빗장을 열며

우리는 이제 UFO를 찾아 떠나는데 그 주된 목적은 UFO를 이해하자는 것이다. 그들은 도대체 누구이며 어디서 날아와 세계 전역에 나타나는지 여간 궁금한 게 아니다. 그들은 신출귀몰하면서 제 마음대로 나타났다가 사라지기를 반복한다. 또 그 재빠름은 상상을 절해 인간들은 감히 넘볼 수가 없다. 음속의 수십 배로 날아가는데 아무 소리도 나지 않는다. 이처럼 그들의 비행술은 지구에서 진리로 통하는 과학적인 법칙을 반하고 있어 그 진정한 정체를 알 길이 없다. 도깨비도 이런 도깨비가 없다.

나타나는 모습도 너무도 다양하다. 비행접시형으로 나타나는 것은 고전적인 경우이고 세모꼴, 사각형, 시가형, 아보카도 형, 달걀 형 등 그 모습이 천변만화이다. 그런 모습으로 나타났다가 한 비행체가 갑자기 여러 비행체로 나뉘기도 하고 조금 뒤에 다시 합체되기도 한다. 지구상에는 이런 비행체가 존재할 수 없다. 또 UFO가 나타나는 대부분의 경우에 수반되는 것이 있는데 그것은 휘황찬란한 빛이다. UFO는 그냥 밝은 빛은 기본이고 빨갛고 노랗고 파란 색과 같은 다양한 빛을 발산해 이채롭기까지 하다. 인간이 만든 비행체는 결코 이런 빛을 낼 수 없다.

그런데 그들의 비행은 공중에 그치는 게 아니다. 때로는 바다 밑으로 들어가서 종횡무진 움직이기도 한다. 그래서 UFO나 UAP 대신에 USO(Unidentified Submerged Object, 미확인 잠수 물체)라는 용어까지 생겼다. 이들이 공중에서 활동하는 양상은 그래도 조금 알려졌지만 바닷속에서 움직이는 모습은 그 진상이 거의 알려지지 않았다. 특히 그들이 왜 바닷속으로 가는지 알 수 없다. 그런가 하면 이 외계인들이 지하에 산다는 주장도 있다. 베트남 어느 지방에 큰 동굴이 있는데 그곳으로 들어가면 지상과 똑같은 생태계가 있고 그 주위에서 외계인이 자주 목격된다는, 근거를 알 수 없는 소문도 있다.

이렇게 외계인들 주위에는 도무지 알 수 없는 기괴한 이야기들이 너무 많아 헷갈린다. 한 걸음 더 나아가서 그들은 평소에 어디에 있다가 우리에게 나타나는지, 또 궁극적으로는 왜 나타나는지 등등의 문제까지 생각해보면 어느 것도 명확한 답을 찾을 수 없다. 그들의 정체는 이렇듯 오리무중이라 제대로 알고 있는 것이 하나도 없다.

그러나 그들에 대해 알기 위해 우리가 할 수 있는 일이 없는 것은 아니다. 이 시점에서 가장 명확한 사실은 앞에서 본 대로 'UFO는 존재한다'라는 것이다. 이것은 수없이 보고된 목격 사건을 통해 알 수 있다. 이 목격 사건은 너무도 많고 확실해 이것을 모두 부정할 정도로 간 큰 사람은 없을 것이다. 여기서 이 다양한 UFO 목격 사건을 분석한다면 이들의 정체를 조금은 알 수 있지 않을까 하는 생각을 해볼 수 있다.

그런데 문제는 이 목격 사건이 너무 많아 그것을 다 살펴볼 수 없다는 데에 있다. 그러나 조금 더 면밀하게 이 사건들을 관찰해보면 다 살펴볼 필요가 없다는 생각이 든다. 왜냐면 대부분의 UFO 목격 사건은 사람들이 그저 하늘에 떠 있는 UFO를 목격하는 것과 같은 '고만고만'한 경우이기 때문이다. 그러니까 UFO 목격 사건은 대부분 비행 중에 있는 전투기 조종사가 조종석에서 정체불명의 UFO를 보았다거나 그게 아니면 사람들이 하늘에 나타난 UFO 추정 물체를 보았다거나 하는 것들에 불과하다는 것이다.

일례를 들어보면, 한때 광화문 근처 같은 서울의 도심에서 UFO로 추정되는 물체를 수많은 사람들이 목격한 적이 있었다. 그리고 그것을 촬영한 UFO 전문 사진가도 있었다. 그런데 그것으로 그만이었다. 거기서 더 이상의 정보를 캐는 일은 불가능했다. 그저 이 비행체는 출몰을 자유자재로 하고 합치고 나뉘는 일도 수월하게 하며 그 속도는 인간이 도저히 따라갈 수 없을 정도로 빠르다는 식의, 이미 알려진 정보 외에는 더 얻을 수 있는 것이 없었다. 그동안 있었던 수천수만의 UFO 목격 사건은 다 이런 식이었다. 그렇지만 조금 더 면밀하게 이 다양한 자료를 분석해보면 기존의 목격 사례와 다른 매우 획기적인 사례가 드물게 있는 것을 발견할 수 있다.

그 사례들은 이전 것과 매우 달라서 우리는 그것을 통해 UFO에 대해 더 진보된 고급 정보를 얻을 수 있다. 이것은 어떤 사례를 말하는 것일까? 예를 들면 이런 것이다. 외계인을 근거리에서 직접 목격했다느니, 더 나아가서 그 외계인과 어떤 식으로든 소통했다느니, 그 외계 비행체로 추정되는 물체를 직접 만져 보았다느니, 그 비행체와 직접 교전 비슷한 것을 했다느니 하는 사례가 그것이다. 이런 사례들은 그 수가 얼마 되지 않는데 전체 UFO 사건 가운데 가장 획기적인 사례라고 할 수 있다. 우리는 이 극소수의 사례를 통해 UFO의 정체를 조금이나마 더 잘 파악할 수 있다. 예를 들어 그들은 어떤 존재이며 그들은 어디서 왔으며 그들의 비행체는 어떤 특성을 가지며 그들은 왜 나타나는지 등에 대해 진일보한 정보를 손에 넣을 수 있다는 것이다.

우리는 이번 장에서 이 같은 특성을 지닌 UFO 사건을 살펴볼 것인데 서문에서 밝힌 것처럼 이 사례들은 크게 보아서 일곱 가지 범주로 나눌 수 있다. 각각의 사례들은 UFO 사상 일찍이 유례가 없는 것들로 고유의 특징을 갖고 있다. 이 특징을 잘 이해한다면 UFO의 정체가 지금보다 더 선명하게 드러날 것으로 믿는다. 그럼 첫 번째 사례부터 살펴보자.

1. 트리니티 사건(1945)

아주 특별한 곳의 지척에 추락한 UFO!
세상 밖으로 나온 가장 잘 보존된 비밀

√ 세상 어디에도 없는 UFO 사건

1945년, 인류 역사에 영원히 남을 그런 유명한 지역 인근에 한 비행체가 추락했다. 그리고 그 비행체와 타고 있던 탑승자들이 두 소년에 의해 목격되었다. 이 사건은 세상에 알려지지 않은 채 70여 년이 흘렀지만 우연한 기회에 두 명의 연구자가 그들을 만나 주도면밀한 인터뷰와 조사를 한 끝에 2021년, 마침내 모든 실상이 세상에 알려지게 되었다.

개요: 트리니티 사건이 가장 특별한 이유

가장 먼저 볼 사례는 일명 트리니티 사건이라 불리는 것으로, 1945년에 미국 뉴멕시코주에 있는 트리니티라는 지역 근처(정확하게는 샌안토니오)에 UFO가 추락 또는 착륙한 사건을 말한다. 여기서 이 비행체가 '추락 또는 착륙'했다고 한 것은 이 비행체가 곤두박질해서 추락한 것은 아니기 때문이다. 이 비행체는 분명히 원인 모를 문제 때문에 추락했다. 그런데 끝까지 제어 능력을 상실하지는 않았던 것 같다는 것이 이 사건을 면밀하게 분석한 자크 발레의 의견이다.

이 비행체는 추락하는 도중 근처의 타워에 부딪힌 후 땅에서 미끄러지면서 전진해 가다가 일정한 시간 뒤에 멈췄다. 이런 식으로 추락했기 때문에 비행체의 동체는 많이 부서지지 않고 어느 정도 보존될 수 있었다. 그래서 불안정하지만 착륙이라고도 볼 수 있다는 것인데 추락이든 착륙이든 그런 것과 관계없이 이 사건은 전 UFO 역사에서 유일무이한 사건이라고 할 수 있다.

모든 과정을 목격하고 왜곡 없이 기록한 유일한 사건

우리가 이 책에서 트리니티 사건을 가장 먼저 다루어야 하는 이유에 대해서는 앞에서(제1부) 잠시 언급했다. 첫 번째 이유는, 이 사건은 인류가 아는 한 UFO 역사상 최초의 UFO 추락 사건이기 때문이다. 정말로 최초인지 아닌지는 알 수 없지만 지금까지 알려진 사례 가운데에는 최초다. 우리에게 매우 익숙한 로즈웰 UFO 추락 사건보다도 2년이나 앞선 사례이니 그렇게 말할 수 있는 것이다. 우리는 로즈웰 사건보다 앞선 UFO 관련 사건이 50개가 넘는다는 것을 알고 있다. 그러나 이 사건들에 대해서는 알려진 정보가 없는 관계로 더 이상 언급하기가 힘들다.

트리니티 사건을 특별하게 다루어야 할 두 번째 이유는 더 중요한 것이다. 이 사건은 UFO 추락 사건 가운데 최초의 순간부터 견인될 때까지의 모든 과정(8일)이 목격된 유일한 사건이기 때문이다.

사실 UFO 사건치고 이렇게 비행체가 추락한 다음에 일정한 과정을 거쳐 견인된 사례도 드문데 그 상세한 내용이 구체적으로 알려진 것은 더더욱 드물다. 내가 아는 한 이 예에 합당한 사례는 2년 간격으로 발생한 트리니티 사건과 로즈웰 사건밖에는 없는 것 같다. 그런데 이 트리니티 사건에서는 곧 보겠지만 UFO가 추락하는 것을 인근 주민이 목격하고 그들이 바로 현장에 가게 된다. 그리고 이 UFO 비행체와 잔해는 8일 뒤에 군 기지로 옮겨지게 되는데 최초의 목격자 두 명이 하루만 빼고 이 모든 과정을 관찰했다.

반면 로즈웰에서는 이런 일이 일어나지 않았다. 그곳에서는 UFO가 추락한 현장에 민간인들의 출입이 통제되었고 군인들이 거의 모든 잔해를 가져갔기 때문에 그 수거 과정을 목격한 사람은 현장을 진두지휘했던 마르셀 소령 같은 군인밖에 없었다. 따라서 우리는 그 진상을 전혀 알지 못했다. 그러다 이 작업에 참여했던 군인들이 사건이 있고 수십 년 지난 뒤에 '커밍아웃'하면서 그 진실이 밝혀져 비로소 우리는 그 전체적인 정황을 알게 되었다.

그러나 트리니티 사건은 처음부터 달랐다. 이 사건에서는 앞에서 말한 대로 최초 목격자(두 소년)가 사건 내내 현장을 왕래하면서 전 과정을 지켜보았다. 이런 사례는 세상 어디에도 없다고 했는데 여기서 그치지 않고 이 목격담은 훗날 모두 기록으로 남게 된다. 이것은 무려 60여 년이 흐른 후의 일인데, UFO 연구가인 자크 발레와 파올라 해리스가 그 목격자들을 찾아내어 면밀한 인터뷰를 해서 그 실상을 정리한 것이다. 그렇게 낸 책이 2021년에 나온 『Trinity』라고 했는데 여기서 주의 깊게 보아야 할 것이 있다.

이 책의 부제를 보면 'best-kept secret'으로 되어 있다. 해

자크 발레와 파올라 해리스의 저서

석하면 '가장 잘 보존된 비밀'이라고 해야 할 것이다. 부제를 이렇게 단 것은, 이 트리니티 사례는 다른 사례에 비해 사람의 손을 거의 타지 않았기 때문이다. 이게 무슨 말일까? 다른 사례들은 보통 최초의 목격담이 경찰이나 정보기관, 군 기관을 거치면서 오염되고 수정되고 생략되는 등 많은 변화 혹은 왜곡이 생기는데 이 트리니티 사례는 그런 모습이 거의 보이지 않았다는 것이다.

트리니티 사건의 특별함은 로즈웰 사건과 비교해보면 금세 알 수 있다. 다음 장에서 보겠지만 로즈웰 사건에서는 민간인의 목격담이 철저히 무시됐다. 그리고 군 관계자의 발표도 일관되지 않았다. 즉 처음에는 추락한 물체가 '비행접시'라고 황급하게 발표하더니 바로 하루 뒤에는 기상 관측용 기구로 바꾸어서 발표했다. 이런 식으로 대부분의 UFO 사건은 그 진실이 군과 같은 외부 세력에 의해 오염되는 경우가 허다하다. 그래서 우리는 지금도 로즈웰 사건의 진상에 대해 확실히 모르는 것인데 트리니티 사건은 이런 과정을 거치지 않고 공개되었으니 대단히 중요한 사례라는 것이다.

이 사건의 최초 목격자는 두 소년이었다. 둘은 약 60년 동안 공개하지 않고 있다가 우연한 기회에 발설하게 되면서 이 사건이 세상에 알려진 것이다. 그 덕에 어떤 식으로든 군이나 관에서 정보를 왜곡하는 일이 발생하지 않았다. 더구나 이 사건은 미 공군의 블루북 프로젝트가 시작되기 전에 일어난 것이니 이 프로젝트의 기록에도 포함되지 않았다. 트리니티 사건은 1945년에 일어났고 블루북 프로젝트는 1952년에 시작됐으니 그 기록에 들어가지 않은 것이다. 만일 트리니티 사건이 조금이라도 알려져 있었다면 블루북 프로젝트의 관계자들이 이런 획기적인 사건을 조사하지 않았을 리가 없다. 그런데 이 사건은 아예 알려진 것이 없어 블루북 프로젝트 관계자들도 조사할 수 없었을 것이다.

이 점은 트리니티 사례와 자매 격인 성격을 띠는 별개의 사례로서 세 번째로 보게 될 1964년의 소코로 사건과도 대비된다. 소코로 사건은 발생 직후 많은 관계자들이 다녀갔고 정부 차원에서 조사가 이루어졌는데 심지어 블루북 프로젝트를 수행하고 있던 하이네크 박사도 현장을 방문해서 조사했다. 따라서 소코로 사건은 블루북 프로젝트에 한 사례로 기록되는데 트리니티 사건은 일절 그런 게 없었다. 그런 의미에서 트리니티 사건은 순금 그 자체를 땅에서 캔 것과 같은 의미가 있다고 하겠다.

트리니티 사건을 국내 최초로 소개하게 돼

사실 나도 오랫동안 UFO를 공부했지만 트리니티 사건에 대해서는 전혀 모르고 있었다. 한국에서 접할 수 있는 UFO 관련 서책에서는 이 사건을 거론하지 않았기 때문에 이 사건을 접할 방법이 없었다. 내가 이 사건에 대해 알게 된 것은 책이 아니라 영상을 통해서였다.

나는 그동안 제프리 미쉬로브(Jeffrey Mishlove)라는 미국 학자가 진행하는 『New Thinking Allowed(허용된 신사고)』라는 대담 프로그램 영상을 유튜브로 꾸준히 보고 있었다. 미쉬로브라는 사람은 조금 소개가 필요한 인물인데 그는 미국 역사상 최초이자 마지막으로 대학에서 초심리학(parapsycology)으로 박사학위를 받은 사람이다. 그것도 그저 그런 대학이 아니라 UCLA라는 세계적인 대학에서 학위를 받았다. 미쉬로브 이후에는 같은 전공으로 종합대학에서 박사학위를 받은 사람이 없다. 어떻든 여기서는 그를 그저 미국 초심리학계의 대부 정도로 알면 되겠다.

미쉬로브는 이 방송 프로그램을 진행하면서 초심리학이나 사후 세계, 영혼, 원격 투시(remote viewing), UFO 등 초현상적인 (paranormal) 현상을 연구하는 전문가들을 초청해 대담을 나누었다. 여기에 자크 발레가 나온 적이 있었다. 그때 발레는 이 트리니티 UFO 사건에 대해 언급했는데 그것을 보고 나는 이 사건에 대해 비상한 관심을 갖게 되었다. 그리곤 곧 그의 책(『Trinity』)을 아마존에서 구입해서 숙독했고 그와 관련된 영상들을 찾아보았다. 그런 끝에 이 사례가 UFO 전체 역사에서 얼마나 중요한지를 깨닫게 되었고 이번 책에서 이 사례를 국내 최초로 소개하게 된 것이다.

트리니티 사례에 대해 구체적으로 보기 위해서는 순서상 이 사건의 명칭으로 쓰인 트리니티라는 지역에 대해서 알아야 한다. 인류 역사에 영원히 기록될 그런 유명한 지역이기 때문이다.

인류사 최초 핵실험을 행한 곳(핵폭탄이 처음 터진 곳)

트리니티 지역은 잘 알려진 것처럼 1945년 7월 16일에 인류 역사상 처음으로 핵실험이 행해진 곳이다. 쉽게 말해 원자폭탄이 인류사를 통틀어 처음으로 터진 지역이라는 것이다.

트리니티 지역은 지도에 나온 것처럼 뉴멕시코주에 있는 화이트 샌드라는 사막 지역의 북쪽 부분에 있다. 이곳에서 폭발 실험을 한 원자폭탄이 '맨해튼 프로젝트'에 의해 만들어졌다는 것은 잘

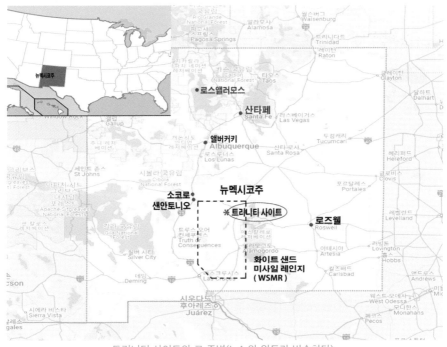

트리니티 사이트와 그 주변(L.A.와 위도가 비슷하다)

알려진 사실이다. 이 프로젝트와 원자폭탄의 제조 및 폭발 실험에 대해서는 장황한 이야기가 있지만 우리의 주제와 직결되지 않으니 여기서 상세하게 볼 필요가 없을 것이다. 게다가 이 주제에 관해서는 2023년에 『오펜하이머』라는 영화까지 나와 그 자세한 상황을 파악할 수 있으니 정보가 필요한 사람은 영화로 대신하면 되겠다.

맨해튼 프로젝트는 잘 알려진 대로 제2차 세계대전 도중인

트리니티 사이트 표지석

1942년에 미국이 주도하고 영국 등이 참여한 핵무기 개발 프로젝트이다. 이 프로젝트에서 주도 역할을 한 사람이 바로 오펜하이머인데 그가 동료들과 함께 원자폭탄을 설계하고 제작한 곳은 로스앨러모스라는 도시에 있는 국립 연구소였다. 그들은 이곳에서 원자폭탄을 제조하고 그것의 폭발 실험 장소를 물색했는데 그때 선정된 곳이 바로 '트리니티'라 명명된 사막 한가운데의 그곳이었다.

트리니티 지역은 매우 외딴 곳이었고 안전거리 안에서 육안으로 관찰이 가능한 평평한 곳이었다. 나는 가보지는 못했지만 영상을 통해 보면 완전히 사막 한복판에 있다는 것을 알 수 있었다(이곳을 방문한 한국 유튜버가 고맙게도 영상을 남겨주었다[8]). 그래서 핵 개발 연구소가 있는 로스앨러모스와도 상당히 떨어져 있다. 이 연구소와 트리니티는 약 200km 정도 떨어져 있으니 꽤 먼 거리인데 미국의 넓이를 생각하면 그리 먼 거리가 아니라고도 할 수 있겠다.

추락한 곳은 샌안토니오, 그러나 트리니티 사건이라 일러

그런데 여기서 주의할 것이 있다. 우리가 이 사례를 트리니티를 내세워 트리니티 사건 내지는 사례라 이르고 있지만 사실 UFO가 추락한 곳은 트리니티(Trinity Site)가 아니라 근처에 있는 샌안토니오(San Antonio)라는 도시다. 이장의 서두에서 운을 떼 놓긴 했지

---

8   세계 최초로 원자폭탄이 터졌던, 오펜하이머의 실험 장소 트리니티 사이트 [떠날과 학 미서부 9편] - YouTube99

만 UFO가 트리니티라는 이 역사적인 사막 지역에 떨어진 게 아니라는 말이다. 트리니티는 인류가 최초로 핵실험을 행한 지역이고, 추락한 외계 비행체를 인류가 최초로 목격한 지역은, 트리니티와는 엄연히 다른 샌안토니오인 것이다(두 지역은 가까이에 있다).

트리니티 핵실험 장면

나도 이 사건의 이름 때문에 처음에는 인류가 최초의 핵실험을
한 트리니티에 UFO가 떨어진 줄 알았는데 그것은 사실이 아니었
다. UFO가 떨어진 곳은 정확하게 말하면 트리니티 지역에서 북서
쪽으로 약 30여 km 떨어진 곳으로 지도에 표시된 것과 같이 샌안
토니오에 가깝다. 따라서 원래는 이 사례에 트리니티가 아닌 샌안

UFO가 추락한 장소

토니오라는 이름이 붙었어야 했다.

　그런데도 왜 사람들은 이 사건을 트리니티 추락 사건이라고 명
명했을까? 그 속사정은 알 수 없지만 추정해 볼 수는 있다. 우선
샌안토니오가 워낙 핵실험 장소와 가까우니 그 상징성을 입어서
트리니티 추락 사건이라고 한 것 아닐까 하는 생각이 든다. 미국에

서 30여 km라는 것은 거의 이웃처럼 생각되는 거리이니 그렇게 할 수 있었을 것이다.

또 다른 이유를 추정해보면, 샌안토니오라는 도시는 공교롭게도 이곳 뉴멕시코주 말고 텍사스주에도 있는데 그곳의 샌안토니오는 규모가 꽤 크고 미국에서도 잘 알려진 유명한 도시다. 나도 1980년 초반에 가본 적이 있는데 멕시코풍이 물씬 나는 아주 아름다운 도시였다. 이런 상황이라 만약 UFO가 샌안토니오에 추락했다고 하면 미국인과 세계인이 모두 텍사스주에 있는 샌안토니오를 생각할까 봐 그 이름을 피한 것 같다. 대신에 인근에 있는 상징성이 풍부한 트리니티라는 이름을 쓴 것 아닐까 한다.

게다가 뒤에서 살펴보겠지만 UFO가 샌안토니오에 추락한 이유를 추정해보면 인류가 트리니티에서 최초로 행한 원자폭탄의 폭발 실험, 즉 핵과 깊은 연관이 있다. 따라서 UFO가 샌안토니오에 추락한 사건을 두고 트리니티 사건이라고 이르는 것은 무방할 것 같다. 다만 추락 장소를 혼동하면 안 되니 주의할 필요가 있다.

트리니티와 관련하여 또 한 가지 주의해야 할 것이 있다. 왜 이름도 없던 이 사막 지역을 '트리니티'라고 부르게 되었냐는 것이다. 트리니티의 사전적인 해석은 '삼위일체' 즉 '셋이 하나가 된 것'과 같은 것으로 기독교에서 신과 예수와 성령이 하나라고 할 때 주로 쓰는 단어다. 그런데 이런 기독교적인 단어가 왜 최초의 핵실험이 일어난 지역을 지칭하는 이름이 되었을까?

사실 이 트리니티라는 이름은 고유한 이름이 아니라 일종의 별명과 같은 것이다. 이런 별명이 생기게 된 것은 아주 간단한 이유 때문이었다. 이 실험 장소 주변에 세 개의 산봉우리가 있어 붙여진 이름이라는 것이다. 이곳은 사막 한가운데라 따로 이름이 있지 않으니 그냥 그곳의 자연 지형을 보고 그런 이름을 붙인 것이리라(그런데 영상으로 이 지역을 보면 이 세 개의 산봉우리가 명확하게 보이지는 않는다).

이 정도면 트리니티 사건에 대한 개요적인 설명은 어느 정도 된 것 같다. 이제 본격적으로 그 전모를 살펴보자.

원자폭탄 실험, 그리고 UFO의 추락

트리니티 사건은 1945년 8월 16일에 앞에서 말한 샌안토니오 지역에서 일어난 UFO 추락 사건을 말한다. 첫 번째 원자폭탄의 폭발 실험이 7월 16일에 인근 트리니티 지역에서 있었는데 그로부터 1달 만에 UFO가 지척에 나타나 추락했다. 참고로 일본의 히로시마와 나가사키에 원자탄이 투하됐던 것은 각각 8월 6일과 9일이니 이 UFO 추락 사건은 두 지역에 원자폭탄이 터진 직후에 발생했다는 것을 알 수 있다.

최초의 목격자, 두 소년 호세와 레미

샌안토니오 지역에 UFO가 추락한 것을 처음으로 목격한 사람은 두 명의 소년이었다. 9세의 호세 파디아(Jose Padilla, 1936~2023)와 7세의 레미 바카(Reme Baca, 1938~2013)가 그 주인공이다. 이름에서 예상할 수 있듯이 이들은 인종적으로 멕시코와 스페인이 섞인 혼혈이다. 호세와 레미 두 소년은 어린 나이였지만 활약상을 보면 나이보다 성숙했던 것 같다. 그리고 당시의 기억을 매우 정확하게 갖고 있었다. 당시 그들은 샌안토니오시 외곽에 있던 호세 아버지의 농장에서 일하고 있었다고 한다. 그런데 UFO가 이 농장 근처에 떨어진 것이다.

호세(목격 당시 모습)

지금부터의 이야기는 대부분 앞에서 인용한 발레와 해리스의 저서에 나온 것들이다. 이 두 연구자가 호세와 레미를 찾아 면담한 것은 두 소년이 노년이 된 2010년 이후의 일이다. 독자들은 곧 소개할 두 소년의 생생한 증언을 통해 이 사건이 실제로 일어났다는 것을 확신할 수 있을 것이다.

첫째 날(8/16), 두 소년이 목격한 비행체와 탑승자들

　호세와 레미의 증언에 따르면 이날 무엇인가 크게 폭발하는 소리가 났다고 한다. 그래서 또 원자폭탄 실험을 했나 하고 생각했다고 한다. 그런데 연기가 피어오르는 것이 보여 둘은 그리로 갔다. UFO 추락지점 근처에 이르자 땅에 큰 구멍이 파여 있었고 땅으로부터 열기가 느껴졌다고 한다. 이것은 비행체가 미끄러지면서 생긴 현상 같다.

　둘이 더 가까이 가서 보니 그곳에는 생전 보지 못했던 물체(비행체)가 있었는데 모양이 꼭 아보카도 같았다고 한다. 이 물체는 손상을 크게 입지 않고 착륙했지만 추락할 때 지상에 있던 세 개의 통신탑 중에 하나와 충돌하고 풀 위를 미끄러지듯이 착륙했다고 한다. 비행체는 추락하면서도 조종력을 잃지 않아 풀 위를 미끄러지다 언덕 앞에서 멈출 수 있던 것으로 보인다. 그런데 그렇게 미끄러지면서 착륙했기 때문에 이 비행체와 닿았던 풀들은 마찰 때문에 탔다고 한다. 그렇지만 비행체는 타지 않았다.

　당시 두 소년과 비행체의 거리는 약 60m 정도였다고 하는데 비행체는 회색을 띠고 있었다. 호세는 항상 망원경을 가지고 다녔기에 재빨리 망원경을 꺼내 현장을 보니까 비행체에서 나온 작은 생명체들이 앞뒤로 빠르게 움직이고 있었다(또 비행체에서 분리된 패널도 하나 있었다고 한다). 그러면서 그 생명체들은 서로를 잡고 도우려는 모습을 보였다고 하는데 이게 구체적으로 어떤 모습인지는 잘 떠오르지 않는다.

추락한 UFO를 목격한 두 소년

호세가 보기에 생명체는 3인이었다. 그들의 생김새는 다른 외계인 목격자들이 말하는 것과 아주 비슷했다. 즉, 큰 머리에 좁은 어깨, 그리고 긴팔을 갖고 있었는데 재미있는 것은 손가락이 4개였다는 것이다. 그리고 생식기나 콧구멍은 보이지 않았고 입은 동그랗고 열려 있었다고 한다.[9]

그런 모습을 두고 호세는 그들의 전체적인 모습이 사마귀나 불

---

9 https://www.youtube.com/watch?v=9HLgZ0wc4aA
　　이 영상의 제목은 "The 1945 Trinity UFO crash near San Antonio, New Mexico, remembered by eyewitness José Padilla"인데 호세를 단독으로 면담한 영상이라 사료적 가치가 있다.

사마귀(좌)와 불개미(우)

개미를 닮았다고 표현했다. 이것은 나중에 설명하겠지만 아프리카 짐바브웨 사례에서 비슷한 존재를 목격한 초등학교 학생들이 묘사한 것과 매우 유사하다. UFO 연구자들은 대체로 이들을 '스몰 그레이(small grey)'라고 부르는데 이는 수많은 외계인 종족 가운데 하나이며 인간과 가장 활발한 교류를 하는 종족이라는 설이 있다. 이 주제로 가면 설명할 것이 너무 많아 여기서는 이 정도로 그치는 게 좋겠다.

호세의 묘사를 계속해서 들어보면, 그들이 움직이는 모습이 특이했던 모양이다. 인간과는 달리 미끄러지면서 움직이는 것 같기도 하고 톡톡 튀면서 한 지점서 다른 지점으로 떠서 가는 것 같다고 하니 말이다. 키는 3~4피트라니까 1m 정도밖에는 되지 않았

스몰 그레이의 모습(추정)

다. 재미있는 것은 사고 때문에 다쳐서 그런지 그들은 토끼가 죽을 때 내는 소리나 아기의 첫울음 소리와 같은 소리를 냈다고 한다. 그것을 보고 이 두 소년은 이들에게 연민을 느꼈다고 하는데 자신들과 키가 비슷한 작은 존재들이 아팠으니 그런 것 같다.

어린 나이의 두 소년은 이 광경을 마주하고 무섭지 않았을까? 우선 호세는 9세 아이답지 않게 두려운 마음이 전혀 들지 않았다고 한다. 외려 한 걸음 더 나아가서 곤궁에 빠진 저들을 도와야 하겠다고 생각했다. 그래서 레미에게 같이 가서 그들을 돕자고 제안했는데 레미는 무섭다고 하면서 그의 제안을 거부했다. 하기야 레미는 호세보다도 두 살 어린 7살밖에 안 된 어린아이이니 그럴 만도 했을 것이다. 그렇게 공포에 질린 레미가 울음을 터트리는 바람

추락한 UFO와 3명의 외계인(추정도)

에 둘은 할 수 없이 말을 타고 집으로 돌아갔다. 어차피 해도 지고 있어 더 이상 그곳에 있기 힘들었다고 한다. 그렇게 첫째 날은 지나갔다. 그리고 그다음 날, 즉 둘째 날은 이들이 농장에서 일을 해야 했기에 현장에 가지 못했다.

셋째 날(8/18), 사라진 탑승자들은 어디로 갔을까?

셋째 날이 되어서 호세는 자기 아버지와 경찰 한 사람, 그리고 레미와 함께 다시 현장을 찾았다. 이때 어른 두 명은 비행체 안으로 들어갔고 그들은 약 5~10분 정도 머물다가 나왔다고 한다. 어른들의 반응은 어땠을까? 한마디로 말해 태도가 완전히 바뀌었다고 한다. 그들은 이전에는 UFO가 존재한다는 것에 대해 회의적이었는데 그런 태도가 완전히 바뀐 것이다. 더 이상 설명이 없어 구체적으로 어떻게 바뀌었는지는 알 수 없지만 아마 긍정적인 태도로 바뀌었을 것이다. 그러면서 그들은 두 소년에게 여기서 본 것에 대해서 누구에게도 말하지 말라고 신신당부한다. 왜냐하면 아이들이 이 사건에 대해 떠들어대면 분명히 그들의 신상에 문제가 생길 것이기 때문이다. 같은 이유로 호세의 아버지와 경찰관 역시 비행체 안에서 본 것에 대해 일절 이야기하지 않았다고 한다.

그들의 목격한 비행체의 크기는 대략 길이가 6m~7.5m이고, 높이는 4.5m였는데 내부의 높이는 4m 정도였다고 한다. 그런데 문제는 생명체, 즉 탑승자에 대한 것이다. 두 어른은 작은 존재들을 보지 못했다고 전해지니 말이다. 호세와 레미가 목격했던 탑승

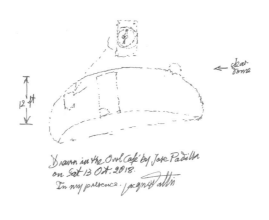

호세가 그린 UFO

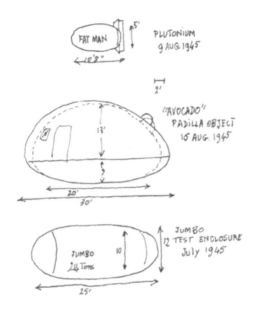

FAT MAN ↑5'
PLUTONIUM
9 AUG 1945
←10'8'→

2'

"AVOCADO"
PADILLA OBJECT
15 AUG. 1945
13'
←20'→
←30'→

JUMBO
TEST ENCLOSURE
July 1945
JUMBO
24 Tons
10
12
←25'→

트리니티 사이트에 추락한 UFO(가운데)
(맨 위는 나가사키에 투하된 원자폭탄이고 맨 밑은 트리니티 사이트에서
원폭 실험할 때 원자폭탄을 넣어 실험하려고 했던 '점보'라는 폭발 격납용기)

자들이 사라진 모양이다. 이것을 어떻게 이해하면 좋을까?

두 어른이 본 셋째 날 현장에는 갈퀴 같은 것으로 청소한 흔적이 있었다고 한다. 따라서 둘째 날인 17일에 군인들이 와서 그 탑승자들을 데려가고 주변 정리를 한 것 아닌가 하고 추정해볼 수 있다. 그런데 그런 것 치고는 군인들이 다녀간 흔적이 너무 없었다고 한다.

여기에는 두 가지 추측이 가능하겠다. 먼저 이 탑승자들이 어디론가 달아났을 것이라는 추측이다. 그들의 동료들이 다른 비행체를 타고 와서 데리고 갔을 가능성도 포함된다. 두 번째는 군인들이 와서 데려갔을 가능성인데 나는 여기에 한 표를 던지고 싶다. 군인들이 둘째 날 와서 먼저 외계인만 잡아가고 비행체는 무거우니 천천히 옮긴 것 아닐까 하는 생각이다(아직은 독자들이 이런 추측에 어안이 벙벙할 수 있겠다). 실제로 이 비행체를 싣고 주변 기지로 옮기는 데에 수일이 걸렸으니 그간의 사정을 알 수 있을 것이다. 그런데 나중에 다시 언급하겠지만 이런 유의 외계인들은 대낮에 지상에서 오래 머물지 못한다고 한다. 밤에는 괜찮은데 낮에는 햇빛의 밝기와 열기를 견디지 못해 20분 이상은 있을 수 없다고 한다. 만일 이 설이 맞는다면 이들이 어떻게 지구 환경을 견뎠는지 모르겠다.

어떻든 이때부터는 군인들이 작업을 시작했기 때문에 최초 목격자인 호세와 레미 두 소년은 현장에 가까이 가지 못했다. 그러나 그들은 참으로 영민했다. 그 지역을 잘 알고 있었고 몸도 작았기 때문에 수풀 속에 숨어서 군인들이 일하는 모습을 계속해서 지켜보았다고 한다. 그러면서 그들(특히 호세)은 아이답지 않게 매우 성숙한 태도를 보였다. 비행체가 부딪친 타워에까지 올라가 보았다고 하니 말이다. 그들은 이 비행체가 어디서 날아왔는지 알아보겠다고 타워에 올라가 그 다리가 휜 방향을 점검했다고 한다. 그래서 그들은 이 비행체가 최초의 원폭 실험 장소(트리니티 사이트)가 있는 남쪽에서 온 것 같다는 결론을 내렸다. 어떻게 9살 먹은 어린아이가 이런 일을 했는지 정녕 신기하다.

두 소년이 목도한 군인들의 엉성한 수거 작업

계속되는 호세와 레미의 전언 역시 매우 구체적이다. 그들의 눈에는 당시 추락한 비행체를 실어 가고 주변 정리를 하러 온 군인들이 그다지 전문적으로 보이지 않았다고 한다. 이에 대해 호세는 이렇게 묘사했다. UFO 관련 영화를 보면 위생처리와 방사능 제어가 완벽하게 된 방어복을 입고 헬리콥터에서 하강하는 그런 군인들이 UFO를 처리하는 모습이 나오는데 자신들이 현장에서 목격한 군인들은 그런 모습과는 거리가 멀었다고 한다. 군인들은 그저 일상적인 작업복을 입고 팝송을 들으면서 일을 했다고 한다.

호세가 설명하는 군인들의 구체적인 모습을 더 들어보면, 한 사람은 텐트에서 쉬고 있고 다른 두세 명은 비행체에서 떨어진 잔해를 줍는 등 그 태도가 매우 느슨했던 모양이다.

군인들은 식사를 근처에 있는 바에서 해결했는데 점심과 저녁을 다 이 바에서 먹고 또 그 주차장에는 간이 농구 시설이 있어 시간 나면 그곳에서 운동을 했다고 한다(호세의 기억에 따르면 이 바에는 트리니티에서 원폭 실험을 할 때 이 지역에 와 있던 오펜하이머나 페르미 등과 같은 학자들도 와서 식사했다고 한다). 그러니까 그곳에 차출된 군인들은 이 비행체가 어떤 물체인가에 대해서는 별 관심이 없었고 그저 위에서 시키는 대로 단순 작업을 했던 모양이다. 군인들은 나이도 어렸는데 그 가운데에는 몇 년 후에 호세의 사촌과 결혼한 사람도 있었다고 한다.

호세의 증언만 보면, 이 현장은 인류사 최초(?)로 UFO가 지상에 추락하고 수거되는 역사적인 지역이 아니라 이상한 비행체 한 대가 추락해 그것을 걷어가는 일상적인 장소 그 이상도 이하도 아니었다. 당시는 미군 당국도 이렇게 무심했던 모양이다. 하기야 미 당국도 추락한 외계 비행체 수거는 처음 겪는 일인지라 별 정보가 없어 이런 식으로밖에 대응하지 못했는지도 모른다.

모든 것이 '쉬쉬', 당국은 비행체를 어디로 가져갔을까?

그러나 작업이 엉성했다고 해서 본 작업이 진행되지 않은 것은 아니다. 비행체를 운송하는 작업은 차근차근 이루어졌다. 추락한 지 4일이 지난 8월 20일에는 바퀴가 18개나 달린 세미 트레일러가 왔다고 한다. 그리고 그 트레일러에 추락한 비행체를 싣고자 크레인도 도착했다.

이 사건을 세상에 알린 발레의 계산에 따르면 이 비행체의 무게는 5t~7t(트럭 2대 정도) 정도였을 것이라고 한다.[10] 트레일러나 크레인의 용량을 보고 추정한 것이다. 발레는 또 추정하기를, 이 비행체는 24일에 일단 화이트 샌드(핵폭탄 시험장)로 보내졌고 그 후에는 로스앨러모스로 이송되었다고 하는데 그다음은 자신도 모른다고 술회했다. 이렇게 되면서 지상에 추락해 인류에게 처음으로 목

---

10 "Jacques Vallée ∧ Kevin Knuth: The UFO Trinity Case"
https://www.youtube.com/watch?v=uVo51khU8AE

격된 이 외계 비행체는 우리의 눈에서 완전히 사라지게 된다. 최고 전문가인 발레도 그 소재를 모르니 더더욱 알 길이 없다.

이런 정황이기 때문에 앞에서 말한 것처럼 UFO 본체와 외계인 사체가 어떤 기지에 비밀리에 보관되어 있다느니 하는 확인할 수 없는 소문이 생기는 것이다. UFO는 분명히 어디론가 실려 갔는데 그 목적지는 발레 같은 전문가도 모르니 소문만 난무할 뿐이다.

이것이 간단하게 본 트리니티 사례의 전모이다. 이렇게 보면 상당히 많은 사람이 비행체를 운송하는 작업에 동원되었고 민간인과 군인 등 적지 않은 사람이 이 비행체를 목격한 것을 알 수 있다. 그런데도 이 사건이 세상에 전혀 알려지지 않은 이유는, 이 샌 안토니오 지역은 원자폭탄과 관계된 지역이라 모든 것이 기밀로 되어 있었기 때문일 것이다. 모든 것이 '쉬쉬'하는 분위기였던 것이다. 당시에 이 지역에 사는 사람들 사이에서는 이런 주제에 대해 발설하면 정부 당국에 의해 억지로 정신병원에 감금된다는 소문까지 있었다고 하니 분위기를 알 만하겠다.

인류사 최초의 일, 두 소년이 펼친 눈부신 활약상

여기서 우리의 관심을 끄는 것은 이 비행체가 운반되기 전날에 두 소년이 보인 행동이다. 그들이 보인 모습이 심히 흥미롭다. 그들은 그날 저녁 군인들이 모두 돌아간 것을 확인하고는 트레일러에 실려 있는 비행체에 올라갔다. 이 비행체는 당시 방수포로 덮여 있었는데 그들은 이것을 들춰가면서 비행체를 관찰했다.

그들은 그때 비행체의 밑부분을 처음 보았다고 한다. 그럴 수밖에 없는 것이, 이 비행체가 땅에 있을 때는 부분적으로 땅에 묻혀 있어 밑부분을 볼 수 없었을 것이다. 그것을 보고 이 소년들은 '세상에, 이건 괴물이네. 크다 커'라고 말했다. 그리고 그곳에는 움푹 파인 부분이 3개가 있었고 그 밑에는 작은 홈이 있었는데 방수포를 더 들춰보니 겉 부분에 깊은 상처 같은 것이 있었다고 한다. 이것은 이 비행체가 미끄러지면서 생긴 홈일 것이다.

인류 최초라 할 수 있는 그들의 눈부신 활약은 여기서 끝나지 않았다. 비행체 안으로도 들어갔기 때문이다. 그런데 안에는 구조물이 거의 없었다고 전한다. 즉 인간이 만든 비행기에서 보이는 측정 기구나 시계, 핸들 같은 조종 장치, 브레이크 페달 같은 기구들이 일절 없었다는 것이다. 그러면서 호세는 흥미로운 행보를 전한다. 그는 비행체의 벽에서 브래킷(bracket, 꺾쇠)이라고 불리는 것을 뜯어내 오랫동안 집에 간직하고 있었단다. 그리고 그것은 발레의 손에까지 전해지게 된다. 발레는 연구자답게 이 쇠붙이의 성분을 분석했는데 지구상에 있는 것과 다르지 않았다고 한다. 그러나 쇠붙이임에도 불구하고 깃털처럼 가벼웠다고 하는데 발레는 이 쇠붙이의 정체에 대해 아직도 확실한 답을 얻지 못했다고 했다.

나는 지금 이 설명을 발레의 책에서 읽고 담담하게 옮기고 있지만, 사실 이것은 엄청난 사건이다. 당최 담담할 수가 없는 사건

UFO가 착륙한 곳을 가리키는 호세

이다. 지금까지 이렇게 민간인 신분인 사람이 UFO에 가까이 가서 전체 모습을 보았을 뿐만 아니라 그 안에까지 들어가 그 속의 모습을 관찰하고 전한 사례가 없기 때문이다. 피랍되어 UFO 안에 들어가 비몽사몽간에 그 내부를 보고 와서 모습을 전한 사람들은 꽤 있다. 그러나 호세처럼 성성한 의식을 가진 인간이 일상의 날에 UFO 내부에 들어간 일은 내가 아는 한은 없다.

그리고 이 비행체 안에 조종간 따위의 구조물이 없다는 증언도 아주 귀중한 것이다. 이 증언을 통해 UFO의 비행 원리나 제작 원리를 추정할 수 있기 때문이다. 그래서 트리니티 사건이 인류가 행한 UFO 연구사에서 가장 중요한 사례라고 하는 것이다.

호세가 간직했던 브래킷

두 소년이 수거해 온 비행체의 잔해 네 가지

다시 호세와 레미의 활약으로 돌아가서, 둘이 그렇게 비행체를 수색하는 가운데 그들은 네 가지 잔해를 수거한다. 먼저 앞에서 말한 것처럼 호세가 가지고 나온 쇠로 만든 브래킷이 있었고, 알루미늄 같은 것으로 만들어진 포일 유의 물체(10cm x 37cm), 패널(panel, 60cm x 45cm), 그리고 마지막으로 실처럼 생기고 빛이 나는 섬유 물질이 그것이다.

이 가운데 알루미늄 포일처럼 생긴 것은 레미가 가져다 풍차의 실린더를 고치는 데에 썼다고 한다. 이것은 매우 재미있는 정황이 아닐 수 없다. 외계에서 온 것 같은, 그래서 지구상에는 없는 물질일 수도 있는 것을 가져다 기껏 풍차 고치는 데에 썼다고 하니 말이다. 이를 통해 추론해보면 당시 사람들은 이 사건이 얼마나 위중한 것인지를 알지 못했던 것 같다. 그 사정을 이해 못 할 바는 아니다. 모두가 처음 겪는 일이라 아무 정보가 없으니 그렇게 행동할 수밖에 없었을 것이다.

네 가지 잔해 가운데 가장 재미있는 것은 마지막으로 언급한 섬유 물질 같은 것이다. 이 물질은 비행체에서 패널 하나가 떨어져 나올 때 같이 나온 것이라고 하는데 비행체가 추락한 날부터 그 주위에서 발견되었다고 한다. 동네 사람들은 이것을 '거미줄' 혹은 '천사의 털(angel's hair)'이라고 불렀다고 한다. 은빛 나는 실타래처럼 생겼고, 크리스마스트리를 장식할 때 눈이 온 것 같은 효과를 내기 위해 나무에 거는 것과 닮았다고 했다. 이렇게 생긴 물질이 비행체 주위에 꽤 많이 있었다고 한다.

그래서 호세와 레미는 목장에서 쓰는 마대를 가져다가 이 실타래 같은 물질을 가득 담아 이웃들에게 나누어 주었고 이웃들은 실제로 크리스마스 트리를 장식하는 데에 이것을 사용했다고 한다. 이 정황도 아주 우스꽝스럽다. 외계에서 온 것 같은 물질을 동네 사람들이 나누어 갖고 기껏 크리스마스 트리 장식하는 데에 썼다고 하니 말이다. 이런 물질은 지구상에 없는 것이니 박물관이나 연구소 같은 데에 보내 보관해야 할 터인데 가정에서 일상 용품처럼 쓰였으니 여간 재미있는 게 아니다. 흡사 과거에 한국인들이 고인돌을 깨서 집 지을 때 구들로 썼던 것과 비슷한 정황이라고 하겠다. 고인돌이 얼마나 귀중한 유물인지 모르고 마구 가져다 온돌로

깔았으니 말이다.

이 섬유 물질에 대해서는 또 다른 증언이 존재한다. 이것은 호세의 여조카인 사브리나(1953~)에게서 나온 발언이다. 발레는 어렵게 이 여성을 찾아내 직접 조사를 했다. 사브리나는 UFO 추락사건 이후에 태어났지만 호세의 집에서 살았고 호세와 레미가 1950년대 중반에 타지역으로 떠난 후에도 오랫동안 호세의 집에서 살았기 때문에 당시의 상황을 잘 기억하고 있었다. 나는 발레와 해리스가 사브리나를 만나 대담한 다큐멘터리 영상[11]을 어렵게 찾아내 그녀의 귀중한 증언을 접할 수 있었다. 사브리나의 증언이 중요한 것은 호세 등이 증언한 것이 거짓이 아니라는 것을 말해주기 때문이다. 여러 사람의 증언이 구체적이고 서로 일치한다면 그런 증언은 사실일 확률이 높아지지 않겠는가? 여기서도 연구자로서의 발레가 얼마나 용의주도한 인물인지 알 수 있겠다.

영상 속 대화를 보면 사브리나가 이 물질에 대해 묘사하기를, 여자의 머리털과 아주 비슷하게 생겼고 만지면 충격(shock)을 주었다고 전하고 있다. 아마 척력 같은 것이 있는 물질인 것 같은데 그만큼 이 물질이 강한 성질을 갖고 있었던 모양이다. 또 이 물질은 은빛과 더불어 여러 다른 색깔도 띠고 있어서 마치 무지개 색깔을 내는 것 같았다고 한다. 그리고 밤에는 스스로 빛나기까지 했다고 한다.

---

11 "Historic keynote w Trinity 1945 crash witness - Jacques Vallée, Paola Harris, Sabrina Padilla" https://www.youtube.com/watch?v=k8-OCXQ0C24
 발레, 앞의 책, pp. 235~247.

사브리나의 증언은 더 있다. 그녀는 이 비행체에서 나온 것으로 추정되는 금속류의 얇고 긴 물질에 대해 언급했다. 이것은 앞에서 말한 것처럼 알루미늄 포일처럼 생긴 것을 말하는데 아무리 접고 말아도 반드시 원래의 형태로 돌아갔다고 한다. 이와 비슷한 물질은 뒤에서 보게 될 로즈웰 사례에서도 발견된다. 당시 로즈웰에 추락한 UFO의 수거를 맡은 마르셀 소령의 증언에 따르면 비행체의 잔해로 생각되는 물질이 바로 이와 같은 특징을 갖고 있었다는 것이다. 추정컨대 이곳에 추락한 UFO가 로즈웰에 떨어진 UFO와 같은 집단(부대?)에 소속되어 있어 같은 비행체를 몰고 다녔을지도 모른다. 그러니 부품도 비슷하게 생긴 것이 아닐까 한다.

그리고 호세가 비행체에서 가지고 나왔다는 브래킷 같은 물건도 신기하다. 이 쇠붙이는 아무리 한낮에 대기 온도가 높아도 그 자체의 온도가 올라가는 일이 없었다고 한다. 인간이 만든 쇠는 대기의 온도에 따라 뜨거워지기도 하고 차가워지기도 하는데 이 물체는 그렇지 않았다는 것이다. 한번은 호세가 이 쇠붙이를 녹이려고 용접 기구로 열을 가했는데 전혀 영향을 받지 않았다고 한다.[12] 이 쇠붙이는 주변 어떤 것에도 영향을 받지 않고 같은 온도를 유지했던 모양이다. 모두 신기한 이야기들인데 만일 이 이야기가 사실이라면 이 비행체를 타고 온 탑승자들은 분명히 인류보다 훨씬 더 발전한 과학 기술을 갖고 있다고 해야 할 것이다. 인류는 아직 그런 금속을 만들어내지 못했으니 말이다.

12 https://www.youtube.com/watch?v=9HLgZ0wc4aA

두 소년이 헤어지면서 잊힌 사건, 그러나 재회하면서

이토록 생생했던 이 엄청난 사건은 곧 사람들의 관심에서 멀어져 완전히 사라졌다. 두 소년이 1950년대 중반에 제각기 이곳을 떠나 서로 연락하지 않은 채로 살았기 때문이다. 호세는 1954년에 다른 지역으로 가서 주 경찰관이 되었고 레미도 비슷한 시기에 고향을 떠나면서 두 사람은 상당히 오랜 기간 연락 없이 지냈다(이 과정에서 흥미로운 사실 한 가지는 호세가 한국전쟁에 미군으로 참전했다는 사실이다. 14세의 나이로 해군에 입대해 참전했다가 부상을 당했다고 한다).

그들이 다시 서로 마주하게 되는 것은 2003년의 일이다. 헤어진 지 근 50년 만인데 사정은 이랬다. 그때 마침 미국에서는 인터넷에서 족보를 캐는 프로그램이 유행했다고 한다. 한국으로 따지면 비슷한 시기에 유행했던 '아이러브스쿨'과 같은 프로그램이 아닌가 싶다. 호세의 아들이 이 프로그램을 접하고 실행하면서 어릴 적 두 소꿉친구가 반백 년 만에 다시 만나게 된 것이다.

그렇게 만난 노년의 호세와 레미는 많은 대화를 나눴을 것이다. 그런데 이야기를 나누다 보면 이 사건에 관한 이야기가 나오지 않았을 리 만무하다. 이 엄청난 사건을 평생 가슴에만 묻어놓고 있다가 마음 놓고 이야기할 수 있는 유일한 친구를 만났으니 둘은 자연스럽게 그 진귀한 사건을 회상했을 것이다.

그런데 이 이야기가 그들만의 추억을 회상하는 차원에서 끝났더라면 트리니티 사건은 세상에 영영 공개되지 않았을 것이다. 다행히 그들은 (고맙게도) 이 사건을 알리고 싶은 생각이 강하게 들었던 모양이다. 현역에서 은퇴하고 근 70세가 되었으니 다른 사람의 눈치를 볼 일도 없었을 것이다. 이전에는 이런 일을 발설하면 주위 사람들로부터 많은 참견과 위협을 받고, 또 수많은 질의로 시달림을 당하는 등 고생이 많았다. 그들 역시 당시에는 어른들로부터 발설 금지 단속을 받았지만 시간이 흘러 노인이 된 자신들에게 그런 일을 할 사람이 없다고 판단했는지 그들은 이 사건을 세상에 알리자는 것으로 의견을 모았다. 그리고 2000년대가 되어 UFO에 대한 인식이 많이 달라져 사람들이 이런 사건을 무조건 배척하기보다는 어느 정도 수용할 것이라고 생각했을 수도 있다.

우연은 계속되었다. 그러던 차에 그들은 마침 초등학교 동창이면서 그 지역의 신문사와 관계된 벤 모페트라는 기자 친구를 알게 되었다(추정이지만 모페트도 그 인터넷 프로그램을 통해 재회했는지도 모르겠다). 항상 새로운 소식을 찾는 기자에게 이 소식은 아주 좋은 기삿거리였을 것이다. 그래서 호세와 레미는 재회한 바로 그 해(2003년)에 모페트를 만나 UFO 추락 소식을 전했고 모페트는 이를 곧바로 신문에 실었다. 그런데 이 기사는 지역의 작은 신문에 실려서 그랬는지 별 파급 효과가 없었다. 그러곤 다시 묻히고 말았다.

그렇게 끝났더라면 이 사건은 영원히 공표되지 않았을는지도 모른다. 그런데 천우신조가 있었다. 이 기사가 2009년에 파올라 해리스라는 이탈리아 여기자에 의해 발견되었기 때문이다(해리스는 자크 발레와 함께 이 사건을 조사하여 세상에 알린 주역으로 본문에서 이미 여러 번 거론했던 인물이다). 기사를 접한 해리스는 이 사건에 큰 흥미를 느끼고 본격적인 조사에 들어갔다.

그녀는 2010년부터 호세와 레미를 직접 찾아가 면담했다(그런데 레미는 2013년에 사망했다). 그러다 아무래도 전문적인 연구가의 도움이 필요했던 모양이다. 그녀는 2018년에 발레에게 도움을 청했고 그렇게 그들은 함께 이 사건의 연구에 돌입한다.

발레는 80세가 조금 넘은 호세를 해리스로부터 이 해에 처음으로 소개받는데 재미있는 사실은 소개받은 장소가 바로 앞에서 말한 '그 술집'이라는 것이다. 추락한 UFO를 수거하던 군인들과 오펜하이머 같은 연구자들이 들락날락했다던 그 술집 말이다. 그렇다면 그 술집은 그 자리에 70년도 넘는 세월 동안 있었던 것이 되

UFO 추락 현장을 찾은 호세와 발레

는데 사막 같은 곳에 그런 대중음식점이 수십 년이나 존재했다니 그 또한 놀랄 만한 일이다.

발레와 해리스는 6~7번씩이나 추락 현장을 다니면서 조사했다고 한다. 어떤 때는 호세를 대동하고 가서 생생한 증언을 듣기도 했다. 그렇게 다니다가 앞에서 말했던 것처럼 호세의 조카인 사브리나가 LA에 살고 있다는 것을 새삼스레 알게 되었다. 그 이야기를 듣고 발레와 해리스는 곧장 LA로 가서 그녀를 만나 세심하게 면담했고 그것을 가지고 자료를 보강했다. 그녀는 호세가 모르고 있던 사실도 알고 있어 매우 좋은 정보원이었다. 발레와 해리스 두 연구자는 뒤늦게 만난 사브리나의 증언에서 나온 이야기까지 포함해서 2021년에 앞에서 말한 책 (『TRINITY』)을 낸 것이다.

발레가 정리한 트리니티 사건의 특이점 10가지

트리니티 사건이 전하는 UFO 추락 사건은 UFO 연구사에서 매우 독특한 경우라고 했다. 어떤 점이 독특하다는 것인지에 대해 발레가 잘 정리한 것이 있으니 일단 그것을 보자.[13]

1) 비행체가 추락했을 때 두 명의 목격자가 있었다.
2) 목격자들은 그 지역을 속속들이 잘 알고 있었다.

---

13   발레 외, 앞의 책, pp. 135~136.

UFO 추락 현장을 찾은 호세와 헤리스

3) 목격자들은 두 번째 날을 제외하고 비행체가 이송될 때까지
   그 장소에 매일 몰래 접근했다.

4) 그들은 비행체가 옮겨지기 전에 몰래 비행체에 가까이 갈 수
   있었다.

5) 호세와 호세의 아버지, 그리고 한 명의 주 경찰관이 비행체
   안에 들어간 적이 있다.

6) 특이한 쇠붙이(브래킷)가 비행체의 내벽에서 분리됐고 원상태
   로 되었다(recovered).

7) 이 책을 쓰고 있을 때 저자들은 세세한 검사를 위해서 이 쇠
   붙이를 가지고 있었다.

8) 목격자 중 한 사람인 호세 파디야는 이 시점에 살아 있고 캘리포니아주 경찰관으로 오랜 근무를 마치고 은퇴해 현재 (2019년) 83세인데 그는 정확한 기억을 갖고 있었다.

9) 파올라 해리스는 레미 바카와 그의 가족을 10년 전부터 오랫동안 만났고 그의 집에서 그를 인터뷰해서 세세한 기록을 남겼다.

10) 저자들은 조사하는 동안 현장을 여러 번 방문해 며칠 동안 있곤 했는데 그때 조사팀과 장비도 동원됐다.

이상인데 발레가 정리한 이 항목들은 앞에서 모두 다루었으니 별도의 설명이 필요 없을 것이다. 다만 여기에 한 가지 추가할 내용이 있다. 그것은 호세와 레미 일행 외에도 이 사건을 목격한 사람이 더 있었다는 사실이다. 전투기 조종사인 윌리엄 브로피(Brophy) 중령이란 사람인데 그는 의심이 횡행하는 이 분야에서 트리니티 사건이 허구나 조작이 아니라 실제로 일어난 사건이라는 확신감을 더 강하게 만들어 주었다.

브로피는 당시 화이트 샌드 지역에 있는 알라모고르드 비행장에 착륙할 예정이었다고 한다. 그런데 주변에서 연기가 올라오는 것을 목도하고는 호기심이 생겨 착륙하는 대신에 그곳으로 향했다. 그는 초목들 사이에서 부서진 물체를 보았고 그 근처에 '두 작은 인디언 소년'이 있다고 기지에 보고했다(호세와 레미 두 소년을 인디언으로 착각한 것이다). 그러나 그는 이 사실을 외부에 발설하지 않았다. 그는 1978년, 그러니까 이 지역에 외계 비행체가 추락한 사건이 있은 지 23년 후에야 아들에게 말하길, 자신은 그다음 날이 되어서야 추락 장소에 갔는데 비행체의 (부서진) 조각 여러 개가 있었다고 술회했다고 한다.[14]

14 발레 외, 앞의 책, p. 20.

의심할 수 없는 진실인 세 가지 이유

지금부터는 발레가 진위를 가려 정리해 놓은 10개 항목을 바탕으로 내 나름의 방식으로 이 트리니티 사건에서 추출한 소정의 결론을 서술해볼까 한다. 내가 생각한 의문들도 따로 정리해 볼 것인데 이것은 트리니티 사건에만 한정적으로 적용되는 의문이 아니라 다른 UFO 사례에도 공통으로 해당되는 의문이라 하겠다.

나는 이 트리니티 사건을 두 가지 관점으로 접근하려고 한다. 즉 이 사건에서 빼도 박도 못하게 확실히 드러난 사실, 그러니까 의심 없이 진실이라 단정할 수 있는 사안과 여전히 알 수 없는 의문들을 구분해서 서술해보고자 한다. 전자부터 살펴보자.

첫째, UFO 비행체는 분명히 존재했다!

트리니티 사건에서 파생한 주요 사안들의 진위를 가릴 때 가장 확실한 것은 말할 것도 없이 당시 UFO가 분명히 존재했었다는 사실일 것이다. 이렇게 따로 언급할 필요조차 없지만 추락한 외계 비행체의 실물이 진짜 있었다는 것이다. 이 점은 아무리 의심이 많은 사람이라도 지금까지의 설명이면 받아들일 수 있지 않을까 싶다. 트리니티 사건에 나온 UFO가 꾸며낸 이야기라거나 가짜라고 트집을 잡을 사람은 아마 없을 것이다.

10살도 안 되는 어린아이 두 명이 UFO가 떨어지는 순간부터 8일 후에 그 비행체가 군인들에 의해 견인될 때까지 그곳에서 벌어진 모든 일을 목격했다(물론 두 번째 날은 빼고). 그들은 현장에 가서 추락한 비행체를 직접 보았을 뿐만 아니라 그곳에서 일하던 군인들의 모습도 구체적으로 기억하고 있었다. 자신들이 이렇게 현장을 세세하게 볼 수 있었던 것은 체구가 작은 아이인지라 나무 같은 것 뒤에 숨어서 보았기 때문이라고 호세는 술회하고 있다. 그리고 그곳의 지형을 누구보다도 잘 알고 있었기 때문에 관찰하기에 적절한 지점을 찾는 일이 어렵지 않았다고 한다.

그뿐만이 아니다. 호세와 레미는 비행체를 들어 올리고 실었던 크레인과 18개의 바퀴가 달려 있는 트레일러도 보았다. 그리고 그들은 비행체가 군인들에 의해 추락 현장에서 다른 곳으로 옮겨지기 전날, 몰래 트레일러에 올라가 비행체를 직접 만져 보았을 뿐만 아니라 안에도 들어가 보았고 벽에 붙어 있던 물체를 뜯어서 나오기까지 했다.

이 사안들은 앞에서 다 검토한 내용이지만 이 이야기를 듣고도 두 소년이 본 비행체가 실제 존재했던 것이 아니라고 주장한다면,

그렇게 말하는 사람의 정신 상태를 의심해 봐야 할 것이다. 이 사건의 목격자는 10살 미만의 어린아이들이다. 그들은 이런 일을 두고 거짓말을 지어낼 지식도, 여력도 없다. 그 나이에 이런 엄청난 이야기를 거짓으로 꾸며낸다는 것은 상상조차 하기 힘든 일 아니겠는가.

추락한 비행체가 실제로 있었다는 사실과 관련해 트리니티 사건은 UFO 연구의 역사에서도 특이한 점을 많이 갖고 있는데 그중의 하나는 이 비행체가 실려 가는 모습이 생생하게 전해지고 있는 것이다. 지금까지 간간이 보고된 UFO 조우 사건을 보면 추락한 UFO 비행체가 인간들에 의해 견인되는 모습이 확실하게 묘사된 예가 없다. 당장에 그 유명한 로즈웰 사건도 그렇다. 로즈웰에는 분명히 UFO가 추락했고 그 비행체가 군인들에 의해 견인되었지만 일반인들은 그 과정의 구체적인 모습은 전혀 알지 못한다. 군 당국이 모든 과정을 비밀리에 진행했을 뿐만 아니라 추락한 비행체가 UFO라는 것 자체를 부정했기 때문에 그 과정에 대해 알 수 있는 자료가 없는 것이다. 어떻든 트리니티 사건에 나오는 비행체는 목격자들의 진술대로 실물이 존재했고 그것은 외계에서 온 UFO임에 틀림이 없다.

둘째, 탑승자인 외계인도 존재했다!

트리니티 사례에서 UFO의 존재 다음으로 의심 없이 진실이라고 확신할 수 있는 것은 그 비행체에는 적어도 3명의 탑승자가 있었다는 사실이다. 호세와 레미는 비행체가 추락한 바로 그 날 3명의 탑승자를 분명히 목격했다.

진술이 아주 구체적이었다. 그들에 따르면 탑승자들은 비행체가 추락해 당황한 나머지 죽어가는 토끼가 낼 법한 신음을 냈다고 했다. 그런데 호세와 레미는 이 탑승자들이 인간과는 다른 존재, 즉 외계인이라고는 생각하지 않았다고 한다. 아마 당시에 그들은 UFO에 대한 지식이 전혀 없었기 때문에 UFO와 외계인이 자신들의 눈앞에 나타나리라고는 상상하지 못했을 것이다. 그래서 두 소년은 그저 어떤 비행기가 추락했고 거기에는 탑승자가 있었는데 그들이 괴로워하니 가서 도와주어야 하는 것 아닌가 하는 아주 상식적인 생각을 했던 것 같다. 이렇게 두 소년이 진술한 구체적인 묘사를 통해 우리는 트리니티 사건에 나오는 UFO에는 탑승자, 즉 외계인들이 분명히 존재했다고 말할 수 있다.

호세와 레미가 목도한 존재가 외계인이라고 추정할 수 있는 근거는 또 있다. 그들은 이 존재들이 키가 아주 작고 호리호리하며 어깨가 좁고 팔이 긴데 전체적인 생김새는 불개미를 닮았다고 했다. 이것은 다른 UFO 사례에서 사람들이 묘사하는 외계인의 모습과 거의 일치한다. 특히, 뒤에서 보겠지만 1994년에 짐바브웨의 초등학교에 나타난 외계인의 모습과 매우 비슷하다. 그리고 양 사례에 나타난 외계인들이 움직이는 모습도 거의 일치한다. 두 사례에서 모두 목격자들은 외계인들이 다리를 갖고 있음에도 불구하고 인간처럼 걷는 게 아니라 미끄러지듯, 혹은 통통 튀는 것처럼 움직였다고 증언했다. 이렇게 생긴 외계인은 통상 '스몰 그레이'라고 불리는데 UFO 연구자들에게는 아주 잘 알려진 존재이다.

사정이 이러한데 어찌 트리니티 사례에 등장한 UFO 탑승자들, 즉 외계인들의 존재를 부정할 수 있겠는가 (나아가 외계인이 존재한다는 사실을 어찌 부정하겠는가).

셋째, UFO에서 나온 잔해 물질들도 실제 존재했다!

트리니티 사건에서 UFO와 외계인들의 존재를 의심 없이 참인 것으로 결론 지었다면, 다음으로는 추락한 비행체에서 추출된 물질 역시 분명히 존재했을 것이라는 결론이 가능하다. 앞에서 본 네 가지 잔해가 그 대표적인 물질이다. 브래킷이라고 불리는 것과 포일처럼 생긴 것, 패널, 실처럼 생긴 것 말이다. 이 트리니티 사건처럼 UFO 비행체에서 이렇게 다양한 물질이 나온 예는 일찍이 없었다.

UFO 연구가들이 곤혹스럽게 생각하는 것은 UFO의 존재를 입증할 수 있는 물적인 증거가 없다는 것이다. 우리 주변에 있는 사람들, 특히 과학자들은 '나도 UFO의 존재를 믿고 싶은데 물증이 없다. 확실한 물증을 가져온다면 나도 기꺼이 믿겠다'라고 하는 사람들이 꽤 있는 것으로 알려져 있다. 그런데 다른 UFO 조우 사례에서는 물증이라고 할 만한 게 없었다. 이런 물증이 있으려면 UFO가 추락하든지 착륙하든지 해서 무언가 내 눈앞에 잔해를 남겨야 하는데 그런 사례가 거의 존재하지 않았다. 예외적인 경우가 로즈웰 사건 정도인데 이 경우에는 군인들이 잔해를 모두 수거해가서 우리 눈앞에 남은 것이 없다.

트리니티 사건도 그럴 수 있었을 것이다. 그러나 당시 미국 군인들은 이런 외계 비행체의 추락을 처음 겪은 것이어서 그런지 일을 꼼꼼하게 처리하지 않았다. 그래서 호세와 레미 같은 어린아이들에게 확고한 물증인 잔해를 털리는 일이 발생했다. 심지어 UFO가 추락했을 당시 태어나지도 않았던 사브리나조차도 비행체에서 나온 금속류의 물질을 어릴 때 노상 가지고 놀았다고 증언하니 이 물질들의 존재를 부정할 수 없을 것이다.

그리고 이런 물질은 인간이 지닌 기술을 뛰어넘은, 대단히 발달한 기술로 만들어진 것이라고 했다. 이 같은 물질이 추락한 외계 비행체에서 나왔다는 것은 이 비행체가 인간보다 기술이 월등히 발달한 지역에서 온 것이라는 사실을 알 수 있게 해준다.

풀리지 않는 의문 다섯 가지

UFO 사례를 접할 때마다 드는 생각이지만 UFO 세계에서는 알 수 있는 것보다 알 수 없는 것, 혹은 알지 못하는 것이 훨씬 더 많다. 아니, 아예 모르는 것투성이라고 해도 될 정도이다. 트리니티 사건도 마찬가지다. 이 사건이 비록 비슷한 유의 다른 사건에 비해 월등하게 뛰어난 정보를 많이 제공하고 있는 것이 사실이지만 여기서도 확인할 길이 없고 밝혀지지 않은 것들이 훨씬 많다. 이러한 양상은 다른 UFO 사례와 맥을 같이 하는 것으로 지금까지 우리가 UFO에 대해 가졌던 의문이 트리니티 사건에서도 풀리지 않은 채로 남는다. 이제 그것을 살펴보자.

첫째, 비행체와 탑승자의 정체에 대한 포괄적인 의문

우리는 다른 UFO 사례에서 품었던 의문을 똑같이 트리니티 사건에도 던질 수 있다. 가장 먼저 대두되는 의문은 추락한 비행체와 거기에 타고 있던 탑승자들의 정체에 관한 것이다.

그날 그곳에 떨어진 그 비행체는 도대체 어디서, 그리고 왜 그곳에 왔을까? 그런데 질문을 하자마자 무색하다는 느낌이 든다. 답을 결코 알아낼 수 없으니 질문할 필요가 있을까 하는 생각이 들기 때문이다. 물론 이에 대해 나름의 설을 내놓는 사람이 있지만 확실한 증거를 가지고 주장하는 것은 아니기 때문에 받아들이기가 힘들다. 다만 참고만 할 뿐이다.

또 도저히 이해할 수 없는 것은 그들, 즉 비행체에 탑승한 존재들의 기술 수준이다. 일반적으로 외계의 존재들이 운행하는 비행체가 움직이는 모습을 보면 지구상의 물리법칙을 무시하면서 자기 마음대로, 자신이 생각하는 대로 날아다니는 것처럼 보인다. 그래서 나는 이전에 외계의 비행체가 물질로 이루어지지 않았을 것으로 추측한 적이 있었다. 이유는 간단했다. 그들의 비행체가 순전한 물질로 만들어졌다면 물리적 법칙에 반해서 움직일 수 없기 때문이다. 그렇다고 내가 그 대안으로 이 비행체가 어떤 물질로, 또 어떤 원리로 만들어졌다고 주장할 만한 정보나 지식을 갖고 있는 것은 아니다.

그런데 트리니티 사건을 면밀하게 살펴보니 추락한 그 비행체는 분명 물질로 구성되어 있었다. 사정이 그렇다면 외계 비행체는 도대체 어떻게 물리적 법칙을 다 무시하고 하늘을 제멋대로 날아다니면서 인간의 눈앞에 나타났다가 사라지는 일 등을 일삼는 것인지 모르겠다. 그들은 어떤 기술을 가졌기에 우리 인간이 도무지

헤아릴 수 없는 그런 일들을 반복하는 것일까?

탑승자들도 그렇다. 트리니티 사건에 나오는 외계 존재를 보면 몸은 분명 '물질'로 이루어져 있었다. 사정이 그렇다면 이상한 일이 한 두 가지가 아니다. 일반적으로 UFO는 순식간에 어마어마한 속도로 움직이는 것으로 정평이 나 있다. 예를 들어 순간적으로 음속의 수십 배나 되는 속도를 낸다고 하는데 만일 정말로 그렇게 빨리 움직인다면 바로 다음과 같은 의문이 생긴다. 비행체가 그렇게 빨리 날 때 그 안에 타고 있는 존재들은 중력을 어떻게 견디느냐는 것이다.

보통 인간은 중력의 서너 배가 되는 압력을 받으면, 즉 G3~G4 정도의 힘을 받으면 견디지 못한다. 기절하는 경우도 있다. 그런데 이 외계 존재들은 자신들이 조종하는 비행체가 빠르게 날 때 수십 배나 되는 중력을 어떻게 견딜까? 그들의 몸은 물질로 되어 있으니 분명히 중력의 힘을 감당해야 할 것인데 그들은 전혀 그렇지 않은 것 같다. 이것을 어떻게 설명할 수 있을지 모르겠다.

이에 대해 많은 UFO 연구자들은 비행체들이 반중력 장치를 갖고 있기 때문에 중력을 무시하고 제멋대로 궤적을 달리하면서 날 수 있고 외계인들 역시 중력의 법칙에서 벗어나서 존재할 수 있다고 주장한다. 그러나 그런 반중력 장치의 존재는 모두 설에 그칠 뿐 확실한 것은 아무것도 없다. 따라서 그들의 설명은 받아들일 수 없다. 의문만 남을 뿐이다.

둘째, 그 잘난 비행체는 왜 추락했을까?

그다음으로 드는 의문은, 앞에서도 말한 것처럼 외계 존재의 기술 수준이 상상을 절하는 엄청난 정도라면 그 비행체가 왜 지상에 추락했냐는 것이다. 인간들이 이용하는 비행기도 추락하는 일이 그리 쉽게 일어나지 않는다. 매일 엄청난 수의 민항기와 전투기가 뜨고 내리는데 추락하는 경우는 아주 드물게 일어나지 않는가?

그런데 인간의 비행기와는 비교도 안 되게 앞선 기술로 만들어졌다는 그 잘난 비행체가 추락했다는 것은 이해가 잘 안 된다. 더 이해가 안 되는 것은 트리니티 사건이 일어나고 2년 뒤인 1947년에 로즈웰에 비슷한 비행체가 또 떨어졌다는 사실이다. 인간도 자기들이 타고 다니는 비행기가 사고로 추락하면 같은 일이 다시 일어나지 않도록 각고의 노력으로 사고 원인을 찾아내고 결함을 수정한다.

그런데 외계의 비행체는 어찌 된 일인지 트리니티 사건 이후 2년 만에 로즈웰에서 또다시 맥없이 추락했다. 이것을 어떻게 설명하면 좋을까? 역시 나중에 볼 예이지만 1953년에 네바다주에 있는 유카 평원에도 UFO가 추락했다는 보고가 있다. 당시에 UFO가 어떻게 이렇게 줄줄이 떨어졌는지, 우리는 그 고도의 기술을 갖춘 비행체의 추락 이유를 알 방도가 없다.

셋째, 위난 시 대처 방안이 왜 그 수준일까?

지상에 추락해 다쳤거나 죽은 동료 외계인을 처리하는 문제도 그렇다. 여기에도 큰 의문이 든다. 우선 드는 의문은 이런 일이 발생했을 때 왜 그들은 사고를 당한 동료를 구하러 오지 않느냐는 것이다. 잘 알려진 것처럼 외계 존재들은 의사소통을 텔레파시로 한다고 한다. 만일 이게 사실이라면 지상에서 추락이나 불시착 같은 사고를 당했을 때 당사자들이 즉시 텔레파시로 동료들에게 연락해 자신들의 위치와 상황을 전달할 수 있는 것 아닌가? 그들에게는 공간이나 시간이 별 의미가 없으니 서로 연락이 닿는 순간 그 즉시로 사고 현장에 와서 동료들을 구할 수 있을 것 같은데 정확한 사정은 알 길이 없다. 자기 동료들을 지상에 그렇게 그냥 내버려 두면 덜떨어진 지구인들에게 붙잡혀 어떤 일을 당할지 모르는데 그것을 어떻게 용납했는지 모를 일이다.

이것을 지구의 전투기 조종사들의 경우와 비교해보면, 조종사가 적지에 추락했을 때 그들을 구해오는 프로그램이 매우 정교하게 짜여 있다는 것은 잘 알려진 사실이다. 인간들도 이런 프로그램이 있을진대 인간과는 비교도 안 되게 발달한 기술을 가졌다고 하는 외계 존재들이 이렇게 조난한 동료들을 속수무책으로 그냥 놓아둔다는 것이 이해가 안 된다.

물론 인간들이 모르는 그들만의 정책이나 구조 체계가 있고 실제로 위난에 빠진 동료들을 무사히 구조해 갔을 수도 있다. 그러나 트리니티 사건에서는, 그들이 그렇게 한 것 같지 않다. 왜냐하면 추락한 비행체에 타고 있던 외계 존재들이 앞에서 본 것처럼 추락 첫날에만 목격됐고 그다음부터는 볼 수 없었기 때문이다. 감쪽같이 사라졌는데 정황상 앞서 추측한 대로 인간 군인들이 데려갔을 가능성이 커 보인다고 했다. 물론 그들 스스로 달아났거나 동료들이 와서 구해갔을 가능성도 배제할 수는 없지만 말이다. 이렇듯 우리는 탑승자들의 행방을 알 수 없다. 이에 대해서는 발레 등의 연구자들도 언급하고 있지 않으니 제삼자인 우리는 알 방법이 없다.

같은 식의 질문은 비행체에도 해당된다. 상식적으로 생각해 볼 때 트리니티 사건에서처럼 자신들의 비행체가 상대방의 손에 넘어가는 일은 누구나 피하고 싶은 일 아닐까? 한 번 이렇게 생각해 보면 그 사정을 알 수 있을 것이다. 미국이 최첨단 비행기를 개발했다고 하자. 다른 나라들은 이런 최첨단 기술이 적용된 비행기를 갖고 있지 않아 모두 이 미국 비행기의 정체에 대해 궁금해하고 있다. 이 기술은 극비 사항이라 다른 나라들은 전혀 알 수 없다. 그런데 그 최첨단 비행기가 중국에 추락하면서 불시착했다. 이런 경우 미국은 어떤 일을 할 수 있을까? 가장 좋은 것은 미국 공군이 직접 가서 그 비행기를 회수하는 일일 텐데 그것은 가능한 일이 아니다. 남의 나라 영토에 들어가는 일은 애당초 가능하지 않기 때문이다. 그러면 미 공군은 어떻게 해야 할까? 아마도 그 비행기를 폭파해 중국 군대가 그것으로부터 어떤 정보도 취하지 못하게 할 것이다.

그렇게 하지 않으면 그 비행기가 중국인의 손에 들어가 미국 비행기에 적용된 기술이나 정보가 누출될 수 있기 때문이다.

실제로 그런 일이 있었다. 2011년에 미군이 오사마 빈 라덴을 제거하기 위해 파키스탄에 있는 그의 은신처를 급습했을 때의 일이다. 그때 작전에 투입된 헬리콥터 한 대가 예기치 않게 추락했다. 미군은 이 헬리콥터를 어떻게 처리했을까? 빈 라덴을 성공적으로 사살하고 나온 미군은 이 헬기를 완벽하게 폭파하고 퇴각했다. 이 헬리콥터에는 수많은 정보가 들어 있어 그것이 적의 손에 들어가는 일을 사전에 차단한 것이다.

외계 존재들보다 많이 낙후한 인간들도 자신들의 것에 대한 보호와 위난 시 사후 대처가 이러한데 그들은 자신들의 최첨단 비행체가 이곳에 추락하는 바람에 인간들의 손에 들어가는 것을 왜 막지 않았을까? 만일 비행체를 회수할 수 없다면 폭파라도 할 수 있었을 것 같은데 그들은 그 일도 하지 않았다. 속수무책으로 방관하는 듯한 자세로 일관했는데 이것을 어떻게 이해해야 할지 모르겠다.

넷째, 그들은 왜 그 지역에 왔을까?

마지막으로 던지고 싶은 질문은 트리니티 사건의 그 비행체는 '왜 그 지역에 왔을까'이다. 이에 관해서는 이 사례를 다루는 초반부터 간헐적으로 의견을 제시해 왔다. 역시 추정이지만 이는 대부분의 UFO 연구가들이 동의하는 것이기에 상당히 확실한 답변을 말할 수 있을 것 같다.

충분히 예상할 수 있는 것처럼 그들이 1945년 8월 16일에 뉴멕시코주의 샌안토니오 지역에 나타난 이유는, 정확하게 한 달 전인 7월 16일에 바로 이 지역 인근인 트리니티 사이트에서 원자폭탄이라는 어마어마한 무기의 첫 폭발 실험, 다시 말해 인류 역사상 첫 핵폭발이 이루어졌기 때문일 것이다. 미국은 이곳에서의 실험 이후 얼마 지나지 않아 일본 히로시마(8월 6일)와 나가사키(8월 9일)에 실제로 원자폭탄 1개씩을 투하했고 이로 인해 군인과 민간인 20만 명 이상이 피폭으로 사망했다. 그들은 바로 이 전무후무한 인류의 엄청난 재앙을 파악하기 위해 첫 무대가 된 이 지역에 온 것일 거다.

이렇게 인류사에서 처음으로 원자폭탄이 터진 트리니티 지역은 앞에서도 말한 것처럼 호세의 집에서 약 30km밖에 떨어지지 않은 가까운 곳이었다. 그렇게 가까운 곳이라 호세의 가족에게는 이 원자폭탄의 폭발 사건은 악몽 같은 일이 되었다. 그렇게 큰 재앙을 초래하는 '이벤트'가 있는데도 미국 당국에서는 주변 지역에 사는 사람들에게 아무런 언질도 주지 않았다고 한다. 아마 이 원자폭탄 폭발 실험은 극비 사항이라 아무에게도 알리지 않은 것이리라.

호세의 증언을 들어보면 어이가 없어진다. 그에 따르면 폭발 당일 새벽 엄청난 소리와 함께 밝은 빛이 호세의 집을 감쌌다. 이 광경을 접하고 호세의 모친은 궁금한 나머지 아무 생각 없이 창문을 열었다고 한다. 그때 그녀는 폭발의 섬광을 보았고 그 때문에 한쪽 눈의 시력을 잃었다고 한다. 호세도 무사하지 못했다. 그도 한 쪽 귀의 청력을 잃었다고 하니 말이다.

트리니티 사건의 비행체는 인류의 첫 원폭 실험 장소와 이렇게 가까운 데에 왔다가 추락했다. 그들은 아마도 인류사에 한 획을 그은 이 엄청난 사건을 염탐하러 왔다가 알 수 없는 이유로 추락한 것 아닐까 하는 생각이다.

원폭 실험은 인류 역사 초유의 일이라 외계인들도 관심을 가졌던 모양이다. 이 폭탄은 그전까지 인류가 갖고 있었던 폭탄과는 차원이 전혀 다른 것이라 외계인들은 이 사태를 어떻게 이해해야 좋을지 몰랐을 수도 있다. 추정이기는 하지만 그들은 원자폭탄 자체가 어떤 것인지는 알고 있었을 것이다. 그러나 이 엄청난 폭탄을 문제 많은 인류가 당시 어떤 식으로 개발하고 현재 어떤 상태에 있는지 궁금했을 수 있다. 그래서 진상을 파악하기 위해 일단 현장을 방문한 것 아닐까?

인류의 원자폭탄 개발과 관련하여 외계 존재들이 지상에 출현하는 이유를 두고 지금 언급한 것처럼 단순하게 핵심 현장을 파악하기 위한 것이라는 설도 가능하지만, 연구자에 따라 조금 다른 이유를 대기도 한다.

먼저 볼 것은 외계의 존재들이 인류에게 주의를 환기하기 위한 것이라는 적극적인 차원의 주장이다. 즉, 이 원자폭탄은 현 인류의 수준으로는 감당할 수 없는 강력한 무기라 더 이상 발전시키면 안 된다는 경고성의 메시지를 주고자 외계인이 나타났다는 것이다.

이렇게 생각하는 데에는 그만한 근거가 있다. 그동안 외계의 존재들이 인간들의 핵무기를 '셧다운'했다고 믿을 만한 사건이 자주 발생했기 때문이다. 그들이 인간들의 핵무기를 무력화한 사건은 하도 많아 열거할 필요성을 느끼지 못한다. 가장 잘 알려진 것은 미국 몬태나주에 있는 공군기지에 1967년 UFO가 나타나 핵미사일 10기를 무력화한 사건일 것이다.

이 기지의 이름은 맘스트롬(Malmstrom)인데 히로시마에 투하된 원자폭탄보다 100배가량 강력한 폭탄이 다수 보관되어 있어 미국에서 가장 중요한 핵기지로 간주되었다. 이 기지 위에 UFO가 나타났는데 그때 원자폭탄 10기가 한 번에 작동 불능 상태가 되었다. 그런데 이곳의 시스템에 따르면 원자폭탄이 모두 개별적으로 작동하게 되어 있어 한 번에 2기가 동시에 작동이 불능에 빠지는 경우는 없다고 한다. 그런데 10기가 단번에 '셧다운'된 것이다. 따라서 이것은 인간이 아니라 인간 이외의 존재, 즉 UFO가 자행한 일이라는 설이 강력하게 대두되었다. 이 현상에 대한 일반적인 해석은, UFO의 존재들이 인간에게 경고하기를, '너희들이 이렇게 강력한 무기를 만들었다 하더라도 우리가 순식간에 무기력하게 만들 수 있으니 헛수고하지 마라'라는 것인데 일리가 있는 해석이라고 하겠다.

그런가 하면 외계의 존재들이 인류가 핵실험 하는 것을 방해하는 데에는 또 다른 이유가 있다는 견해도 있다. 즉 그들은 인류보다 자신들을 위해서 인류의 핵실험을 적극적으로 막는다는 것이다. 이는 나와 『외계지성체의 방문과 인류종말의 문제에 관하여』를 공저한 지영해 교수의 견해이기도 한데 이 견해를 지지하는 연구자들도 꽤 있다. 이들에 따르면 인간이 사는 인간계와 외계의 존재가 사는 세계는 어떤 식인지 모르지만 붙어 있어 서로 간에 영향을 줄 수 있다고 한다. 그러니까 외계인들이 속한 세계는 인간 세상의 옆 혹은 상위에 있는 세계로 인간의 공간과는 물질적으로 연결된 '인접생명권'이고, 외계인들의 생명 공간과 인간의 생명 공간은 하나가 되어 커다란 '광역생명진화권(the comprehensive bio -evolutionary sphere)'을 이루고 있다는 것이 이 주장의 핵심이다.

그런데 지금까지는 인류가 만든 폭탄의 위력이 고만고만해서 자기들 세계에 별 영향을 주지 않았는데 원자폭탄의 경우는 다르다고 한다. 원자탄은 차원으로 달리하는 폭탄이라 자신들의 세계에도 피해를 줄 수 있다는 것이다. 그런데 인류는 원자탄에서 그친 게 아니라 훨씬 더 강력한 수소폭탄까지 개발했으니 외계인들의 걱정이 크다고 한다. 이 때문에 원자폭탄이 있는 곳에 종종 UFO가 나타난다는 것인데 최근까지 UFO의 존재를 부정해왔던 미국 정부도 UFO의 출현 중 몇몇은 분명히 원자폭탄과 관계가 있다고 밝히기도 했다.

그러나 이 설에도 많은 의문이 든다. 우선 인류가 사는 세계가 외계인이 사는 세계와 인접해 있다는 것부터 그 진위를 알 수 없다.

이 의견을 받아들이려면 증거가 필요한데 이를 입증할 만한 증거는 어디서도 찾을 수 없다. 한 걸음 더 나아가서 이런 질문도 가능하겠다. 즉 이 두 세계가 붙어 있다는 것을 수용한다고 하더라도 인간계에서 터트린 원자폭탄이 어떤 식으로 외계인들의 세계에 영향을 주는지에 관한 의문 말이다. 이에 대해서도 알려진 바가 없다.

게다가 외계인들도 이 문제에 대해서는 자기들의 입장을 인간들에게 알리려고 하는 것 같지 않다. 내가 이렇게 추정하는 이유는 피랍 체험 같은 것을 통해서 외계인들과 접촉한 사람들의 증언을 따른 것이다. 피랍 체험자들에 의하면 외계인들이 인간을 납치해가서 우주선에서 보여주는 것은 핵폭발이나 환경 재앙으로 폐허가 된 지구의 모습이지 자기들의 세계가 파괴된 모습이 아니었다.

또 앞으로 보게 될 에이리얼 초등학교 사례에서 학생들이 만난 외계인도 황폐해진 지구만을 이미지로 보여주었지, 자신들의 세계에 대해서는 어떤 이미지도 보여주지 않았다. 따라서 이 설은 하나의 설명에 그칠 것 같은데 그래도 매력적인 설인 것은 확실하다.

다섯째, 그 UFO는 지금 어디에 있을까?

트리니티 사건에서 마지막으로 언급하고 싶은 의문은 그날 추락한 비행체의 행방이다. 사건으로부터 약 80년이 지난 현재, 그 비행체는 어디에 있을까? 우리는 호세와 레미 두 소년의 증언을 통해 이 비행체가 큰 트레일러에 실려 어디론가 이송되었다는 것을 알고 있다. 이후의 행방에 대해 발레는, 자신은 이 비행체가 로스앨러모스라는 도시로 이송된 것까지만 알고 그 뒤는 모른다고 했다. 로스앨러모스는 맨해튼 프로젝트라는 이름 아래 원자폭탄을 개발하고 제조한 국립 연구소가 있는 곳이다. 지도에서 어림짐작으로 계산해보니 로스앨러모스는 트리니티 사건의 비행체가 떨어진 곳으로부터 북쪽으로 약 200km 떨어진 곳에 있다.

그런데 이는 근 80년 전의 일이다. 시간이 많이 흘러서 그런지 그 비행체가 지금 어떤 상태로 어디에 있는지는 아무도 모른다. 낡아서 폐기했는지, 여전히 보존하고 있는지, 아니면 그 비행체를 지상으로 보낸 존재들이 와서 회수해갔는지 우리는 아는 바가 없다.

군 당국이 비행체를 폐기하지 않았다면 지금도 미국 어딘가에 보관되어 있을지 모른다. 내 생각으로는 아직도 이 비행체가 어딘가에 보관되어 있을 것 같은데 굳이 추측한다면 51기지[15] 같은 곳에 있는 비밀기지에 있을 확률이 높다.

---

15 이곳의 약칭은 '51 area'이니 그대로 번역하면 '51영역'이 된다. 그러나 여기서는 이곳에 공군기지가 있어 51 기지로 표현했다. 이 기지의 정식 명칭은 그룸 레이크(Groom Lake) 공군기지인데 1955년에 신무기 개발 및 시험을 위해 세워졌다. 미국 정부는 이 기지를 비밀리에 운영했기 때문에 이 기지의 존재를 국민에게 알리지 않았다. 그러다 2013년 미국 정부는 이 기지의 존재를 공식적으로 인정하게 된다.

트리니티 사건을 정리하며

이상으로 우리는 UFO 역사상 초유의 사건이면서 획기적인 트리니티 사건을 훑어보았다. 이 엄청난 사례가 가장 먼저 나온 탓에 비교 대상이 없어 이 사례가 얼마나 특수하고 귀중한 사례인지 잘 모르거나 감흥이 덜 한 독자들도 있을 것이다.

그러나 이 사례는 UFO 비행체가 분명히 지상에 추락했을 뿐만 아니라 외계인들이 존재한다는 사실을 확실하게 보여준 귀중한 사례로 기록된다. 트리니티 사건에서만 유일하게 실체가 확인된 UFO가 추락했고 그것에 탑승하고 있던 외계인이 목격되었으며 그것이 미국 공군에 의해 수습되어 이송되는 전 과정이 민간인들에 의해 관찰되었기 때문이다. 그래서 이 사례는 수많은 UFO 추락 및 목격 사례 가운데 가장 오염되지 않는 사례로 기억되고 있다. 호세와 레미, 그리고 발레와 해리스 덕분에 세상 밖으로 나온 가장 '잘 보존된 비밀(best -kept secret)'이라고 하겠다.

이제 우리는 수많은 UFO 사건 가운데 가장 많이 알려진 로즈웰 사건으로 이동하기로 하자. 로즈웰 사건은 수많은 의혹에 휩싸여 있어 그 진실을 아직도 잘 모르고 있다. 우리는 다음 장에서 이 의혹들을 풀어볼 것이다.

2. 로즈웰 사건(1947)

어쨌든 로즈웰, 제일 잘 나가는 로즈웰!
소문 무성한 사건에서 찾은 상상 이상의 진실

√ 화제성 1위, 여전히 가장 유명한 UFO 사건

1947년, 미국 뉴멕시코주의 그 '핫플레이스' 인근에 한 비행체가 추락했다. 군 당국은 비행접시라 발표했다가 하루 만에 기상 관측용 풍선이라고 정정 발표한다. 그러나 훗날, 현장에서 중책을 수행했던 두 군인이 UFO와 외계인이 실재했다고 고백한다. 사건의 진위와 관계없이 현재 로즈웰은 지구상의 유일한 UFO 성지(?)로 자리매김했다.

개요: UFO와 관련해 가장 유명한 사건

로즈웰 사건은 1947년 7월에 미국 뉴멕시코주에 있는 로즈웰 인근에 UFO가 추락한 사건을 말한다. 이번에도 뉴멕시코주가 무대인데 UFO와 관련해서 일어난 사건 가운데 이 로즈웰 사건보다 더 화제가 된 사건은 없을 것이다.[16]

UFO 사건 가운데 화제성 면에서는 단연코 1위다. 그런 때문인지 이 사건은 세간에 꽤 많이 알려져 있다. 그래서 나는 처음에는 이 사건에 대해 자세하게 설명할 필요를 느끼지 못했다. 그런데 지금까지 있어 온 설명들을 살피다가 매우 중요한 사안임에도 불구하고 제대로 다루어지지 않는 부분이 있는 것을 발견하고 이번 책에서 한 사례로 소개하려 한다.

---

16 로즈웰 사건보다 한 달 정도 이른 시간인 1947년 6월에 케니스 아널드라는 사람이 미국 워싱턴 주 상공에서 자신의 비행기를 조종하고 가다가 9대 이상의 UFO를 목격한 사건이 있었다. 이 사건이 로즈웰의 지역 신문 《Roswell Daily Record》에 소개되면서 '비행접시(Flying Saucer)'라는 용어가 처음으로 생기는 등 당시에 많은 반향을 일으켰으나 그 후 파급 효과가 적어서 여기서는 다루지 않는다.

'그곳'에서 불과 100여 km에 거리에서 또

중요한 사안은 왜 UFO가 로즈웰이라는 곳에 떨어졌느냐는 것이다. 이 점은 앞에서 본 트리니티 사례의 경우나 다음 장에서 보게 될 소코로 사례와 다르지 않다. 즉 로즈웰 사건 역시 인류의 원자폭탄 실험과 연관이 있을 것이라는 말이다. 이렇게 생각할 수밖에 없는 것이 당시 로즈웰에는 미 육군 항공기지 가운데 유일하게 원자폭탄으로 무장한 509 폭격비행단이 있었다. 1945년에 일본 히로시마에 원자폭탄을 투하한 폭격기도 이 부대에 소속되어 있었다고 하니 그 사정을 알 만하겠다.

그러니까 인류가 처음으로 실전에 사용한 원자폭탄을 탑재했던 비행기가 주둔한 곳이 로즈웰이라는 것인데, 그렇다면 UFO가 이곳에 나타난 것은 우연의 일치가 아닐 것이다. 그런데 이러한 추정을 더 강하게 할 수 있는 요인이 또 있다.

이 사실도 잘 알려지지 않았는데 우리는 로즈웰의 위치에 대해 다시 한번 생각해보아야 한다. UFO에 관심 있는 사람들도 로즈웰이라는 장소는 대개 알고 있지만 그곳이 인류 역사상 처음으로 원폭 실험을 한 화이트 샌드(사막)에 있는 트리니티 지역에서 동쪽으로 백여 km밖에 떨어져 있지 않다는 사실은 잘 알지 못한다. 트리니티 지역은 오펜하이머의 주도하에 진행된 맨해튼 프로젝트가 첫 결실을 본 땅이라고 했다. 이 점에 대해서는 앞 장에서 상세히 설명했으니 더 이야기하지 않아도 되겠다. 이 원자폭탄의 폭발 사건과 로즈웰에 UFO가 출현한 것 사이에는 분명히 상관성이 있을 것이다.

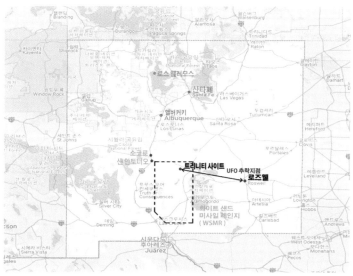

트리니티 사이트와 로즈웰의 거리

그래도 봐야 할 로즈웰 사건의 간단한 전모

로즈웰 사건은 워낙 잘 알려진 사건이지만 간략하게나마 전모를 살펴보자. 1947년 7월 2일 뉴멕시코주에 있는 로즈웰이라는 작은 도시 근처에 UFO로 추정되는 물체가 떨어졌다. 이 사건은 즉시 근처에 있는 육군 항공대에 보고되어 7월 7일에 제시 마르셀이라는 육군 소령 일행이 비행체의 잔해와 탑승자(의 시체)를 근처

1947년 7월 8일자 《Roswell Daily Record》에 실린 기사

에 있는 육군 항공대의 격납고(일명 Hangar 84)로 이송한 것으로 전해진다. 마르셀은 이 기지에서 정보 최고 책임자로 근무한 것으로 알려져 있다(그는 말년에 이 사건의 진실에 관해 중대한 고백을 하게 되니 여기서 그의 이름을 기억해두면 좋겠다).

이 부대의 관계자는 이 사건을 두고 곧 자신들이 "비행접시(flying saucer)를 포획했다(capture)"라고 발표했다. 그런데 이것은 너무나 순진한 처사였다. 당시 그 지역은 원자폭탄 실험과 같은 가장 높은 수준의 국가기밀이 이행되는 곳이었기 때문에 무조건 쉬쉬하면서 정보를 통제하는 것이 일상화되어 있었다. 따라서 그런 '핫플레이스'에 근원을 알 수 없는 비행체가 떨어졌다고 발표하는 것은 결코 해서는 안 되는 일이었다. 그 비행체가 외계에서 온 것이든, 적대 국가인 소련에서 온 것이든 미국 이외의 다른 곳에서 날아왔다는 것을 인정하는 것은 미군의 입장에서는 있을 수 없는

잔해를 보여주고 있는 마르셀 소령

일이었다. 이것은 당시 미 육군이 이런 일을 처음 당하는 것이라 제대로 처신하지 못한 것 같다.

그 결과 이 발표는 하루 만에 수정된다. 바로 다음날인 7월 8일, 관계 기관인 육군 항공대는 며칠 전에 떨어진 물체는 비행체가 아니라 기상 관측용 기구(풍선)라고 정정해서 발표한 것이다(발표한 사람은 당시 공보 장교였던 월트 하우트인데 그는 2007년에 사후 유언장을 통해 사건의 진실을 고백한 인물로 곧 소개할 예정이다). 로즈웰의 지역신문 사에서도 이 최종 발표에 동조할 수밖에 없었는지 육군 항공대가 이 추락 물체의 잔해로 제시한 은박지나 종이, 테이프 등의 사진을 게재하면서 이것들이 기지에 보관되어 있다고 보도했다.

바로 이 신문에 로즈웰 사건을 대표하는 사진 중의 하나인, 마르셀이 앉아서 이 잔해들을 보여주는 사진이 나온다. 그는 상부로부터 이 사건에 대해 철저하게 함구하라고 명령받았을 뿐만 아니라 시키는 대로 발표하라는 압박을 받게 된다. 그 외에도 이 로즈웰 사건과 관련된 사람들에게는 모두 입을 닫고 살라는 무언의 명령이 떨어진다.

사정이 그렇게 되니 그 동네에 이 사건을 목격한 사람들이 많았음에도 불구하고 모두 쉬쉬하면서 사건은 수면 아래로 잠수하게 된다. 그러나 UFO에 대해 끊임없는 호기심을 가진 사람들은 로즈웰 사건을 잊지 않고 있었다.

은퇴한 장교 마르셀, 생전 말년에 행한 고백

로즈웰 사건이 다시 수면 위로 올라 UFO 호사가들의 먹잇감이 된 것은 사건 발생 후 약 30년이 지난 1970년대 말의 일이었다. 당시 은퇴한 상태였던 마르셀이 행한 고백이 있었기 때문이다. 그는 로즈웰 사건 때 자신이 목격한 비행체나 회수한 잔해는 기상 관측용 기구가 아니라 외계에서 온 것이라고 믿는다는 폭로를 했다. 쉽게 말해 UFO가 추락한 것이라고 주장한 것이다. 그렇지 않아도 UFO 연구자들은 로즈웰 사건에는 무엇인가 정부가 감추는 것이 많다고 생각하고 있었는데 마르셀이 자신들의 의견과 같은 의견을 제시하자 환호하게 된다.

한 유력한 다큐멘터리 필름[17]을 보면 마르셀이 노년에 UFO가 추락한 현장에 나와 걸으면서 당시를 회상하는 장면이 나온다. 그는 이 현장에 가장 먼저 도착한 군인이었다. 그가 밝힌 증언에 따르면 당시 현장에는 추락한 UFO의 잔해가 굉장히 넓은 지역에 퍼져 있었다고 한다. 그가 추산하기를 잔해가 흩어져 있던 지역은 넓이가 미식 축구장 십여 개의 크기에 버금갔다고 하니 얼마나 광활한지 알 수 있다.

이것은 일반적으로 알려져 있는 정보가 잘못된 것이라는 가능성을 시사해준다. 사람들은 이 지역에 UFO가 그저 한 지점에 떨어진 것으로 알고 있는데 이것은 사실이 아닌 것 같다. 실제로는

---

17 제임스 폭스 감독이 만든 『The Phenomenon』(2020)
https://www.youtube.com/watch?v=a0Kr1TwKhQk&t=1193s

로즈웰에 추락한 UFO 상상도

비행체가 일단 한 지역에 추락한 다음 튕겨서 날다가 안착 지점까지 간 것으로 보인다. 이 두 지점의 거리가 약 40km가 된다는 주장도 있는데 확실한 것은 알 수 없다. 이 비행체가 이렇게 넓은 지역을 거치면서 추락했기 때문에 마르셀이 말한 것처럼 그 광대한 지역에 상당한 양의 잔해를 남기게 되는 모양이다.

그런데 의문이 든다. 뒤에서 보겠지만 이 UFO의 크기는 그 길이가 약 4m에 달한다고 한다. 그다지 큰 비행체가 아닌데 어떻게 그렇게 넓은 지역에 잔해를 남긴 것인지 궁금하다. 그리고 그렇게 먼 거리를 미끄러져서 갔다는 것도 선뜻 이해되지 않는다.

마르셀은 당시 현장에서 금속 조각을 발견했다고 하는데 그가 밝힌 이 금속의 성질이 자못 수상하다. 그에 따르면, 폭은 45cm~60cm이고 길이는 60cm~90cm에 달한다는 그 금속 조각은 담뱃갑에 있는 은박지보다 두껍지 않았는데 그래서 그런지 손으로 잡아도 있는 것 같지 않았다고 한다. 그런데 그렇게 얇은데도 구부릴 수도 없고 찌그러트릴 수도 없었단다. 게다가 망치로 내려치면 망치가 튕겨 나온단다.

그의 말이 사실이라면 도대체 이 금속의 정체는 무엇일까? 이런 금속은 일찍이 지구상에는 없을 것 같은데 만일 이 금속이 UFO에 속한 것이라면 어느 부품에 해당할까? 이런 의문이 계속 들지만, 이 금속도, UFO도 직접 접해보지 못했으니 그 진실을 알기 힘들다.

그런데 다른 UFO 목격담을 들어보면 이와 비슷한 이야기가 종종 나온다. UFO의 잔해라고 생각되는 물질을 수거했는데 그 겉모습은 지구상에 있는 쇠붙이와 비슷하지만, 성분이 달랐다는 것 말이다. 여러 금속이 합금 되었지만, 그 섞인 비율이 지금까지 밝혀진 과학적인 원리로는 불가능한 양태를 보인다는 주장도 있었다. 앞선 트리니티 사례에서도 호세가 비행체 내부에서 가지고 나와 발레에게 전한 그 브래킷이라는 쇠붙이의 정체에 대해서도 발레가 지금까지 답을 찾지 못했다고 하지 않았나. 그러나 이런 것은 비전공자인 우리가 왈가왈부할 수 있는 일이 아니다. 설사 유효한 연구가 있었더라도 그 결과를 직접 확인할 수 없으니 더 이상 논의를 진행하기 힘들다.

UFO 호사가들의 상상과 소문이 파다할 수밖에

여기서 우리가 환기해야 하는 사안은 이런 중요한 고백이 모두 당사자가 은퇴한 다음에나 이루어진다는 것이다. 현역에 있을 때는 많은 압력과 협박 때문에 입도 뻥끗하지 못 하다가 은퇴하면 양심선언하듯이 그제야 가슴에 담아 놓았던 것을 발설하는 것이다. 이런 정황으로 보면 미국 정부가 무엇인가 숨기는 사실이 있는 것은 확실하다. 숨길 게 없다면 군인이나 경찰관들에게 무시무시한 협박을 가해 입을 원천적으로 봉쇄할 리가 없기 때문이다. 좌우간 이런 내부 관계자들의 고백에 힘입어 UFO 연구가들은 점점 더 구체적인 정보를 얻었고 그 결과 이 꼭꼭 숨겨진 사건에 대해 다양한 추정을 제시하게 된다.

로즈웰 사건에 대해 연구자들이 제시하는 가정은 다양하다. 그 가운데 이곳에 UFO가 추락했고 시신을 포함한 수명의 외계인을 군에서 확보해 그 유명한 51 기지에 데리고 갔다는 것이 대표적이다. 물론 여기에는 추락한 UFO가 이곳에 보관되어 있다는 주장도 반드시 포함된다. 그것도 한 대가 아니라 여러 대가 보관되어 있다고 한다.

UFO 호사가들의 상상은 거기서 그치지 않는다. 51 기지의 기술자들이 외계인의 도움을 받아 UFO를 분해해 그 구동 원리를 깨쳐서 그에 버금가는 비행체를 만들고 있다느니, 아니 이미 다 만들었다느니 하는 소문도 파다했다.[18] 이외에도 정말로 믿기 어려운 소문이 적지 않았는데 UFO와 관련된 사건 가운데 한 사건을 두고 이렇게 소문이 많은 것은 로즈웰 사건(과 51기지)에 얽힌 것 이외에는 없을 것이다. 이 점에서 이 로즈웰 사건은 전 UFO 사례 가운데 상징성이 가장 뛰어나다고 할 수 있다.

<hr>

18 지구인이 추락한 UFO를 공군기지로 가져다 외계 존재들이 지닌 뛰어난 기술을 복제했다는 설에 관해 참조할 만한 자료는 다음의 책일 것이다. P. Corso & W. Birnes(1997), 『The Day After Roswell(로즈웰 사건 이후)』, Gallery Books.

끊임없는 소문의 진실을 찾아서

그런데 로즈웰 사건의 진실이 엉뚱한 데에서 밝혀져 우리의 비상한 관심을 끈다. 우리는 앞에서 미 육군 당국이 이 추락 사건을 은폐하기 위해 이곳에 떨어진 것은 외계에서 날아온 비행체가 아니라 그저 기상 관측기구에 불과하다고 주장한 것을 알고 있다. 그런데 사실은 미 공군도 이 추락체가 비행접시, 즉 UFO였다는 것을 알고 있었다는 유력한 증거가 대두되어 흥미롭다.

기발한 발상, 종이에 쓰인 글을 찾아 밝혀낸 진실

이 사실은 매우 교묘하게 밝혀졌는데 이를 알기 위해 우리는 이 사진을 주목해야 한다. 이 사진은 로즈웰 지역 신문에 실린 것으로 미 공군 당국이 UFO 추락 사실을 은폐하기 위해 기상 관측기구의 잔해인 터진 풍선 등을 가져다 놓고 이것이 로즈웰에 추락한 물체의 실체라고 주장하는 사진이다. 군 당국은 이런 사진들을

공군 당국이 당시 언론에 공개한 사진(왼쪽이 전보를 들고 있는 레이미 장군)

언론에서 소개하게 함으로써 대중을 호도한 것이다. 그런데 이 사진에서 그만 진실이 드러나고 말았다.

이 흥미로운 이야기는 이렇게 진행되었다. UFO 연구가들은 사진의 왼쪽에 있는 인물이 들고 있는 종이에 주목했다. 이것을 들고 있는 사람은 로저 레이미 장군인데 그는 제8군 공군 사령관으로 로즈웰 사건의 수사 책임자였다. 연구가들은 그가 들고 있는 종이(전보)에 쓰여 있는 내용에 주목했다. 그들은 이 내용을 해독하기 위해서는 우선 이 사진의 네거티브 필름을 구해야 한다고 생각해서 어렵게 그 필름을 입수했다. 그런 다음 또 다른 전문가의 도움을 받아 고도의 기술적인 과정을 거쳐 확대했다.

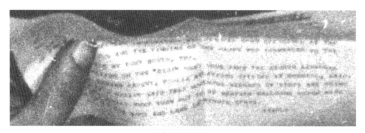

전보의 전문

그랬더니 전보의 전문이 어느 정도 선명해져 내용을 읽을 수 있었다. 거기에는 이 사진에 나온 것처럼 놀랄 만한 내용이 있었다. 그 가운데 가장 결정적인 문장을 보면 "the victims of the wreck(난파선)…. Aviators(Visitors) in the Disk"라는 구절이 나온다. 우리는 여기에 나온 'victim'은 추락해 죽음을 맞은 외계인을 의미하고 'wreck'이나 'Disk'는 비행체를 뜻한다는 것을 짐작할 수 있다. 레이미는 이 같은 내용을 전달받고도 공식적으로 발표할 때는 이 물체가 기상 관측용 기구라는 엉뚱한 소리를 한 것이다. 이 쪽지에는 또 다른 내용도 있지만 이것만으로도 로즈웰에 정말로 UFO가 추락했고 죽은 외계인도 있었다는 것을 분명하게 보여주는 결정적인 증거로 충분하지 않을까 한다.

외계인 사체 해부 영상은 가짜! 그러나

로즈웰과 관계된 소문은 여기서 끝나지 않았다. 거의 괴담 수준에 이르는 일이 발생하여 UFO 호사가의 관심에 큰불을 붙였기 때문이다. 이 일로 로즈웰 사건이 더욱 유명해진 것 같은데 느닷없이 외계인의 사체를 해부하는 필름이 공개된 것이다. 이 영상은 1995년에 『Alien Autopsy : Fact or Fiction?(외계인 부검: 진실 혹은 거짓?)』이라는 이름 아래 공개된 것인데 웬만한 사람은 다 보았을 것이다. 국내에서도 지상파 방송들이 뉴스 시간에 방영했으니 이런 주제에 관심 있는 사람들은 모두 시청했다고 해도 과언이 아닐 것이다.

당시 이 영상의 진위를 놓고 설왕설래했는데 결국은 가짜인 것으로 드러났다. 이 영상을 만드는 데에 참여한 사람이 진실을 누설했기 때문이다. 이 영상에서 나온 외계인은 진짜 외계인이 아니라

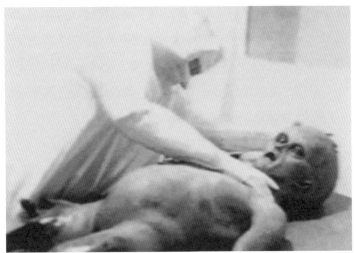
조작된 외계인 사체 영상

모형에 불과했던 것이다. 이 모형을 만든 사람은 『찰리와 초콜릿 공장』 같은 영화에서 특수 효과를 맡았던 존 험프리라는 사람인데 그가 2006년에 폭로하면서 진실이 드러났다.

로즈웰 사건은 후대에 미치는 효과가 막대해 이렇게 잊을 만하면 새로운 부대 사건이 생기곤 했다. 이 영상은 비록 가짜로 판명됐지만 내 생각에 로즈웰에 있는 기지(항공대)에서는 이와 비슷한 일이 일어났을 확률이 높다. 이유는 간단하다. 분명 외계인의 사체가 기지로 운송되었을 것이고 그럴 경우 미군이 정보 취합 차원에서라도 이 외계인을 해부해보았을 것이라고 생각해볼 수 있지 않겠는가?

그 뒤로 로즈웰 사건은 우리 곁을 완전히 떠난 듯싶었다. 그래서 이제는 로즈웰이 진짜 잊힌 것인가 했는데 다시 우리에게 로즈웰을 상기시키는 사건이 생겼다. 앞에서 잠깐 언급한 적이 있지만 2019년에 『프로젝트 블루북』이라는 미국 드라마가 시리즈로 만들어지면서 로즈웰이 우리 곁에 다시 다가온 것이다. 이 드라마는 로즈웰 UFO 추락 사건이라는 실화를 바탕으로 만들어졌기 때문에 다큐멘터리 필름처럼 생생한 느낌이 있어 상당히 박진감 있게 전개된다. 이 드라마를 접하고 우리는 1947년부터 시작된 질기고 질긴 로즈웰 사건의 생존력을 또다시 절감할 수 있었다.

드라마 『프로젝트 블루북』 포스터

로즈웰 사건의 진정성과
UFO의 성지가 된 도시, 로즈웰

내가 UFO에 관한 공부를 시작했을 때 당연히 로즈웰 사건을 접했지만 당시에는 이 사건을 도저히 믿을 수가 없었다. 그렇게 생각한 데에는 여러 이유가 있었지만 가장 큰 이유는 이 비행체가 추락했다는 것이 믿기지 않았기 때문이다. 상식적으로 볼 때 말이 되지 않으니 그렇게 생각할 수밖에 없었다.

UFO 연구자들 사이에는 공유되는 견해가 많이 있는데 그중 하나는 이 UFO라는 비행체는 아직 그 실체는 모르지만 고도로 발달한 문명권에서 만들어진 것이라는 것이다. 그래서 이 비행체는 인간이 만든 비행체가 할 수 없는 기이한 운행을 할 수 있는데 이 점에 대해서는 앞에서 많이 거론했다. 한마디로 말해 이 비행체는 운항 기술이 인간의 그것을 훨씬 뛰어넘는 것으로 인간은 상상조차 하지 못한다. 흡사 비행체가 의식을 갖고 있는 것 같이 모든 물리적 법칙을 무시하고 자기 마음 가는 대로 움직이니 그 기이함에 혀를 내두르지 않을 수 없다. 그런데 그런 초절정의 기술로 만들어진 비행체가 추락한다는 게 말이 되느냐는 것이 내 의구심이자 주장이었다. 아니, 인간이 만든 비행기도 잘 추락하지 않는데 그와는 비교도 되지 않게 발달한 외계(?)의 비행체가 저렇게 속절없이 추락하느냐는 것이다.

논리적 모순 때문에 믿을 수 '없던' 사건

이에 대해 UFO 연구자들 가운데에는 당시 근처 공군기지에 있던 레이더에서 강력한 전자기파가 출력되어 그것 때문에 추락했다고 주장하는 사람이 있었다. 이 전자기파가 너무 강력해 그 때문에 조종하는 데에 혼선이 생겨 추락했다는 것이다. 나는 이 주장도 쉽게 받아들일 수 없었다. 먼저 레이더에서 발사된 전자기파가 어떤 것이며 그것이 어떤 힘을 갖고 있어 어떤 방식으로 주위의 기계에 영향을 준다는 것인지 알 수 없었다. 게다가 이 문제는 대단히 전문적인 영역에 속하는 것이라 설명을 접해도 그 진위를 판단하는 일이 쉽지 않았다. 이런 전문적인 영역은 차치하고 또 의아한 점이 있다.

이 UFO 비행체들은 인간이 만든 레이더에 잘 포착되지 않는 것으로 유명하다. 전투기에 탄 조종사는 육안으로 이 비행체를 목격하는데 지상의 레이더에는 이 물체가 잡히지 않는 경우가 비일비재했다. 이 같은 시각에서 보면 이 외계 비행체가 인간이 쏜 레이더의 전자기파에 의해 추락한다는 게 이상하게 보인다. 추론은 간단하다. 인간의 레이더에는 잡히지 않는 고도의 기술을 가진 비행체가 레이더에서 발사된 전자파에 영향을 받고 조종력에 혼선이 와 추락했다는 것은 선뜻 믿기 어렵지 않겠는가? 앞에서는 이 비행체가 인간이 만든 레이더와는 비교도 안 되게 앞선 기술의 소산이라고 했는데 뒤에서는 자신보다 한참 떨어진 인간 기술로 만든 레이더로부터 영향을 받았다고 하니 이것은 논리적으로 모순인 것으로 보인다.[19]

　이런 이유 때문에 나는 UFO를 공부하던 초기에 이 사건을 믿을 수 없다는 입장을 고수했던 것이다. 그렇게 긴가민가하고 있었는데 2007년에 로즈웰 사건과 관련해서 중요한 일이 하나 터졌다. 당시에 공보 장교(509 폭격비행단의 홍보 책임자)로서 이 사건의 홍보를 맡은 월터 하우트의 유언장이 공개된 것이다. 하우트는 1947년 당시 보도자료를 만들어서 처음에는 UFO(비행접시)의 잔해를 수거했다고 발표했다가 하루 지나서 군 당국의 명령대로 기상용 관측 기구라고 수정 발표한 바로 그 사람이었다. 앞서 소개를 예고했던 그 하우트 말이다.

19　또 벼락을 맞았을 수도 있다는 견해가 있는데 자세한 정황을 알 수 없어 여기서는 언급하지 않았다. 이 설도 문제가 없는 것이 아니다. 인간이 만든 비행기도 벼락을 맞지 않게 하는 장치(피뢰침)가 있는데 그보다 훨씬 발전된 UFO가 속절없이 벼락을 맞아 추락한다는 것은 선뜻 믿기지 않는다.

터져 나오는 증언 1: 유언장을 통해 비로소 밝힌 진실

하우트는 유언장에서 자신은 당시 그 추락한 비행체의 잔해뿐만 아니라 외계인의 시신도 보았다고 밝혔다. 우선 비행체는 길이가 3.6~4.5m 정도였고 폭은 1.8m 정도였다고 했는데 이것은 앞에서 마르셀이 말한 것과 대동소이하다. 그뿐만 아니라 이 비행체에는 창문이나 랜딩기어, 즉 착륙 장치가 없었으며 그 잔해를 보면이 비행체가 지구상에서는 볼 수 없는 금속으로 만들어진 것을 알수 있었다고 한다.

아울러 그는 탑승한 외계인에 대해서도 적었다. 그들은 2명이었고 키는 1.2m에 달하는 작은 존재였다고 한다(이들도 스몰 그레이일 것이다). 이런 내용은 그가 이 사건에 대해 공식적인 발표를 할때는 전부 빠졌던 것이다. 사정이 그렇게 된 이유는 이 사건을 감추려고 획책한 고위층으로부터 강한 압력이 있었기 때문이다. 그래서 비행접시가 하루 만에 기상용 기구로 둔갑해서 정정 공표된 것이다.

그런데 이 유언장은 하우트가 죽은 직후에 공개되지 않았다. 사후 2년 후인 2007년에 세상에 공개되었는데 이는 그의 철저한 계획에 따른 일로 보인다. 그는 2005년에 죽으면서 자식들에게 유언장을 바로 공개하지 말고 자신이 완전히 잊히는 시점으로 생각되는 사망 2년 후에 공개하라고 신신당부했다. 그는 왜 자신이 목격한 UFO에 대해 평생 함구하고 있다가 죽은 다음에, 그것도 죽은 지 2년 뒤에 자신의 유언장을 공개하라고 했을까?

이 사정은 UFO 사건에 대해 발설하는 것이 당사자에게 어떤 고통을 가져오는지 아는 사람은 이해할 수 있을 것이다. UFO 목격자들은 주위로부터 온갖 조롱이나 위해, 모욕, 협박 등에 시달리기 때문에 하우트도 그렇게 할 수밖에 없었을 것이다(이 분야에 큰 관심을 두고 공부하고 있는 필자를 바라보는 주위의 시선도 부정적일진대 그들은 오죽할까). 그래서 이 목격자들 가운데에는 자신이 한 발설 행위에 대해 후회하는 경우가 적지 않다. 차라리 UFO에 대해 증언하지 않는 것이 훨씬 나았을 것이라고 하면서 말이다.

하우트가 자신의 유언장을 죽은 지 2년 뒤에 공개하라고 한 데에는 또 다른 이유도 있는 것 같다. 즉 자신이 죽은 직후에 유언장을 공개하면 혹시 가족들에게 불이익이 생기지 않을까 하는 염려가 있었던 것 같다. 이것은 매우 용의주도한 행위인데 그것은 그만큼 그가 UFO 사건의 발설자들이 어떤 처우를 받는지를 잘 알았기 때문에 행한 처사였을 것이다.

나는 이 이야기를 접하고 하우트의 진정성을 의심할 수 없었다. 그렇지 않은가? 누가 죽은 뒤에까지 거짓말을 하려고 하겠는가? 그는 아마 자신이 알고 있는 사실을 말하고 싶어 평생 끙끙거렸을 것이다. 소문이 난무하는 로즈웰 UFO 추락 사건과 관련해 그 진실을 얼마나 말하고 싶었으면 평생 꼭꼭 숨겼다가 사후에, 그것도 2년 후에 공개하라고 했겠는가? 그러니 어떻게 그 진정성을 믿지 않을 수 있겠는가? 이런 과정을 거치면서 나는 서서히 로즈웰 사건을 믿는 쪽으로 옮겨가고 있었다.

터져 나오는 증언 2: 말년에서야 비로소 밝힌 진실

하우트의 증언과 더불어 그에 버금가는 증언이 앞에서 본 제시 마르셀 소령이 1970년대 말에 행한 고백이다. 하우트는 사후에 유언장을 통해 진실을 밝힌 터라 직접 증언하는 영상이 없다. 반면 마르셀은 앞에서 본 것처럼 잊혔던 로즈웰 사건을 약 30년 만에 다시 수면 위로 끌어올린 인물로 그가 술회하는 영상을 접할 수 있었다. 그 영상을 보면 죽음을 얼마 앞두지 않은 노인이 UFO의 추락 현장을 거닐며 생생하게 과거를 회상하는 모습이 나오는데 이 것을 보고 그 진정성을 의심하는 사람은 없을 것이다.

이 영상에서 마르셀은 자신이 1947년 당시 사건 현장에 있었다는 것을 아주 담담하게 술회하고 있다. 이렇게 살아 있을 때 육성으로 증언을 남기는 것은 우리로 하여금 그의 진정성을 더 믿게 만든다. 하우트의 경우도 그랬지만 마르셀도 노년이 되어 죽음을 목전에 두고 평생 간직해왔던 비밀을 털어놓고 싶었으리라. 마침 그의 주위 환경도 많이 좋아졌다. 우선 은퇴해서 완전히 노년이 된 그를 협박할 만한 세력이 없었다. 그가 현역에 있을 때는 자신의 경력이나 진급을 생각해 군에서 요구하는 것을 들어줘야 했지만 다 늙은 지금은 그런 눈치를 볼 필요가 없었던 것이다.

추락 현장을 걷는 노년의 마르셀

그런가 하면 세상도 많이 변했다. 그가 젊었을 때는 UFO와 관련된 것은 무조건 쉬쉬하고 목격자나 관계자들을 함구하게 만들기 위해 엄청난 위협이 가해졌는데 이제 그런 시대는 지났다. 그보다는 외려 UFO의 존재를 인정하는 분위기가 무르익었고 그동안 많은 연구 결과가 쌓여 UFO에 대한 태도가 우호적으로 바뀌었다. 그가 젊었을 때는 UFO에 관한 진실을 담아 영상을 만든다는 것은 상상할 수 없는데 지금은 이런 일이 세계 전역에서 일어나고 있으니 그 역시 자신의 체험을 더 이상 숨길 필요가 없었을 것이다.

한편 로즈웰 사건을 말할 때 밥 라자르라는 이름을 가진 유명한 내부고발자가 많이 인용되는데 그에 대해서는 그 진위가 확실하지 않아 여기서는 따로 거론하지 않으려고 한다. 그는 자신이 51 기지에서도 더 비밀스러운 지역인 S4 지구에서 일하면서 9대의 UFO 비행체를 보았고 그곳에서 일하는 외계인을 만난 적이 있다고 실토했다. 또 이 외계 비행체가 지니고 있는 기술을 역설계로 알아내어 새로운 비행체를 만드는 일도 했다고 주장했다. 그러나 그의 주장과 이력에는 조금 이상한 점이 보여 여기서는 소개하지 않는 편이 낫겠다. 밥 라자르에게 관심 있는 독자들은 유튜브에 그가 직접 발설하는 영상이 많으니 그것을 참고하면 되겠다.

독보적인 UFO의 성지, '로즈웰로 오세요!'

전 세계에서 UFO와 연관해서 가장 '핫'한 도시를 꼽으라면 로즈웰을 선택하는 데에 주저할 필요가 없을 것이다. 이번 장은 제목을 'UFO의 성지가 된 도시, 로즈웰'이라고 했는데 이 책에서 다루는 베스트 7 사례 중에서도 이름값으로 치면 단연코 이 로즈웰이 압도적인 1위라고 할 수 있다. 다시 말해 로즈웰이야말로 탑 중의 탑이라는 것이다.

왜 그렇게 말할 수 있는 것일까? 우선 이 도시에서는 매년 7월 초에 UFO 추락 기념 축제를 벌이고 있다. 이때가 되면 미국 전역, 그리고 전 세계에서 UFO에 관심 있는 사람들이 이 작은 도시로 몰려와서 여러 가지 행사를 한다. 그런데 아쉽게도 필자는 아직 로즈웰을 가보지 못해 이 행사가 어떻게 진행되는지 모른다. 그러나 언론 매체를 통해 보면 매우 다양한 행사가 이루어지는 것을 알 수 있었는데 이때가 아니더라도 로즈웰은 언제 방문해도 UFO와 연관해서 풍성한 볼거리를 제공해주는 것 같다. 이 도시를 둘러본 유튜버들이 좋은 영상을 남겨 이 도시의 실상을 파악할 수 있었다.[20] 한마디로 이 도시는 UFO와 관련해 없는 것이 없는 그야말로 UFO의 성지처럼 보였다.

이 도시에 있는 UFO 관련물 가운데 가장 중요한 것은 박물관이라고 할 수 있다. "International UFO Museum and Research Center(국제 UFO 박물관과 연구소)"라는 이름으로 되어 있는 이 박물관은 원래 앞에서 말한 하우트가 주동이 되어 1990년대 초에 세운 것이다. 영상을 통해 박물관 내부를 보니 물론 로즈웰에 추락한 UFO를 중심으로 전시가 이루어져 있지만 UFO 현상 전반에 걸쳐 좋은 자료들이 구비되어 있는 것을 알 수 있었다. 그중에서 가장 인상적인 것은 자료실이었는데 넓은 방 전체에 UFO 관련 자료가 빼곡하게 차 있는 것을 보고 놀라지 않을 수 없었다. 그다음에 인상적인 것은 추락한 UFO의 조종실을 재현하고 추락하는 장면을 영상으로 보여주는 것이었다. 조종실 앞면이 스크린처럼 되어 지구에 떨어지는 장면을 실감 나게 보여주고 있었다. 또 외계인의 사체를 부검하는 방의 모습도 재현해놓아 매우 흥미로웠다.

---

20 https://www.youtube.com/watch?v=Vht6nKdcfYE
   "Roswell, New Mexico: Aliens, UFOs, and Hanger 84 Exploration"

도시 전체 모습도 매우 이채로웠다. 예를 들어, 이곳의 맥도날드 햄버거집은 누가 로즈웰 지점 아니랄까 봐 건물 자체를 UFO 모습으로 지었다. 그리고 내부도 우주선 내부를 재현하고 있었고 여기저기 외계인들이 서 있는 게 보였다. 그런가 하면 아이스크림 집으로 유명한 배스킨라빈스는 아예 키가 큰 외계인이 간판을 들고 있었다. 또 메인 스트리트를 걸어 보면 UFO와 외계인을 그린 벽화가 있을 뿐만 아니라 거의 모든 상점이 겉면에 외계인이나 UFO를 그려 놓았다. 그중에서 UFO와 외계인의 기념품을 파는 가게는 이 주제와 관련된 물품들이 넘쳐 흘러 필자의 쇼핑 욕구를 크게 자극했다.

이번에 이렇게 로즈웰을 들여다보니 UFO와 외계인을 대하는

국제 UFO 박물관 및 연구소 내부1

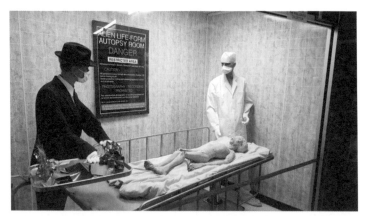
국제 UFO 박물관 및 연구소 내부2

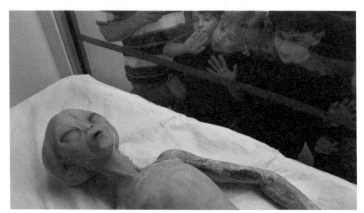
박물관에 전시된 외계인 모형

세상의 시선이 많이 달라진 것을 알 수 있었다. 즉 이들을 무조건 멀리하는 게 아니라 이제는 인류가 외계인과 더불어 사는 시대가 도래했다는 것을 알려주고 있는 것만 같았다. 아니, 그 정도까지는 아닐지 몰라도 적어도 UFO나 외계인이 더 이상 낯선 존재가 아니라는 것을 온몸으로 보여주는 것 같았다. 이런 체험을 할 수 있는 유일한 지역이 바로 이 로즈웰이 아닌가 한다. 그래서 객기가 발동해 이 로즈웰을 'U세권' 혹은 '외세권'이라고 불러보면 어떨까 하는 생각마저 들었다. 사람들이 역이 가까워 교통이 편리한 지역을 '역세권'이라 부르고 숲이 있어 자연을 가까이 할 수 있는 지역을 '숲세권'이라 부르듯이 UFO와 외계인을 가까이 할 수 있는 이 도시를 U세권 혹은 외세권이라고 명명해 본 것이다. 따라서 UFO에 관심 있는 사람이라면 다른 어느 곳보다도 이 도시를 답사해야 한다는 확신이 드는데 그 먼 곳을 언제 갈 수 있을지 기약할 수 없는 현실이 안타깝다.

로즈웰 사건을 정리하며

    이제 로즈웰 사건을 마칠 때가 되었다. 내가 로즈웰 사건의 진정성을 믿는 쪽으로 움직이게 된 것은 UFO 현상을 공부하면서 알게 된 또 다른 사건들 덕이었다. 그것은 앞에서 다룬 트리니티 사건(1945년)과 바로 다음 장에서 다룰 소코로 사건(1964년)을 말한다. 트리니티와 로즈웰, 그리고 소코로에서 일어난 세 가지 사건은 모두 UFO가 착륙 내지는 추락한 사건이다. 이 지역은 모두 뉴멕시코주에 있는데 앞서 말한 대로 원자폭탄의 폭발을 실험한 지역에서 가까운 지역이라 서로 그다지 멀리 떨어져 있지 않다.

    이러한 특수한 지역에서 일어난 세 건의 UFO 추락 사건을 보면 이 세 사건이 하나의 맥락에서 이해될 수 있을 것 같다는 생각이 든다. 아직 소코로 사례를 보기 전이지만, 이 세 사건의 특이한 점은 모두 UFO의 비행체가 목격되었을 뿐만 아니라 탑승자인 외계인까지 목격되었다는 점이다. 이런 특징을 가진 UFO 사례는 흔하게 발견되는 것이 아니다. 그런데 이 지역에서 동일한 내용을 지닌 UFO 사건이 세 건이나 일어났으니(1945년, 1947년, 1964년) 이 사실도 독자들이 로즈웰 사건의 진정성을 믿는 데에 일조하지 않을까 하는 생각이다. 그런 생각을 갖고 바로 소코로 사건으로 넘어가 보자.

3. 소코로 사건(1964)

착륙했다가 곧 이륙해 사라진 UFO와 외계인!
확실하게 목격된 비행체와 탑승자들

√ 지상에 '착륙'한 UFO와 외계인을 목격한 사건

1964년, 미국 뉴멕시코주의 소코로 지역에서 한 경찰관이 과속 차량을 추적하던 중 우연히 지상에 착륙한 비행체와 그 옆에 서 있는 탑승자 둘의 전신을 목격한다. 목격자의 생생한 묘사와 더불어 관계자들의 현장 조사가 이루어졌고, 이는 UFO 연구사에서 트리니티 사건과 더불어 '가장 명확하고 견실한', 대단히 선명한 역사적 사건으로 평가되고 있다.

개요: UFO의 착륙과 지상에 내려온 탑승자들

이제 우리는 트리니티(1945년)와 로즈웰(1947년)에 이어 같은 미국 뉴멕시코주에 소재한 지역에서 발생한 또 다른 사건인 소코로(Socorro) UFO 사건으로 이동하고자 한다. 이 사례는 트리니티 사건에 버금가는, 매우 희귀한 UFO 사건이라는 점에서 우리의 비상한 관심을 자아낸다. 핵심 내용 역시 역사에 길이 남을 트리니티 사건과 아주 비슷하다. 그래서 나는 이 소코로 사건을 트리니티의 사건의 '자매 사건'이라고 말하곤 한다.

트리니티 사건처럼 희소가치가 큰 사건

소코로 사건을 본격적으로 살피기 전에 트리니티 사건과의 비슷한 점부터 살펴보는 게 좋겠다. 두 사례가 가장 비슷한 점은 UFO가 '지상'에 내려왔고, 거기서 외계인으로 추정되는 탑승자가 인간에게 직접 목격되었다는 점이다. 모두 엄청난 사건이다. 또 이 두 사건이 벌어진 지점이 불과 10마일, 즉 16km밖에 떨어지지 않았다는 점에서도 사례의 친연성을 찾을 수 있다. 미국의 광활한 영토를 생각해보면 이 두 곳은 한 지점으로 보아도 되지 않을까 하는 생각이다. 그런가 하면 두 사례에서 목격된 비행체의 생김새(아보카도 형)가 닮아 있어 그것도 서로 모종의 연관이 있을 것 같은데 자세한 것은 밝혀진 게 없다.

UFO가 발견된 세 지역(소코로, 샌 안토니오, 로즈웰)

물론 트리니티와 소코로 사건은 다른 점도 있다. 우선 발생 시기가 약 20년의 차이가 난다. 그러나 그것보다 트리니티의 비행체는 지상에 '추락'한 것이라 다시 날지 못해 미군에 의해 수거된 반면 소코로의 비행체는 지상에 '착륙'한 것이라 곧 스스로 이륙해서 어디론가 사라졌다는 점이 다르다고 하겠다.

그리고 사례가 지닌 비중 면에서도 구분될 수 있다. 트리니티 사건은 다시 말하지만 우리가 아는 바로는 최초의 UFO '추락' 사건인 동시에 그 내용이 전체 UFO 사건 가운데에서도 매우 드문 경우라 모든 면에서 가히 탑(Top)이라고 했다. 그래서 그 중요성은 아무리 강조해도 지나치지 않을 것이다. 이에 비해 이번에 볼 소코로 사건은 내용상 트리니티 사례보다는 한 등급 아래의 사건이라고 할 수 있다. 그러나 그 비교 대상을 트리니티가 아니라 전체 UFO 관련 사건으로 확대해 견주어 보면 소코로 사건 역시 희소성의 면에서 상당히 등급이 높은 중요한 사건이다.

사실 나는 처음에는 이 소코로 사건을 별도의 장을 할애하여 소개하기보다 트리니티 장에 포함하여 다루려고 했다. 서로 쌍둥이처럼 닮아 있어 트리니티 사건의 감흥이 사라지기 전에 재빨리 연계하여 같이 보면 좋겠다고 생각했기 때문이다. 그러나 책을 쓰면서 이 엄청난 두 사건을 개별적으로 다루는 것이 더 의미가 있을 것이라는 생각이 강하게 들었다. 그 결과 이렇게 별개의 장으로 나누어 트리니티와 로즈웰 사건에 이어 소코로 사건을 다루게 되었다(이 세 사건은 모두 미국 뉴멕시코주에서 차례로 발생했으니 이 점에서 지구 UFO 계의 '삼총사' 사건이라고 할 수 있을지 모르겠다).

내가 소코로 사건을 정리하는 과정에 트리니티 사례를 연구한 발레의 도움이 컸다. 그도 나와 같은 이유에서인지, 트리니티 사건을 다룬 그의 책 뒷부분에서 이 소코로 사건을 매우 상세하게 설명하고 있다.[21] 덕분에 나는 트리니티 사건 때와 마찬가지로 소코로 사건을 조사하면서도 발레의 책에서 많은 도움을 받았다. 그리고 이번에도 다른 사례와 마찬가지로 《히스토리 채널》에서 방영한 다큐멘터리 프로그램[22]을 참고했다. 이 영상에는 목격자나 현장의 모습이 담겨 있어 생생한 현황을 접할 수 있었다. 그뿐만 아니라 인터넷을 검색해보면 소코로 사건을 다룬 당시 신문 기사나 조사 보고가 있어 그것도 참고가 많이 되었다. 이 장에서는 이런 자료들을 종합하되 번거로운 것은 쳐내고 사건의 뼈대가 될 만한 것만 추려서 주요 내용을 간략하게 보려고 한다.[23]

과속 차량 추적 중에 목격한 폭발(?) 현장에서

UFO 역사에 남을 만한 이 사건은 1964년 4월 24일 오후 6시경 소코로 지역에서 일어났다. 광경을 목격한 주인공은 경찰관이었던 로니 자모라(Lonnie Zamora, 1933~2009)이다. 그는 한국전쟁

---

21 발레 외, 앞의 책, pp. 188~212.
22 "순찰 중 UFO와 추격전을 벌인 군인 출신 경찰, 그들의 진술이 은폐된 이유"
    https://www.youtube.com/watch?v=8_kDkmtofoQ
    다음 영상도 이 사건에 대해 많은 정보를 준다.
    "The Best Documented UFO Case: Lonnie Zamora"
    https://www.youtube.com/watch?v=eZRu3Ao6zK8
23 이 사건을 다룬 다음과 같은 단행본이 있는데 이 책은 오래전에 출간된 책이라 아쉽게도 접할 수 없었다.
    Ray Stanford(1976), 『Socorro 'Saucer' in an Pentagon Pantry』, Blueapple Books.

에도 참전했다고 하니 한국과도 인연이 있다. 자모라와 UFO와의 만남은 이렇게 진행되었다. 이 과정에 대해서는 마침 그림으로 그려 놓은 것이 있어 그것을 가지고 세세하게 살펴보면 좋겠다. 이것은 미국 CIA에서 보고용으로 만든 것이라 신임이 간다.

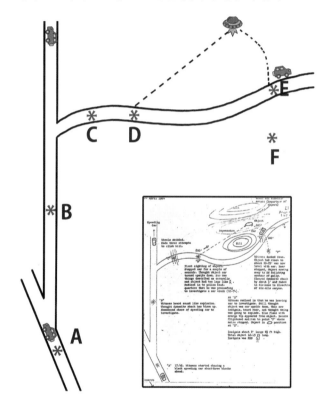

소코로 UFO 사건의 전모를 그린 그림.
그림의 아랫쪽 박스의 그림은 CIA 보고서의 원본 그림[24]

24 https://www.cia.gov/stories/story/how-to-investigate-a-flying-saucer/

당일 자모라는 순찰하던 중 과속 차량을 발견하고 뒤쫓기 시작했다(그림 A 지점). 그런데 갑자기 오른쪽 앞에 큰 구름이 나타났다. 그리고 커다란 굉음이 들리더니 불타는 듯한 물체가 떠 있는 게 보였다. 자모라는 당시 근처에서 다이너마이트가 터진 줄 알았다고 술회했다. 순간 자모라는 경찰관의 입장에서 과속 차량을 쫓는 것보다 폭발 현장에 가서 사건 경위를 조사하는 게 더 급한 일이라고 생각했다. 그래서 과속 차량의 추적을 접고 그 빛이 보이는 폭발 현장으로 향했다(그림 B 지점).

그곳으로 가기 위해서는 언덕을 올라가야 하는데 얼마나 오지였던지 길이 나 있지 않아서 세 번이나 헛바퀴를 돌고 간신히 올라갔다고 한다(그림 C 지점)(당시 그가 탔던 순찰차는 제너럴모터스사가 만든 1964년형 폰티액이었다고 함).

그가 현장을 처음 보았을 때 그는 여전히 차에 타고 있었다(그림 D 지점). 이때 그는 이 물체와 약 240m 정도 떨어져 있었는데 UFO가 아니라 전복된 차인 줄 알았다고 한다. 그는 이 지점에서 탑승자로 보이는 외계인 두 명을 목격한다. 그런 다음 그는 본부에 무전으로 연락해 사고 현장에 더 가까이 가겠다고 전했다.

탑승자에 대한 묘사, 그들의 코와 입에 대한 소고

여기에서 외계인으로 추정되는 탑승자 두 명에 대해 잠깐 살펴

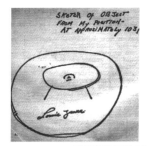

자모라가 그린 비행체의 모습(좌)과 자모라의 묘사를 Ricky baca가 옮긴 그림

보자. 목격자인 자모라가 전한 그들에 대한 묘사를 들어보면 그들은 비행체 바로 곁에 서 있었는데 외형이 '스몰 그레이'로 불리는 존재와 매우 유사한 것을 알 수 있다. 그들은 90cm~120cm 정도의 키로 작은 어른이나 큰아이처럼 보였고 상하가 붙어 있는 하얀 작업복 같은 것을 입고 있었다고 한다. 이것은 전형적인 스몰 그레이의 모습이라고 할 수 있다.

말이 나온 김에 여기서 잠깐 스몰 그레이의 특징 가운데 이해하기 힘든 면모가 있어 그것을 보고 가면 좋겠다(자모라의 증언에는 없는 이야기지만). 이것은 유독 자크 발레가 강조하는 것인데 그들은 헬멧을 쓰지 않는다고 한다. 발레의 지적에 따르면 그들이 헬멧을 쓰고 있지 않으니 지구의 공기를 그대로 마시고 있는 것으로 보아야 한단다. 그러나 이 점에 대해서는 생각을 더 해봐야 한다. 그들이 헬멧을 쓰지 않는 것이 인간과 같이 호흡기가 있어 지구의 공기를 그대로 마시는 것인지, 아니면 호흡이라는 신진대사 활동이 아예 없어 공기(산소)가 필요 없는 것인지 정확한 것은 알 수 없기 때문이다. 우리는 이에 대해 어떠한 정보도 갖고 있지 않다. 따라서 현재로서는 어떤 답도 내놓을 수 없다.

이야기를 좀 더 진행해 보면, 지금까지 알려있는 전형적인 외계인의 얼굴을 보면 코는 그저 구멍을 두 개 뚫어놓은 것에 불과해 과연 저런 코로 호흡 활동을 할 수 있을지 의아스럽다. 그런데 그들은 입도 아주 작아 과연 저 입으로 음식물을 섭취할까 하는 의심이 드는데 입의 기능에 대해서는 참고할 만한 자료가 하나 있다. 이는 "PK Man"이라는 별명으로 불리는 '테드 오웬스'라는, 자칭 UFO 접촉자가 한 말이다. 오웬스에 대해서는 많은 설명이 필요해 따로 단행본이 필요할 지경이다. 그는 앞 장에서 본 제프리 미쉬로브가 발굴한 사람인데, 오웬스는 자신은 항상 UFO에 거주하고 있는 외계인들과 접촉하고 있다고 주장했다. 거기서 그치지 않고 그는 외계인들의 힘을 빌려와서 UFO도 마음대로 출현하게 할 수 있고 지구에 홍수나 지진과 같은 자연현상도 일으킬 수 있다는 믿을 수 없는 주장을 하기도 했다.

오웬스가 행한 이 같은 진술의 진위를 따지려면 많은 설명이 필요하니 그것은 다음 기회로 미루고 그가 외계인들의 음식 섭취 여부에 대해 어떻게 설명했는지만 보자. 그에 따르면[25] 외계인들은 영양을 취할 때 인간처럼 음식물을 입을 넣어 소화기관으로 가져가는 따위의 일을 하지 않는다고 한다. 그 대신 자신들이 흡수한 전기나 일정한 형태의 힘을 취하면서 산단다. 그런데 이게 구체적

---

25   Ted Owens(2012), 「How to Contact the Space People(외계인과 접촉하는 방법에 대하여)」, Global Communications, 제2판. p. 156. (초판은 1969년 출간)

으로 무엇을 의미하는지는 더 이상의 설명이 없어서 알 수 없다.

나는 외계인들이 음식을 입으로 먹지 않는다는 오웬스의 말은 진실에 가까운 견해라고 생각한다. 이유를 추정해보면, 일단 외계인들은 입이 아주 작다. 그래서 인간들처럼 음식을 그 작은 입으로 가져가서 먹을 것 같지 않다. 그리고 그들의 입 안을 들여다본 적은 없지만 그 안에는 인간들처럼 혀나 치아가 있을 것 같지 않다. 만일 입 안에 이런 것들이 없다면 음식을 처리할 수 없으니 그들은 음식을 섭취하지 않는다고 간주해도 될 것 같다.

우리가 외계인의 입안을 보지 못한 이유는 간단하다. 그들이 입을 벌린 모습을 한 번도 접하지 못했기 때문이다. UFO를 가까이서 목도하는 것도 아주 드문 일인데 어찌 외계인의 입 속을 들여다볼 수 있겠는가? 그러고 보니 외계인들이 인간에게 의사를 전할 때도 입을 놀려서 했다는 것은 들어본 적이 없다. 드물게 일어나는 일이지만 그들이 인간을 만나 의사를 전할 때 음성으로 하는 것이 아니라 텔레파시에 의존한다는 것은 잘 알려진 사실이다. 진위를 확정할 수 없는 UFO 피랍 사건에서도 납치된 인간들은 한결같이 외계인들이 텔레파시로 그들의 생각을 전한다고 했다. 이처럼 말을 할 때도 입을 사용하지 않는다면 그들의 입은 무슨 용도에 쓰이는 것일까? 또 입 안은 어떻게 생겼을까? 전부 궁금하기 짝이 없는데 아직은 알 길이 없다. 같은 맥락에서 그들의 코와 그 기능도 입과 같은 상황에 있지 않을까 추정해본다. 즉 그들은 코 역시 호흡하는 데에 쓰지 않을 확률이 높다는 말이다. 그렇다면 얼굴에 뚫려 있는 두 구멍, 아니 세 구멍은 무엇을 위한 것일까? 모든 것이 궁금하지만 아직 답을 모르니 연구를 더 해야 할 것이다.

살아있는 외계인이 환할 때 전신으로 목격되다니

다시 소코로로 돌아가자. 이 사례가 드문 경우라고 말하는 것은 목격자가 '환할 때'에 스몰 그레이처럼 생긴 외계인의 전신을 보았기 때문이다. 이 사건이 발생한 시간은 오후 6시 경인데 그 시간이면 아직 해가 지기 전이다. 내가 지금까지 접했던 사례 중에 해가 지기 전에 살아 있는 외계인이 전신으로 나타난 것은 앞에서 본 트리니티 사건과 앞으로 보게 될 짐바브웨의 에어리얼 초등학교 사건밖에 없는 것 같다. UFO 피랍 사건의 경우에는 피랍자들이 숱하게 외계인들을 만났다고 하지만 이 피랍은 대부분 밤중에 발생한다. 피랍 사건은 우리의 논의에서 제외하기로 했으니 더 이상 언급하지 말자. 여기서는 낮이고 밤이고, 또 공중이고 지상이건 간에 외계인이 인간에게 목격되는 사례는 극히 드물다는 것만 알고 가면 되겠다.

그런데 이 책에서는 다루지 않겠지만 또 다른 외계인 목격 사건이 있다고 해서 비상한 관심을 끈다(이것도 물론 밤중에 일어난 사건이다). 그것은 1959년 6월 파푸아뉴기니에서 일어난 사건으로 윌리엄 질이라는 가톨릭 신부가 20여 명의 일행과 함께 UFO를 목

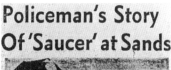

자모라가 나온 신문의 헤드라인

격한 사건이다.[26] 그들에 따르면 당시 UFO가 공중에 떠 있었는데 그 '위'에는 검은 다이빙 옷 같은 것을 입은 작은 외계인 4명이 서 있었다고 한다(외계인들이 비행체 '안'에 있었다는 설도 있다). 그것을 보고 질 신부가 손전등을 좌우로 흔들자 그들이 화답하면서 비행체를 좌우로 움직였다고 한다. 만일 이것이 사실이라면 이것도 외계인을 직접 목격한 사건으로 볼 수 있는데 지상이 아니라 공중에 떠 있는 비행체의 위 혹은 안에 있는 외계인을 본 것이니 소코로 사례나 트리니티, 그리고 에어리얼 초등학교 사례와는 양상이 다르다고 해야 할 것이다. 그러나 이렇게 외계인이 인간들의 신호에 반응하는 것은 드문 일이라 이 사건도 흥미롭다.

그런데 소코로 사건에서 자모라를 목격한 외계인의 반응이 재

26 "People Communicate With Strange Alien Figures On Board UFO | Close Encounters" https://www.youtube.com/watch?v=0135-dCw7Kg

미있었다. 그들은 자모라가 자신들을 발견한 것을 보고 조금 놀라는 눈치를 보였다고 하니 말이다. 그러나 자모라가 그 이상은 이야기하지 않으려고 해서 정확한 사정은 알 수 없다.

그다음에 그는 차를 몰고 그림의 E 지점으로 이동한다. 이 지점은 UFO와 60m밖에 떨어지지 않았으니 그는 상당히 가까운 곳까지 온 셈이다. 여기에서 그는 이 물체를 자세히 볼 수 있었는데 다리가 네 개 달린 아보카도 형 물체로 보였다. 크기는 자동차만 했고 흡사 자동차가 뒤집힌 것처럼 보였다고 한다. 그는 이 물체를 확실하게 관찰할 수 있었는데 창문이 하나도 없는 것이 이상했다.

바로 여기서 여타의 UFO 목격담과 구별되는 일이 발생한다. 그가 유심히 보니 창문이 없는 이 비행체의 표면에 도형이 있었던

자모라가 목격한 UFO와 외계인(추정도)

것이다. 도형의 길이는 약 60cm이었다고 하는데 이처럼 UFO의 표면에서 그림과 같은 도형을 목격하는 것은 아주 이례적인 일이다. 내가 아는 한 유사한 예는, 바로 다음 장에서 살펴볼 영국 렌들샴 숲에 나타난 UFO 비행체의 겉면에서 발견된 도형밖에 없는 것 같다.

이렇게 비행체에 그려진 문양까지 목도한 사례가 드문 것은 다음과 같은 이유 때문일 것이다. UFO 표면에 그려 있는 그림을 보려면 그 비행체에 아주 가까이 가야 하는데 이런 근접 조우는 UFO 목격 사례 전부를 살펴봐도 잘 발견되지 않는다. UFO 목격 사례의 대부분은 공중 저 멀리 떠 있는 UFO를 발견하는 것이기 때문이다. 그러니 이렇게 UFO에 가까이 가서 겉면을 살피는 일은 좀처럼 일어나지 않는다. 이 도형과 관계된 문제는 나름대로 중요한 것이기 때문에 뒤에서 따로 다룰 것이다.

자모라와 로페즈,
두 경찰관이 남긴 현장의 기록

흥미진진한 이야기는 사실 지금부터이다. 자모라는 E 지점에 도착해 본부에 무전으로 연락해 이 물체에 가까이 가서 조사해보겠다고 말했다. 그런데 바로 그때 비행체가 이륙하려는 듯 큰 굉음소리가 나더니 밑으로 거대한 불길을 내뿜더란다. 이 광경을 보고 자모라는 놀라서 경찰차 밑 쪽으로 약 30m를 도망쳤다(그림 F 지

이륙하는 UFO에 혼비백산한 자모라의 모습이 그려진 당시 신문의 카툰

점). 그런데 얼마나 놀라고 황급하게 내뺐는지 안경과 모자를 떨어 트렸다고 한다. 그러곤 다시 현장을 보니 이 비행체가 조금 상승한 후 바닥에서 6m~8m 사이의 공중에 떠 있었다. 그때는 굉음이 더 이상 들리지 않았다고 한다. 그러나 비행체는 오래 머물지 않고 조금 있다가 한쪽으로 조용히 사라졌다.

그런데 이 비행체가 이렇게 날아가는 것을 자모라만 목격한 게 아니었다. 근처에 있는 한 주유소의 주인에 따르면 당시 차에 기름을 넣던 사람이 '웬 비행기가 너무 가깝게 날아갔다'라고 하면서 불평을 늘어놓았다고 하니 말이다.

비행체 앞에서, 그리고 비행체가 떠난 자리에서

비행체가 떠난 후 연락이 닿은 동료 로페즈가 현장에 도착했다. 로페즈의 말에 따르면 그때 자모라는 식은땀을 흘리면서 안색이 흰 양처럼 창백했다고 한다. 그리고 흡사 막 싸우다 온 사람처럼 충격 속에 빠져 있었다고 한다. 자모라가 얼마나 놀랐는지는 이것을 보면 알 수 있겠다. 자모라는 놀란 나머지 현장에서 빠져나간 뒤 가장 먼저 교회로 가서 목사를 만났다고 한다. 마음을 진정하기 위함이었을 것이다.

자모라는 동료와 함께 즉각 비행체가 있던 자리로 갔다. 땅에는 비행체의 다리가 만들어 놓은 구멍이 네 군데 있었다. 이것은

합류한 로페즈와 함께 현장을 바라보는 자모라[27]

이 비행체의 다리가 네 개였음을 의미하는 것일 텐데 각 구멍은 깊이가 12.5cm 내지 15cm였고 길이는 약 30cm, 너비는 약 15cm 정도였다고 한다. 그리고 구멍과 구멍 사이의 길이는 3.6m인 경우도 있었고 4.5m인 경우도 있었다. 다리의 길이는 비행체를 직접 목도한 자모라의 주장에 따르면 약 75cm 정도였다고 한다. 그리고 비행체가 있던 자리의 초목이 불에 타 그슬려 있었는데 재미있는 것은 연기가 나고 불꽃이 일어나는 게 아니라 서서히 타는 모습을 보였다고 한다. 더 재미있는 것은 이곳에 내렸던 외계인의 발자국이 있었다는 것이다. 앞에서 언급한 로페즈의 증언에 따르면 길이가 약 10cm 정도 되는 발자국이 두 세트 있었다고 한다. 만일

27 영상에는 합류한 경관의 이름이 차베즈로 되어 있는데 이것은 잘못된 것이다.

순찰 중 UFO와 추격전을 벌인 군인 출신 경찰, 그들의 진술이 은폐된 이유 [UFO와 음모...

UFOS: Top Secret Alien Files
UFO와 음모론

소코로 UFO 목격지의 로니 사모라

UFO가 남긴 흔적을 보는 자모라

로페즈가 그린 외계인의 발자국

이 말이 사실이라면 외계인 두 명이 내렸다는 자모라의 증언은 신빙성이 더 높게 된다.

자모라와 로페즈, 이 두 경관은 일단 현장을 기록하고 사진을 찍었다(이 사진은 관련 유튜브 영상에 나온다). 이들은 이 조사 자료를 가지고 경찰서로 돌아가서 관계자들에게 보고했는데 그 대상자에는 경찰관은 물론이고 FBI 요원, 그리고 군 관계자도 포함되었다. 그뿐만 아니라 블루북 프로젝트 위원회에도 보고되어 당시 책임자인 퀸타닐라 소령도 현장에 왔었는데 이 사람은 평소에 UFO 현상을 부정하던 사람이라 그가 만든 보고서에 대해서는 언급할 필요가 없겠다. 또 부정으로 일관했기 때문이다.

그런데 이런 좋은 사례의 현장에 우리의 하이네크 박사가 빠질수 없다. 하이네크 역시 사건이 있은 지 며칠 뒤 이 현장에 와서 나름대로 조사를 벌였다. 이 사건은 당연히 후에 블루북에 하나의 사례로 등재되는데 하이네크는 이 사례를 두고 '많은 UFO 사건 중에 가장 명확하고 견실한 사례 가운데 하나'라고 평했다. 이는 현장에 명확하게 UFO가 착륙한 흔적이 보였기 때문에 나온 주장이었을 것이다.

그뿐만이 아니다. 이 사건이 알려지자 각 분야에서 다수의 사람이 현장으로, 또 자모라에게 몰려들었다. UPI나 AP 같은 대형언론사의 기자들은 말할 것도 없고 정부 관료, FBI, 군사정보 요원과 같은 공무원들도 이 대열에 참여했다. 개인 연구가들도 이 진귀한 현장을 보러 몰려들었다. 호사가들이 이 사례처럼 훌륭한 사례를 그냥 지나칠 리가 없었을 것이다.

특히 군 관계자들은 현장을 꼼꼼하게 측량하고 움푹 파인 곳도 정확하게 치수를 쟀다. 또 잔해가 있으면 그것들도 모두 거둬 갔다. 그런데 여기서 수거된 토양 시료(試料)와 사진을 분석해보니 일부 모래가 강한 열기 때문에 녹아내려 뭉친 모습을 보였다고 한다. 그런가 하면 또 다른 분석에서는 흥미로운 결과가 나왔다. 이 현장에서 채취된 흙에서 방사선은 검출되지 않았지만 지구에는 없는, 처음 보는 유기질이 두 종류 발견되었다고 한다.[28] 여기까지가 이 사건을 요약한 전모이다. 그런데 흥미로운 뒷이야기가 있어 그것도 보았으면 한다.

직장을 바꾸는 자모라, UFO와 얽힌 남다른 인연(?)

뒷이야기는 두 가지로 모두 자모라에 대한 것이다. 우선 그는 이 사건에 휘말린 끝에 인생이 바뀌게 된다. 주위에서 그를 가만히 놓아두지 않았기 때문이다. 경찰이나 FBI처럼 자신이 속한 조직은 말할 것도 없고 군에서 끊임없이 그를 불러다 심문했다. 또 UFO를 개인적으로 연구하는 사람들은 얼마나 많은가? 이들도 이 귀한 사례에서 자료를 얻으려고 자모라에게 접근해 그를 숱하게 괴롭혔던 모양이다. 그래서 그는 결국 경찰을 그만두고 주유소를 관리

---

28 "순찰 중 UFO와 추격전을 벌인 군인 출신 경찰, 그들의 진술이 은폐된 이유 [UFO와 음모론]" https://www.youtube.com/watch?v=8_kDkmtofoQ

하는 직원이 되었다고 한다.

자모라의 경우처럼 UFO와 관련해서 증언한 사람들은 주위로부터 조롱받고 미친 사람으로 취급받을 뿐만 아니라 참을 수 없을만큼 성가시게 질문을 많이 받는다. 이런 식으로 곤혹스럽게 된 목격자의 경우를 많이 보았기 때문에 자모라가 처한 상황이 그다지 생소하지는 않다.

또 다른 흥미로운 사실은 자모라의 부인에 관한 것이다. 독자들은 트리니티 사건을 목격한 어린 소년 호세를 기억할 것이다. 자모라의 부인이 바로 그 호세와 사촌지간이라고 한다. 이것은 물론 우연이겠지만 그 많은 UFO 사건 가운데 이처럼 진귀한 두 사건을 목격한 사람이 어떻게 인척 관계가 되었는지 매우 흥미롭다. 트리니티 사건에서도 잔해를 수습하러 온 군인 가운데 한 사람이 호세의 사촌과 결혼했다고 해서 시선을 끌었는데 이번에도 비슷한 일이 일어났다. 아무래도 뉴멕시코주에 있는 이 지역들과 그곳에 사는 사람들은 UFO와 특별한 인연이 있는 듯싶다.

너무나 명쾌한 사실, 그래도 남는 의문들

소코로 사건은 UFO 목격 사건 가운데 상당히 명쾌한 예이지만 몇 가지 의문이 드는 것은 피할 수 없다. 우선 가장 기본적인 질문으로, 그 비행체는 왜 그곳에 착륙했냐는 것이다. 지금까지 조사된 바로는, 외계인들은 어떤 행동을 하든 아무 이유 없이 하지 않는다고 하는데 그것이 사실이라면 이 착륙에도 이유나 목적이 있어야 한다. 그것이 무엇일까?

그들은 왜 소코로에 착륙했을까?

먼저 이 비행체가 고장이 나서 불시착한 것 아닌가 하고 생각할 수 있는데 곧 다시 날아갔으니 고장 난 것 같지는 않다. 그렇다면 다른 가능성으로, 이들이 무엇인가 조사하고 테스트하기 위해 착륙한 것은 아닐까 하는 추측을 해볼 수 있다. 이 비행체가 이곳에 나타난 것은 앞에서도 본 것처럼 일단 이 지역에 원자폭탄과 관계된 핵시설이 많은 것과 연관될 수 있다. 그런데 이것이 사실이라 하더라도 이 비행체가 이런 황무지에 착륙한 이유를 알 길이 없다. 그러니까 이 황무지에 조사할 게 무엇이 있다고 착륙했냐는 것이 다. 이런 것들이 다 해당되지 않는다면 그들이 그냥 잠시 쉬어가려 고 내린 것은 아닐까 하는 생각도 든다. 지구라는 환경이 어떤 것 인지 궁금해서 호기심 차원에서 착륙했을 수도 있다는 것이다. 그 러려면 이곳처럼 인간이 살지 않는 황무지가 가장 좋은 지역이 아 닌가 싶다. 그래야 인간들 눈에 띄지 않고 잠시 머물렀다가 사라질 수 있기 때문이다.

이 같은 의문은 비행체에서 외부로 나온 외계인들에게도 적용 될 수 있다. 즉 그들은 왜 하선하여 땅으로 내려왔을까? 외계 비행 체가 목격됐을 때 탑승자인 외계인이 동시에 목격되는 경우는 흔 하지 않은데 이 사례에서는 왜 외계인이 왜 자신을 드러냈을까? 이 경우에는 외계인들이 고의로 자신을 드러낸 것 같지는 않다. 그 들이 자모라를 보자 놀라는 표정을 지었다고 하니 말이다. 사람이 없는 줄 알고 착륙해 밖으로 나왔더니 뜻밖에 사람이 있어 놀란 모 양이다. 그들이 만일 자신을 지구인들에게 노출할 생각으로 비행 체 밖으로 나왔다면 지구인을 보아도 놀라는 표정을 지을 리가 없 지 않겠는가?

이 상황은 그들이 떠난 모습을 보아도 알 수 있을 것 같다. 왜냐 하면 그들은 자모라를 보자마자 황급히 떠났기 때문이다. 이때의 정황을 다시 한번 구성해보면, 비행체 탑승자들은 지구 환경에 대해 호기심이 생겨 인류가 없는 곳을 골라 착륙해서 바깥바람을 쐬러 나왔다(그곳은 자모라가 간신히 비행체 근처까지 갔을 정도로 오지였다). 그런데 느닷없이 인간이 나타나서 놀란 나머지 앞도 뒤도 보지 않고 바로 탑승해서 그 길로 날아가 버렸다. 아무도 모르게 몰래 있다가 가려고 했는데 불청객이 찾아오니 황급히 지구인의 시야를 벗어난 것이다.

이 대목과 관련하여 소코로 사건에서 아쉬운 점은 외계 존재들이 비행체를 탈 때의 모습이 전해지지 않는 것이다. 자모라가 본부에 무전으로 보고하려고 시도하는 사이에 그 존재들이 탑승한 것 같은데 그들이 어떤 식으로 비행체 안으로 들어갔는지 궁금하기 짝이 없다. 예를 들어 비행체로부터 계단이 내려와서 그것을 밟고 올라갔는지, 아니면 여느 UFO 피랍 사건 때처럼 광선 빔이 있어 그것을 타고 공중에 떠서 비행체 안으로 들어갔는지 궁금하다는 것이다.

비행체 표면에 있는 도형의 의미

그다음 궁금증은 비행체의 겉면에서 관찰된 도형이다. 이 도형은 빨간색이었다고 하는데 가장 궁금한 것은 앞에서 말한 것처럼 이 도형이 무엇을 상징하는가이다. 어림짐작에 상징보다는 식별하기 위해 그려 놓은 것이 아닐까 한다.

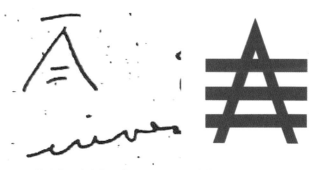

하이네크 박사가 그린
소코로 UFO의 표면 도형

비행선 표면에 그려져 있던 그림

그러나 비난을 무릅쓰고 대담하게 억측해보면, 이 비행체는 모선에 속해 있는 자선(子船)일 수 있다. 쉽게 말해 새끼 비행체라는 것이다. 모선에 가면 이런 자선들이 많이 있을 것이다. 그럴 때 그 많은 작은 자선들을 구별하기 위해 비행체의 표면에 이 같은 표시를 해놓은 것은 아닐까 하는 추정을 해본다.

그렇지만 이 추정에도 여전히 의문은 가시지 않는다. 이 외계 비행체들은 시공을 뛰어넘고 출몰을 자유자재로 하는데 이런 원시적인 도형을 표면에 그려 놓을 필요가 있는가 하는 의문이 들기 때문이다. 그런데 이 경우는 조금 나은 편이다. 뒤에서 보게 될, 렌들샴 숲에 착륙한 UFO에 그려져 있는 도형은 이보다 훨씬 더 복잡해 그 의미에 대해 추정조차 할 수 없다. 그 점은 그때 가서 다시 보기로 하지만 쉽게 풀릴 문제 같지 않다.

이착륙 시 뿜은 화염과 굉음

마지막으로 드는 의문은 이 비행체가 이륙할 때 생겼다고 하는 굉음과 화염에 대한 것이다. 자모라의 증언에 따르면 이 비행체가 이륙할 때 큰 소리와 함께 비행체의 밑바닥에서 불이 나왔다고 한다. 그러고 보면 착륙할 때도 비슷한 일이 있었던 것 같다. 자모라가 순찰 중 다이너마이트 같은 것이 터지는 소리를 듣고 이 현장에 왔으니 말이다. 그렇다면 이 비행체는 당초에 착륙할 때도 큰 소리와 함께 밑으로 불을 뿜었을 가능성이 크다.

나는 이게 이상하다. 이 외계 비행체가 평소에 보이는 일반적인 주행 모습과 너무 다르기 때문이다. UFO의 전형적인 비행 모드 가운데 하나로는 아무 소리 없이 미끄러지듯이 움직이는 것이 있다. 또 소리 속도보다 수십 배 빨리 날아가도 어떤 소리도 나지 않았다는 것을 상기해 볼 필요가 있다. 이런 비행체의 움직임을 생각할 때 연상되는 장면이 있다. 『스타워즈』 같은 SF 영화를 보면 작은 우주선들이 공중에 떠서 자유자재로 움직이는 것이 그것이다. 따라서 외계 비행체라면 이처럼 아무 소리도 내지 않고 움직일 것 같은데 이번 사례에서는 이착륙할 때 너무 큰 소리가 났다고 하니 이상하다. 게다가 불까지 뿜어 대서 밑에 있는 초목들을 태우기까지 했다니 더 이해하기가 힘들다.

그러나 이번에도 막연한 추측을 해본다면, 소코로 사건에 나오는 이 아보카도 형 비행체는 많은 종류의 외계 비행체 가운데 저급한 단계에 속해 있는 비행체가 아닐까 하는 생각을 해본다. 그렇게 추측하는 근거는 앞서 트리니티와 로즈웰에 나타난 아보카도 형 비행체 역시 기술이 앞선 비행체답지 않게 어이없이 지상에 추락했기 때문이다. 그리고 이 소코로 사건처럼 이착륙할 때 요란한 소리와 함께 불을 뿜는 것도 이 아보카도 모양을 닮은 비행체들의 기술 수준이 뒤에 나타나는 다른 외계 비행체에 못 미치는 것 아닌가하는 느낌을 준다.

왜 이런 생각이 드는 것일까? 예를 들어보자. 우리가 곧 보게 될 1980년에 렌들샴 숲에 착륙한 비행체나 1994년에 짐바브웨에 착륙한 비행체들은 추락하지도 않았고 이착륙할 때도 불을 내뿜는다든지 큰 소리도 내지 않았다. 그러니 소코로나 트리니티, 그리고 로즈웰의 그것보다 더 발달한 비행체로 볼 수 있지 않을까 하고 추측해보는 것이다.

이런 정황과 연결해서 또 드는 생각은, 이렇게 지구 곳곳에 나타나는 외계인들이 다 같은 종족이 아니라 다른 종족에 속한 존재 아닌가 하는 억측을 해본다. 사정이 그러하니까 해당 비행체들의 생김새도 다르고 움직이는 모습도 다른 것 아닐까? 다시 말해 우리가 겪은 외계인들이 한 곳 혹은 한 차원에서 온 것이 아니라 여러 지역 혹은 여러 차원에서 왔기 때문에 그들이 보유하고 있는 비행체도 각기 다르고 기술 수준도 다른 것 아니냐는 것이다. 이 모든 것들은 상상에 불과하지만 이렇게 온 힘을 다해 상상력을 발휘해도 외계인의 수준이나 정체를 알아내는 일은 어림짐작조차 하기 힘들다. 그러니 우리의 능력 안에서 할 수 있는 모든 상상을 해보는 수밖에 없다. 소가 뒷걸음치다가 쥐를 잡을 수 있다는 속담이 있듯이 우리도 이렇게 마구잡이로 상상하다가 정답에 근접한 설을 내놓을 수도 있지 않겠는가?

그럼에도 불구하고 부정할 수 없는 매우 선명한 사례

수많은 의문에도 불구하고 소코로 사건은 전 UFO 역사에서 볼 때 굳이 하이네크의 말을 빌리지 않더라도 매우 선명하다는 면에서 드문 사건이라고 할 수 있다. 선명하다는 것은 논란의 여지가 적다는 것인데 이 사건에서 가장 확실한 것은, UFO가 지상에 착륙했고(추락이 아니다!) 그 비행체와 함께 타고 있던 살아있는 존재들이 목격됐다는 것이다. 이 두 사실은 부정할 수 없다는 의미에서 이 사건이 선명하다는 것이다. 게다가 자모라처럼 목격자가 지극히 정상적인 상태에서 일상 의식을 갖고 외계인을 목격하는 경우는 매우 희귀한 일이라 이 사건이 더더욱 조명을 받는 것이다.

소코로 사례에서 굳이 욕심을 내어 아쉬운 점을 꼽는다면 외계인과 지구인 목격자 사이에 어떤 식으로든 소통이 있었으면 좋았을 텐데 그것이 이루어지지 않았다는 점이다. 상황이 이러했기 때문에 나는 앞에서 이 비행체의 착륙은 여기에 탄 외계인들이 소기의 목적, 즉 지구인에게 어떤 메시지를 전달하려는 등의 특수한 목적을 가지고 의도적으로 행한 일이 아닐 것이라고 주장한 것이다. 아마도 그저 호기심 차원에서 지구라는 곳이 궁금해 잠깐 내렸는데 인간에게 목격되니 놀란 나머지 황급하게 날아간 것이 아니냐는 것이다.

　마지막으로 이 사건을 통해 추정할 수 있는 게 하나 더 있다. 이 사건처럼 UFO가 지상에 착륙하는 사건은 매우 희귀한 경우라고 했다. 그런데 이것은 인간에 의해 목격되는 경우가 드물다는 것이지 착륙사건 자체가 희귀하다는 것은 아니다. 우리는 UFO가 얼마나 자주 지구에 착륙하는지 모른다. 그들은 우리의 눈을 피해 외진 곳에 착륙할 수도 있고 한 걸음 더 나아가서 그런 곳에 자기들의 기지를 만들어 놓고 활동할 수도 있다. UFO가 얼마나 자주 지구에 내려오고 또 무슨 일을 하는지는 앞으로 연구할 거리인데 그런 점에서 UFO 현상은 연구할 거리가 무궁무진하다고 하겠다.

소코로 사건을 정리하며

소코로 사건을 시작하면서 나는 이 사건을 두고 유사한 성격을 지닌 트리니티 사건의 자매 격이 되는 사건이라고 했다. 다시 그 이야기로 돌아가 두 사례를 비교하면서 그 의미를 되짚어 보는 것으로 이 장을 마무리하고자 한다.

본문에서 보았듯이 소코로 사건은 여러모로 트리니티 사건과 닮았다. 지상에 내려온 UFO를 가까이서 목격했을 뿐만 아니라 비행체에 탑승했던 외계 존재들도 확인했기 때문이다. UFO 역사에서 이 두 요소가 동시에 목격되는 사례는 흔치 않다고 누누이 말했다. 하늘에 떠 있는 UFO를 목격하는 경우는 많지만 땅에 착륙해 있는 UFO와 그것을 조종하는 것으로 보이는 외계인이 함께 목격된 경우는 극히 드물다.

게다가 이 두 사건에 나타난 UFO 비행체가 서로 닮았다. 둘 다 아보카도의 모습을 하고 있기 때문이다. 생김새에서 다른 것이 있다면 소코로의 비행체는 다리가 있었던 반면 트리니티 것은 다리가 없었다는 것이다. 왜 이런 일이 생겼을까? 그 이유를 찾아본다면 트리니티의 비행체는 착륙이 아니라 추락하는 바람에 다리, 즉

'랜딩기어(착륙 장치)'를 사용하지 못했을 수 있다.

또 이 두 사례는 매우 특이한 공통점을 지니고 있다. 그것은 발생 지점이 서로 가깝다는 것이다. 앞에서 말한 것처럼 이 두 사례가 발생한 지역은 불과 10마일(16km)밖에 떨어져 있지 않으니 그 가까운 정도를 알 수 있겠다. 두 사례가 모두 이 지점에서 발생한 이유에 대해서는 앞서 충분히 설명했다.

그렇다고 두 사례에서 차이점이 없는 것은 아니었다. 발생일이 19년이라는 적지 않은 시간 간격을 두고 있었고, 트리니티 사건에서는 비행체가 지상에 '추락'하여 미군 당국에 의해 어느 곳으로 이송된 반면 소코로 사건의 비행체는 지상에 '착륙'했다가 곧 스

소코로시에 있는 자모라 기념비(Erika Burleigh의 벽화)

스로 자취를 감춰 자신들의 세계(?)로 사라졌다. 탑승자인 외계인들의 향방도 비행체의 그것에 따라 양상이 다르게 펼쳐졌다.

이 정도면 독자들은 소코로 사건의 가치는 물론이고 소코로보다 더 진보된 트리니티 사건이 얼마나 중한 사건인지 그 진가를 더 명확하게 파악했을 줄로 안다.

이제 우리는 미국 뉴멕시코주를 떠난다. 1980년의 영국으로 건너가 네 번째 사례로 넘어가는데 일명 렌들샴 숲 사건이라 불리는 이 사례에서는 당시 현장의 급박한 상황이 녹음으로 전해지고 있어 귀추가 주목된다. 우리는 또 대단히 희귀한 사건을 마주하게 될 것이다.

4. 렌들샴 숲 사건(1980)

착륙을 목격하고 만져 보고 적고 녹음하고!
세상을 깜짝 놀라게 한 영국 최고의 UFO 사건

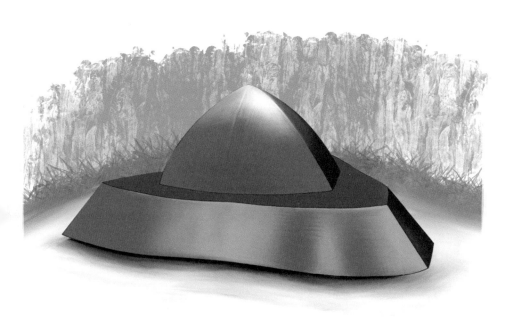

√ 영국 내 미 공군기지 근처에서 발생한 중대 사건

이틀에 걸쳐 그곳에서 각기 다른 비행체가 목격된다. 첫째 날 새벽, 지상에 착륙해 있는 비행체가 목격됐다. 직접 만져 보고 표면의 기호를 발견하고 공책에 기록했다. 둘째 날 밤, 상공에 작고 빛나는 구체들이 목격됐다. 급박한 상황을 모두 육성 녹음했다. 그곳은 핵폭탄이 저장된 미국 공군기지 근처로 목격 행위의 주역은 두 명의 미군이다.

개요: 목격을 넘어 UFO를 직접 만져봤다는 증언

이번에 볼 UFO 사례는 1980년 12월 26일과 27일 이틀에 걸쳐 영국의 렌들샴(Rendlesham) 숲에서 발생한 것이다. 이 사례는 특이하게 별도의 두 개 사건으로 구성되어 있는데 첫째 날 사건은 비행체가 지상에 착륙하여 일정 시간 머물다 이륙하는 게 목격되면서 펼쳐졌고, 둘째 날 사건은 공중에 나타난 작고 빛나는 비행체들이 목격되면서 벌어졌다. 이 사례에서는 이렇게 이틀 동안 서로 다른 비행체가 목격되는데 그 과정에서 세상을 깜짝 놀라게 하는 엄청난 일들이 발생했다. 그런데 두 건 모두 탑승자인 외계 존재들은 목격되지 않았다.

빼도 박도 못하는 증언과 증거가 있는 희귀한 사건

렌들샴 숲은 런던에서 북동쪽으로 100여 km 떨어진 곳에 있다. 그런데 이 설명보다는 당시 영국에 있던 최대의 미국 공군기지

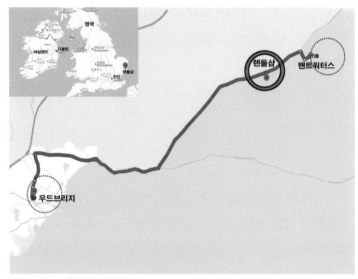

렌들샴 숲의 위치

인 벤트워터스와 우드브리지 사이에 있는 곳으로 더 유명하다(벤트
워터스와 더 가깝다).

　앞에서 다룬 사례들처럼 이 사건도 UFO 전 역사에서 가장 획
기적인 사건 가운데 하나로 손꼽힌다. 노파심에서 하는 말인데, 사
례가 거듭될 때마다 전부가 다 역사에 기록될 만한 희귀하고 중요
한 사건이라고 소개하니 각 사례의 가치가 희석되거나 감흥이 무
뎌질 수도 있겠다는 생각이 든다. 그러나 이 책에 실은 7가지 사례
가 모두 최고의 사례인 탓에 그런 표현을 쓰지 않을 수 없는 필자
의 심정을 이해해 주었으면 하는 바람이다. 이 책에서 엄선한 각

사례가 독자적인 가치를 발휘하고 동시에 상생하는 사건으로 비치면 좋겠다는 생각이다.

렌들샴 숲 사건은 적어도 세 가지 이유에서 대단히 희귀한, 전무후무한 사건으로 손꼽는다. 첫째, 이번에는 목격자가 UFO가 이착륙한 것을 근거리에서 목격한 데에 그치지 않고 당사자가 그 비행체에 다가가서 표면을 만져 보았다고 주장했기 때문이다. 이것은 첫째 날인 12월 26일에 발생한 본(本) 사건을 이르는 것인데 비행체를 만져 본 사람은 영국(벤트워터스)에 파견 근무 중이던 미국 공군기지 소속의 페니스턴 하사이다. 그는 이 사례의 첫 번째이자 핵심적인 증언자가 된다.

그 많은 UFO 조우 사건 가운데 목격자가 UFO로 추정되는 비행체를 직접 만지는 경우는 극히 드물다. 아니, 내가 아는 한은 비행이 유효한 상태로 지상에 착륙해 있는 외계 비행체를 만져봤다는 증언은 이날 사건에서밖에 없는 것 같다. 우리가 잘 알고 있는 것처럼 대부분의 UFO 목격 사건은 하늘에 떠 있는 비행체를 목격하는 것으로 끝나는 경우가 많다. 앞에서 검토한 트리니티 사례처럼 '추락'하여 파손된 UFO의 '잔해'를 손으로 만져 본 예는 있다. 그런데 이번 사례에서는 지상에 착륙한 비행체를 목격했을 뿐만 아니라 착륙 상태에 있는 그 비행체를 손으로 만지기까지 했으니 전대미문의 사건이라고 한 것이다.

둘째, 한술 더 떠 목격자인 페니스턴은 비행체 표면에 있는 상형 문자 같이 생긴 도형들을 발견하여 그것을 현장에서 즉시 그림으로 재현해 우리에게 전해주었다. UFO 목격자가 비행체의 표면에서 그림 같은 도형을 발견한 것은 앞에서 본 소코로 사건 정도를 제외하고는 매우 드물다. 이런 특수한 면을 갖고 있기 때문에 이 사례가 전무후무한 것이라고 한 것이다.

렌들샴 숲 사건의 희귀성은 아직 끝나지 않았다. 셋째, UFO를 목격한 사람 중의 한 사람이 당시의 생생한 정황을 직접 녹음기에 육성으로 녹음했기 때문이다. 이것은 둘째 날인 12월 27일에 발생한 일인데 그 주인공은 페니스턴 하사와 마찬가지로 영국에 파견나와 있던 미 공군기지의 부사령관인 홀트 중령이다. 그는 이날 공중에서 발광하는 여러 개의 구체를 발견했는데 당시 현장 상황(일행과 나눈 급박한 대화)을 육성 녹음으로 남겼다.

이 사건처럼 UFO를 목격했을 때의 상황이 녹음되었다는 사실은 다음과 같은 이유로 매우 중요하다고 할 수 있다. 즉 UFO 사건은 많은 경우 목격자들의 증언이 시간이 지남에 따라 바뀌거나 사람마다 증언이 다른 경우가 많다. 그래서 그 증언의 진위에 대해서 논쟁이 일어나기도 하는데 나중에는 어떤 것이 진짜인지 구분하는 일이 어렵게 되기도 한다. 그런데 만일 이 사례처럼 당시의 정황이 녹음되어 있다면 그 증언은 빼도 박도 못하는 것이 된다. 녹음된 내용을 쉽사리 부정하거나 반박할 수 없기 때문이다.

영국 국방부 'UFO desk'의 닉 포프

렌들샴 숲 사건에 대해서 그동안 많은 자료가 만들어졌다. 그런데 나는 이 사건의 수많은 목격자 가운데 앞서 언급한 가장 중요한 두 사람인 페니스턴과 홀트의 증언을 중심으로 풀어보려고 한다. 이 두 증인 가운데서도 가장 중요한 증인은 말할 것도 없이 첫째 날 발생한 사건을 목격한 페니스턴 하사라고 할 수 있다. 그는 비행체가 착륙한 것을 직접 목격했고 바로 앞에 가서 그것을 만져보았다고 하니 말이다.

그다음으로 중요한 증인은 당연히 둘째 날에 일어난 사건을 목격한 홀트 중령이다. 그는 발광하는 미지의 비행체들이 가까운 공중에 떠다니는 것을 목격하고 그 현장 상황을 육성 녹음으로 남겨 우리에게 생생한 정보를 전하고 있는 인물이기 때문이다.

이 두 군인의 증언은 마침 앞에서(제1부) 소개했던 레슬리 킨의 저서에 실려 있어 그것을 참고할 것이다.[29] 이 저자의 이름은 본문에서 꽤 등장할 예정이니 기억해두면 좋겠다. 그런가 하면 아예 이 사건 하나만 가지고 쓰인 책이 있어 그것 역시 많이 참고했다. 제목이 『Encounter in Rendlesham Forrest: The Inside Story of the World's Best-Documented UFO(렌들샴 숲에서의 조우: 세계 최고의 UFO 이야기)』(2015)라는 책인데 이 책은 아마도 이 사건을 다룬 문서 중에 가장 믿을 만한 자료일 것이다. 그 이유는, 책의 주 저자

29 킨, 앞의 책, 제18장, "The Extraordinary Incident at Rendlesham Forest", pp. 179~189.

외계인 모형 앞에서 자세를 취한 닉 포프

인 닉 포프(Nick Pope)가 이 사건을 가장 잘 알 수 있는 환경에 있었기 때문이다.[30]

순서상 먼저 닉 포프를 간단히 소개해보자. 그 유명한 SF 드라마인 『엑스파일(The X -File)』에 나오는 주인공인 멀더가 그를 모델로 해서 만들어진 '캐릭터'라는 것은 잘 알려진 사실이다. 우리는 멀더의 파트너였던 여성 FBI 요원(스컬리)이 '멀더, 멀더' 하며 대사를 이어갔던 것을 선명하게 기억한다. 그래서 멀더라는 이름이 익숙한 것이리라.

『엑스파일』 드라마를 만든 회사(FOX)가 포프를 주인공으로 삼

---

30 이 책은 원래 3명의 저자가 쓴 것으로 되어 있는데 주 저자는 포프이다. 포프는 이 렌들샴 숲 사건을 직접 목격한 두 사람의 미국 병사(페니스턴과 버로우즈)로부터 생생한 증언을 듣고 이 책을 집필했다고 술회했다.

은 데에는 나름의 이유가 있었다. 포프는 1985년부터 2006년까지 21년간 영국 국방부에서 근무했다. 그런데 1991년부터 1994년까지는 아예 국방부 내에 "UFO desk"라는 별명으로 불리는 사무실에 근무하면서 UFO에 대해 마음껏 연구했다. 이때 그는 정부의 기밀 자료에 접근할 수 없는 일반인과는 달리 마음대로 그런 자료에 볼 수 있었

닉 포프의 저서

으니 얼마나 좋은 연구 환경에 있었는지 알 수 있다. 그의 주장에 따르면 이 책, 그러니까 앞서 소개한 그의 저서는 유일하게 영국과 미국의 정부로부터 국가 비밀정보 사용 허가(security clearance)를 받은 책이라고 한다. 이것은 그가 국방부에서 일했을 뿐만 아니라 공무원으로서도 신임을 얻었기 때문에 가능한 일이었을 것이다.

그러다 포프는 2006년에 은퇴했고, 그 이후로는 여러 언론 매체에 출연하면서 자신의 의견을 자유롭게 밝혔다. 충분히 예상되는 바와 같이 정부의 주장은 고정되어 있기 때문에 공무원들은 그 주장에서 벗어나는 발언을 하기가 힘들다. 정부는 무조건 'UFO는

존재하지 않는다'라고 주장하는 경우가 많고 설령 이 사실을 인정
하더라도 UFO의 외계기원설을 부정하기 때문에 공무원의 입장에
서는 이 지침을 어기기 힘들었을 것이다.

포프는 2012년부터 아예 미국으로 이주해 미국의 UFO 연구
가들과 자유롭게 교류하며 연구하고 있다. 이 때문에 포프는 미국
에서 만든 UFO 관련 영상에 단골손님으로 출연하는 것을 자주 발
견할 수 있다. 그 가운데 포프가 주 출연자로 나와 렌들샴 숲 UFO
사건을 다루는 영상이 있는데 많은 시각 자료와 함께 상세한 설명
이 있어 내가 이 책을 집필하는 데 좋은 참고 자료 역할을 했다.[31]
이 영상 역시 본문에서 인용될 것이다.

그러면 지금부터 이 역사적인 사례의 전모를 살펴보기로 하자.
이틀에 걸쳐 발생한 두 개의 별개 사건을 모두 살펴보아야 하니 긴
이야기가 될 것이다.

---

31 영상의 제목은 "Rendlesham Forest UFO Incident | Real evidence & witnesses"
    이고 두 편으로 되어 있다.
    https://www.youtube.com/watch?v=gy5tIevquP0
    https://www.youtube.com/watch?v=IaYfsxbiKsM

페니스턴 하사가 남긴 꼼꼼한 기록과 그림

대망의 첫날 사건의 주인공은 제임스 페니스턴(J. Penniston)이다. 그는 약관의 나이인 25세 때 이 희귀한 사건을 겪는다. 당시의 사진을 보면 매우 앳된 청년의 모습으로 나타난다. 이런 개인적인 이야기를 하는 이유는 증인으로 그가 믿음직하다는 생각이 들기 때문이다. 이처럼 젊고 밝은 청년이 무언가 다른 목적으로 UFO 사건을 지어내어 거짓말할 것 같지 않기 때문이다.

목격자 페니스턴, 핵무기가 저장된 공군기지 보안대원

당시 페니스턴의 소속을 정확하게 보면, 그는 영국의 RAF(Royal Air Force) 벤트워터스와 우드브리지 두 복합기지에 있는 미국 공군기지의 전투 전술비행단에 파견된 군인이었다. 이 두 기지는 런던에서 북동쪽으로 100여 km 떨어져 있는데 UFO가 착륙한 렌들샴 숲은 이 두 기지 사이에 있다고 했다(200페이지의 지도 참

페니스턴의 당시 모습

고). 이 기지들은 원래 당연히 RAF, 즉 영국 공군에 속한 기지였지만 1980년 사건 발생 당시는 미국 공군이 주둔하고 있었다.

그런데 이 미 공군 기지는 나토, 즉 북대서양 조약기구에서 가장 큰 공군기지로 핵무기가 저장되어 있었다. 거기서 그는 보안대원으로 일하고 있었다. 페니스턴과 같은 부대에 소속된 군인들은 이 기지에서 비행기가 이륙할 때 종종 UFO로 추정되는 작은 삼각형 물체가 그 근처에서 돌아다니는 것을 목격했다고 한다. 페니스턴이 이날 숲속에서 목격한 것은 이런 비행체 가운데 하나일 것이다. 그리고 이런 비행체들이 이 근처를 배회했던 것은 이 기지에 저장되어 있던 핵무기 때문일 것이다.

그런데 신기한 것은 이런 비행체가 나타나면 미사일 발사 장치가 오작동했다고 하는데 UFO와 관련해서 이런 일은 종종 생기는 일이라 그다지 새로울 것은 없다. 이 문제는 뒤에서 다시 다룰 터이니 그때 보기로 하자.

UFO에 가까이 더 가까이, 그의 믿을 수 없는 체험들

1980년 12월 26일 새벽, 당시 페니스턴의 동료인 스테픈즈 하사가 그에게 기지 바로 밖에 있는 렌들샴 숲에서 '빛'이 보였다고 알려주면서 그에게 정찰을 권했다. 그때 스테픈즈는 어떤 비행체가 추락한 게 아니라 '착륙'했다고 알려주었다고 한다. 이 이야기를 듣고 페니스턴은 수하에 있던 에드워드 커밴서그(Cabansag) 일병과 존 버로우즈(Burroughs) 일병을 데리고 그곳으로 향하게 된다.

비행물체에 가까이 가자 그들은 곧 스테픈즈가 말한 것처럼 이 물체가 추락한 비행체가 아니라는 것을 알았다. 그곳에는 빛이 나는 '세모꼴'의 비행체가 착륙해 있었다. 길이는 2.7m이고 높이는 1.6m 정도 되는 비행체가 숲속의 작은 공터에 전혀 손상되지 않은 채로 있었다. 그런데 그들이 비행체에 가까이 가자 무전기가 작동하지 않았다.

페니스턴은 커밴서그에게 차로 돌아가서 본부에 이 사실을 알리라고 부탁했다. 그리곤 그는 버로우즈와 함께 비행체에 더 가까이 갔는데 그때 그는 자신이 본 것을 믿을 수 없었다. 한 번도 본 적이 없는 이상한 비행체가 앞에 버티고 있으니 당최 실감이 나지 않았던 것이다. 그는 그때 큰 공포를 느꼈다고 하는데 그 와중에도 '이게 우리 기지나 우리 동료에게 위협이 되지 않을까'를 걱정했다고 한다. 당시 그는 부대의 보안을 담당하고 있었기 때문에 자연스럽게 이런 생각을 한 모양인데 직분을 다하는 모습이 좋아 보인다.

페니스턴이 목격한 비행체(추정도)

    페니스턴이 비행체에 더 가까이 가니 그 주위에 파랗고 노란빛이 빙빙 돌고 있는 것이 보였다고 한다. 더 특이한 것은 주위의 공기가 전기가 흐르는 것처럼 느껴졌다는 사실이다. 그는 그 전기를 옷과 피부, 그리고 머리에서 느낄 수 있었는데 흡사 정전기 같았다고 한다. 머리털이 쭈뼛거리며 섰고 피부도 흔들거렸다고 하니 말이다. 흡사 물속을 걷는 것 같은 느낌을 받았다고 하는데 이곳의 공기 밀도가 높아져 그 사이를 헤쳐 나가는 것 같다고 말했다. 그런 느낌은 그가 이 비행체에 가까이 갈수록 더 심해졌다고 한다.

    이것은 이 지역에 강한 전자기장이 형성되면서 생긴 현상일 것이다. 우리는 UFO로 추정되는 비행체가 나타날 때 종종 전자기장이 만들어져 그 주변에 있는 전자기기들이 무력화되는 것을 목격하는데 이번에도 같은 일이 일어난 것이다. 이것은 쉽게 말해 공기가 감전된 것이라고 보면 되겠다.

나도 이와 비슷한 현상을 접해 본 적이 있다. UFO 목격 체험은 아니고 기공(氣功)에 능한 사람에게서 겪은 것이다. 한번은 이 사람이 자신이 지닌 기를 한껏 끌어올리겠다고 하면서 태극권 비슷한 체조를 했다. 그 모습을 보면, 발은 크게 움직이지 않았지만 손을 서서히 휘저으면서 큰 동작을 했다. 그의 기감이 오르자 그의 몸 주위에서는 '웅웅'거리는 소리가 나는 것 같았다. 그러다가 그가 내 앞으로 와서 손을 내 얼굴 쪽으로 가까이 가져왔다. 그때 나는 그 근처의 공기가 끈끈해지는 것 같은 느낌을 받았고 '웅웅'거리는 소리가 더 크게 들렸다. 그것은 강한 전기가 흐를 때 나는 소리와 비슷했다. 이런 현상이 생긴 것은, 아마도 그가 뿜어내는 기 때문에 그의 몸 주위에 일종의 전자기장이 형성되었기 때문이 아닐까 한다. 그 이후로 나는 내 주위의 공기가 그처럼 끈적거리는 것 같은 체험을 해본 적이 없다.

두려움은 사라지고 느껴본 적 없는 놀라움과 경이감이

다시 우리의 주제로 돌아가서, 그들은 그렇게 10분 정도 현장에 있었는데 페니스턴은 곧 이 비행체가 아무 공격 의도가 없다는 것을 알아차렸다. 이에 따라 그는 더 가까이 가서 안전 규약에 따라 비행체를 전체적으로 점검했는데 그 처음 보는 생김새나 풍채에 압도당했던 모양이다.

페니스턴에 따르면, 비행체를 처음에 보았을 때는 그 물체에서 여러 가지 색의 빛이 투과해 나왔는데 그 빛들이 없어지더니 까만 색을 띤 비행체가 되었다고 한다. 이 비행체에는 용접으로 붙인 부분도 보이지 않았고 머리가 큰 대갈못 같은 것도 보이지 않았다. 그리고 인간이 만든 비행기라면 당연히 있어야 하는 착륙 장치도 없었다.

이렇게 비행체를 점검해보고 나니 그는 조금 전에 가졌던 두려웠던 느낌은 사라지고 놀라움과 경이감을 느꼈다고 한다. 그는 이런 감정은 일찍이 가져본 적이 없다고 실토했는데 그가 왜 이

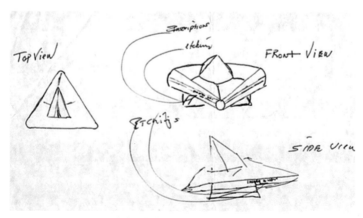

페니스턴이 현장에서 그린 비행체

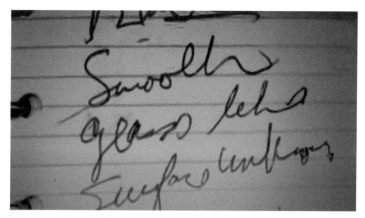
페니스턴이 비행체를 보고 직접 쓴 글로
맨 밑부분에 'Surface Unknown'이라고 적혀 있다.

런 말을 했는지는 이 비행체를 보지 못한 우리로서는 무엇이라고
할 수 있는 말이 없다. 그러나 굳이 추정해본다면, 이 비행체는 재
질도 인간의 만든 비행체와 다를 것이고 더 나아가서 이 비행체
가 내는 빛을 보면 신비로워서 우리도 페니스턴처럼 생각할 것
같다. 분명히 물질로 만들어진 것 같은데 한 번도 본 적이 없는 색
색의 빛이 나니 감탄하지 않을 수 없었을 것이다. 그런데 그는 감
탄에 그치지 않았다. 보안대원답게 침착하게 비행체를 사진으로
찍었고 나아가 공책에 이 비행체를 여러 각도에서 바라본 모습도
그렸다. 덕분에 우리가 이 사건의 실상을 보다 구체적으로 알 수
있게 된 것이다.

UFO 표면에서 발견한 심볼, 해독 불가의 복잡한 도형

그런데 더 획기적인 일이 있었다. 페니스턴이 비행체의 한 표면에서 높이가 약 7.5cm이고 너비가 약 75cm가 되는 심볼을 발견한 것이다(앞에서 언급한 영상에서는 높이가 약 12.5cm~15cm, 너비가 90cm라고 되어 있다). 이것은 상형 문자처럼 생긴 여러 가지 도형들로 되어 있었다. 그중에서 가장 주목되는 것은 큰 삼각형과 세 개의 원이 합체로 이루어진 도형이다. 페니스턴의 증언에 따르면 이 도형 주위에서 빛이 나는 것 같았다고 한다(그는 곧 이 도형을 손으로 만지는데 그 엄청난 체험 이야기는 곧 자세히 볼 것이다).

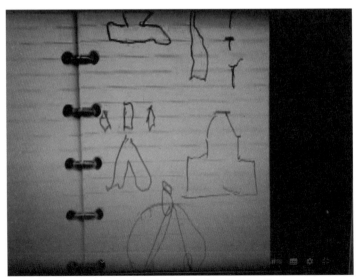

페니스턴이 현장에서 공책에 스케치한 도형

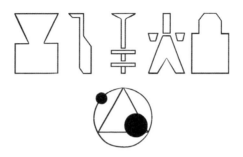

위의 그림을 바탕으로 다시 그린 도형

여기에 두 가지 사진을 차례로 올리는데 첫 번째 것은 페니스턴이 목격 현장에서 바로 공책에 스케치한 것이고 두 번째 것은 그것을 바탕으로 나중에 세련되게 다시 그린 것이다.

그런데 어떤 도형을 보든지 그 의미는 전혀 알 수 없다. 이렇게 비행체 표면에서 그림을 목격한 것은 소코로 사건에 이어 두 번째인데 소코로의 경우에도 해독이 되지 않았지만 이번에도 해독되기는 그른 것 같다. 왜냐하면 소코로의 경우는 아주 간단한 도형이었음에도 해독되지 않았는데 이번 경우는 훨씬 더 복잡한 도형들로 되어 있으니 해독은 더더욱이 바랄 수 없는 일이 되었다. 소코로의 경우에는 섣부른 추정이라도 해보았지만 이 경우는 어떤 짐작도 할 수 없다.

그래도 굳이 상상력을 발휘해서 이 도형들을 살펴본다면, 이들은 영국 등지의 밭에서 많이 보이는 이른바 '미스터리 서클'과 닮은 면이 있다. 특히 가운데에 있는 삼각형과 세 개의 원으로 구성된 도형이 그렇다. 도형에 일정한 규칙이나 원리가 있는 것 같지만 그게 무엇인지는 잘 알 수 없다는 점에서 미스터리 서클과 통하는 바가 있는 것 같다.

그런가 하면 이 도형들이 이집트의 상형 문자나 도형 등을 연상시킨다는 주장도 있다. 이 주장도 충분히 일리가 있다. 그 모습에 닮은 점이 있기 때문이다. 또 어떤 연구가는 이 도형들이 이정표 같은 것이 아닐까 하는 조심스러운 추측을 했는데 이것 역시 근거에 입각한 추정이 아니니 단지 상상에 불과할 뿐이다.

이처럼 비행체의 한 면을 장식하고 있는 도형 그룹이 무엇을 뜻하는지도 잘 모르지만 왜 이런 도형 무리를 비행체 겉면에 그려(?) 넣었는지도 모르기는 마찬가지다. 소코로의 경우에는 도형이 단순해서 여러 자선(子船)들을 식별하기 위해 특별한 도형을 그려 넣은 것 아닐까 하고 추정해보았는데 이번 경우에는 도형이 하나도 아닌 데에다 복잡하기까지 해서 그 해석이 적용될 것 같지도 않다. 더는 상상하기도 어려우니 해답은 후학들의 몫으로 남겨 놓아야겠다.

처음이자 마지막 사건일 것! UFO를 직접 만져봤다

획기적인 일은 또 있었다. 이때 UFO 역사상 가장 획기적인 사건이라고 할 만한 일이 일어난다. 페니스턴이 이 비행체의 표면에 손을 댄 것이다. 나는 그동안 UFO 조우 사례를 수없이 접해보았지만 이렇게 UFO를 직접 접촉한 생생한 경우는 이 사례가 유일하다. 그러니까 지상에 정상적으로 착륙하여 성성하게 있는 UFO의 몸체에 손을 갖다 댄 경우는 아마도 페니스턴이 처음이자 마지막일 것이다.

표면을 접촉했을 때의 느낌에 대해 페니스턴은 짤막하게 말한다. 즉 표면은 까만색이었고 유리처럼 부드러웠지만 금속 같은 느낌이 들었다고 한다. 그러니까 유리처럼 매끄럽지만 그렇다고 유리같이 잘 깨지는 유약한 느낌이 아니라 금속의 단단하고 강인함이 느껴졌다고 보면 될 것 같다. 이것은 트리니티 사건이나 로즈웰 사건에서 목격자들이 했던 증언과 비슷한 점이 있다.

예를 들어 로즈웰 사건의 주인공 중 한 사람인 마르셀은 추락한 UFO의 잔해로 추정되는 금속을 두고 설명하기를 은박지처럼 아주 얇지만 찌그러트릴 수 없었고 망치로 치면 망치가 튕겨 나올 정도로 강했다고 하지 않았는가? 이처럼 UFO를 구성하고 있는 물질들은 대단히 부드러우면서도 매우 강한 성질을 갖고 있는 모양이다. 이 물질들의 정체 역시 지구에 존재하는 물질의 입장에서 볼 때는 알 수 없는(unidentified) 것이라 설명하기가 쉽지 않다.

그런가 하면 페니스턴은 이 비행체의 겉면을 만졌을 때 그의 손에 낮은 전기가 흐르는 것을 느꼈고 그 기운은 팔 가운데까지 올라왔다고 술회했다. 이것은 충분히 있을 수 있는 일로 생각된다.

비행체 주위에 전자기장이 형성된 것은 바로 이 비행체가 전하를 띠고 있었기 때문일 것이니 말이다.

UFO 표면의 심볼을 만지고 난 후의 기이한 체험

지금부터 전하는 그의 증언은, 앞서 소개한 그 (렌들샴 숲 UFO 사건을 다룬) 유튜브 영상에 나오는 것인데 쉽게 믿어지지 않는 기괴한 이야기이다(물론 페니스턴 자신이 술회한 영상에도 이에 대해 언급하는 장면이 나온다). 그러나 게스트로 나온 포프가 이에 대해 사회자와 함께 심각하게 토론했기 때문에 한 번 소개해본다. 페니스턴이 비행체에 있는 심볼 중 삼각형처럼 생긴 것을 만졌단다. 그랬더니 기체로부터 하얀 광선이 터져 나와 깜짝 놀랐는데 그때 그는 순간적으로 시각장애인이 되어 하얀빛 외에는 아무것도 보이지 않았단다.

점입가경인 것은 그와 동시에 0과 1로 된 디지털 방식의 정보가 보였고 곧 이 정보가 그에게 다운로드 되는 느낌을 받았다고 한다. 이게 무슨 느낌인지는 모르지만 그는 그저 그의 뇌리에 떠오르는 대로 이 숫자들을 '1001'과 같은 식으로 공책에 적어 놓았다. 그러자 기분이 좋아졌다고 한다. 왜 기분이 좋아졌는지는 부연 설명을 하지 않아 알 수 없는데 그는 이 숫자를 쓸수록 기분이 더 좋아졌다고 한다.

여기서 등장하는 공책은 그가 목격 현장에서 이 비행체를 보고 그 외형이나 표면에 있는 도형을 그렸던 그 공책을 말한다. 그런데 그는 그렇게 숫자를 적어만 놓고 30년 동안이나 이 공책을 한 번도 들춰보지 않았다고 한다. 그러다 나중에 이 사건이 재조명되고 그의 증언에 대해 사람들이 관심을 보이자 공책을 새삼스레 들춰보았는데 그때 비로서 이 숫자들을 다시 접했다고 한다.

그가 적어놓은 숫자를 본 사람들은 비상한 흥미를 느껴 이런 식의 숫자를 다루는 컴퓨터 프로그래머에게 해석을 맡겼다. 그런 끝에 결과가 나오기는 했는데 내용이 파편적이고 주관적이라 여기서 자세하게 소개할 필요를 느끼지 못한다. 그러나 굳이 간단하게라도 소개해본다면 이런 식이다. 이 비행체가 미래에서 온 것 같

사건 현장에서 공책에 쓴 숫자들

은 정보가 들어 있었는가 하면 고대 문명의 흔적이 있는 곳, 즉 이집트 기자의 대피라미드나 페루의 나스카 등이 있는 곳의 지구상 좌표를 지칭하는 것 같은 숫자가 있다는 것 등이 그것이다. 이런 해석은 그다지 신빙성이 보이지 않아 자세하게 논하는 것을 피한 것인데 이런 기이한 현상을 자꾸 다루다 보면 UFO 사건 자체가 근거 없는 기괴한 낭설로 도매금으로 넘어갈 수 있어 애써 피한 것이다. 이에 대해 당사자인 페니스턴 자신은 위 영상에서 이 메시지가 외계인으로부터 온 것이 아니라 미래의 우리에게서 온 것이라고 믿는다고 자신의 심정을 밝혔다. 어떻든 우리는 이 설의 진위를 알 수 없으니 그저 참고 자료로만 생각하면 되겠다.

페니스턴이 위의 영상을 통해 면담에 응한 것은 그의 나이 64세 때의 일인데 자신은 아직도 이 사건에 의해 영향받고 있다고 밝혔다. 면담 며칠 전에도 이 사건에 대한 꿈을 꾸었다고 하니 그 영향력을 알 만하겠다. 꿈의 내용이 무엇인지는 밝히지 않았지만 이런 것을 통해 우리는 1980년 12월에 일어난 이 렌들샴 숲 사건이 환상이 아니라 실제로 일어난 일이라고 말할 수 있을 것이다. 환상은 그렇게 수십 년 동안 지속될 수 없기 때문이다.

눈 깜빡할 사이에 사라져, 'Speed Impossible'!

다시 주제로 돌아가서, 페니스턴과 버로우즈는 그렇게 비행체

곁에서 약 45분 정도 머물러 있었다. 그런데 갑자기 이 비행체에서 나오는 빛이 강해지기 시작했다. 그러자 그들은 비행체에서 떨어져 방어적인 자세를 취했는데 그러는 사이에 비행체는 소리나 공기 저항(disturbance)을 받지 않고 공중에 뜨더니 나무들 사이를 믿을 수 없는 속도로 날아가 버렸다. 눈 깜빡할 사이에 사라진 것이다. 사실 UFO의 이 같은 이륙 모습은 익히 보았던 터라 이상하지는 않다. 다시 상기하지만 보통 UFO의 이륙 모습은 이러하기 때문에 소코로에 착륙했다가 이륙한 UFO가 이상하다고 한 것이다. 소코로의 UFO는 이착륙할 때 너무 요란했기 때문이다.

페니스턴은 이번에도 놓치지 않고 기록을 남긴다. 이때 그는 자신의 공책에 'Speed Impossible'이라고 정확히 적어 놓았다. 그는 그때까지 살면서 그런 광경을 처음 보아서 경황이 없을 텐데 그런 와중에도 비행체의 속도에 대해 적어 놓았으니 대단하다는 생각이 든다. 동시에 그는 벤트워터스 기지에 있는 사람들도 이 비행체가 이륙하는 모습을 보았을 것이라고 적고 있다. 그리고 나서 그는 이 비행체가 가진 기술 수준이 틀림 없이 우리 것보다 훨씬 앞선 것이라고 술회했다.

여기까지의 내용도 특기할 만하지만 그다음도 특이하다. 페니스턴이 그저 현장을 기술하는 것으로 그치지 않고 이 사건을 대하는 자신의 철학적인 견해를 표방했기 때문이다.

페니스턴이 전한 강렬한 소회, 인류는 온 우주의 일원

페니스턴은 이렇게 말한다. 이 비행체가 이륙했을 때 그는 자신이 외롭다는 것을 느꼈다고 하는데 그다음이 압권이다. 갑자기 우리 인류는 지구를 넘어선 더 큰 공동체의 일원이라는 확신이 들었다고 하니 말이다. 이것은 종교적인 깨달음을 얻었을 때나 나올 수 있는 언사라 하겠다. 그가 갑자기 이 순간에 왜 이런 거대한 생각을 했는지는 잘 모르겠는데 그만큼 이것은 강렬한 체험이었던 것 같다. 지구가 아닌 외계의 존재를 목격하고 또 그 존재와 만났다가 헤어져 보니 우리 인류는 지구에 홀로 있는 것이 아니라는 것을 느꼈던 것 아닐까? 그는 저 광활한 우주에서 온 존재들과 이처럼 교류하고 있으니 우리도 저들과 어떤 연관이 있는 것이 아닌가 하는 생각을 한 듯하다. 그가 이때 외계 존재들과 일종의 유대 관계를 느낀 나머지 그들이 떠난 것을 보고 새삼스레 외로움을 느낀 것 같다.

페니스턴의 이 같은 태도는 아폴로 14호의 기장이면서 1971년 2월 5일 달에 착륙해서 33시간이나 체류하고 돌아온 에드거 미첼이 보인 태도를 연상하게 한다. 그는 지구에서 인간이 갈 수 있는 가장 먼 거리, 즉 달에서 지구를 목도하고 또 달과 지구 사이를 왕복하면서 종교적인 체험을 한다. 그는 이 여행에서 우리의 존재는 우연이 아니라는 것과 온 우주에 있는 모든 것은 완전한 일체로 서로 연결되어 있다는 것을 깨닫게 된다. 그래서 이 전체 속에서 자신은 신과 한몸이라는 것을 느꼈다고 술회했다. 은퇴한 후 미첼는 인간 의식이나 초상현상(paranormal phenomena), 그리고 UFO를 연구하는 연구소를 만들어 여생을 이 연구에 바쳤다.

사람들은 이렇게 강한 '외계적인' 체험을 하면 정신세계가 완전히 바뀌는 모양이다. 페니스턴도 이와 비슷한 체험을 하면서 우리 인류가 온 우주의 일원이라는 것을 피부로 체감했으니 말이다. 그를 개인적으로 면담할 수 있다면 이 체험이 그의 삶을 어떻게 변화시켰는지 물어보고 싶다.

날이 밝은 후 다시 찾은 현장에서, 그 확실한 흔적들

이렇게 이른 새벽에 목격한 외계 비행체를 보내고 페니스턴과 버로우즈는 본부로 돌아가서 일단 그날 있었던 일을 보고했다. 그러자 본부에서는 그들에게 밝을 때 다시 가서 물적인 증거를 찾아보라고 지시했다. 그래서 그들이 날이 밝은 후에 다시 가서 보니 착륙지에 나뭇가지가 부서져 있는 것을 발견했는데 아마 비행체가 착륙할 때 땅 쪽으로 밀려 그렇게 된 것 같다고 했다. 또 주변의 나무에는 불에 그을린 자국이 있었다고 하는데 이것은 아마도 다른 사례에서도 발견된 것처럼 비행체가 이착륙할 때 강한 열기가 뿜어져 나와 그렇게 된 모양이었다.

여기서 중요한 것은 그들이 착륙지에서 세 군데의 땅이 파여 있는 것을 발견한 것이다. 이것은 세모꼴인 비행체의 각 모서리에서 착륙 장치가 하나씩 나와 생긴 자국으로 보인다(다음날 현장을 찾아 조사한 홀트에 따르면 자국의 크기는 각각 깊이가 약 6cm, 너비 약 30cm이고 각각 3m 정도 떨어져 있었다). 페니스턴은 이 자국이야말로 이 사건이 진짜로 일어났다는 것을 보여주는 증거가 될 수 있다고 생각해 안도의 감정이 생겼다고 했다. 그는 그 착륙지의 모습을 사진으로 찍어서 비행체를 찍은 것과 함께 필름을 기지의 현상실에 제출했다. 그리고 페니스턴는 버로우즈를 집에 데려다주고 다시 현장에 가서 그 움푹 들어간 자국을 회반죽으로 떴다고 한다.

그런데 이런 과정에서 그들이 얻은 정보는 모두 일급 비밀로 분류되어 더 이상의 토론이 허락되지 않았다고 한다. 또 '쉬쉬'하는 습관이 도진 것이다. 그렇지만 상관에게 보고하는 것은 피할 수

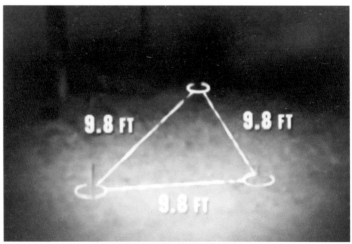

비행체의 착륙 장치(다리) 흔적

UFO가 착륙했던 렌들샴 숲의 모습

없는 것이라 페니스턴과 버로우즈는 계속해서 여러 지휘관에게
보고했다. 그다음 날(12.27)에는, 앞서 소개한 렌들샴 숲 사례의 또
다른 증언의 주인공인 홀트 중령 등으로부터도 심문을 받았다(잠시
후에 보겠지만 홀트는 이날 밤, 같은 곳에서 또 다른 비행체들을 목격한다). 그
런데 당시 페니스턴은 이 사건을 겪고 큰 충격을 받은 상태라 그런
보고나 심문이 힘들었다고 호소했다.

  그는 앞에서 말한 것처럼 비행체와 현장의 모습을 35mm 필름
으로 찍어 기지의 현상실에 맡겼다고 했다. 그런데 뒤에 그것을 찾
으러 가니 관계자가 말하기를 사진이 노출 과다이거나 뿌옇게 되
어서 아무것도 현상되지 않았다고 한다. 이에 대해 페니스턴은 공
군 당국이 이 사건을 은폐하기 위해 이런 일을 자행한 것으로 생

각했다. 이런 식으로 사진이 한 장도 현상되지 않았다는 것은 생각할 수 없는 일이었기 때문이다. 이 점에 대해서는 나도 그의 말에 동의한다. 만일 페니스턴이 찍었던 사진이 폐기되지 않았다면 그 사진들이 지금 어디에 있을지 여간 궁금한 게 아니다. 그 사진은 UFO를 가장 가까운 거리에서 찍은 것이라 그 가치를 말로 다 할 수 없다. 그래서 그 소재가 더 궁금한 것이다.

그런데 사실 이전부터 UFO와 조우하는 현장은 사진으로 남기기가 어렵다는 정평이 있다. 그 이유를 간단하게 보면, 일단 UFO 목격은 갑자기 이루어지는 일이라 우리는 사전에 어떤 준비도 할 방법이 없다. 게다가 UFO를 목격한 사람들은 너무 놀란 나머지 어떻게 해야 할 줄 모르고 우왕좌왕하는 경우가 많다. 그러니 이럴 때 차분하게 현장을 어떤 식으로든 기록해야겠다고 생각하기가 힘든 것이다. 그러나 2000년대 이후부터는 휴대전화기가 생겨 UFO를 촬영하는 일이 매우 쉬워졌다. 2000년대에 들어와 UFO 목격담이 많아진 데에는 이런 요인도 있을 것이다.

그런데 렌들샴 숲 사례는 운이 좋아서 레이 걸야스 상사라는 사람이 사건이 생긴 지 48시간 뒤에 현장에 들러 6장의 사진을 찍어서 남겼다고 한다. 6장밖에 안 찍은 것을 보니 이것은 군에서 명령받아 행한 것이 아니라 개인적인 차원에서 찍은 것 같다. 그래서 그는 이 사진을 기지 밖에서 현상해서 그 가운데 두 장은 영국 경관과 미군 대위에게 주었다고 하는데 현재 이 사진들이 어디에 있는지는 알려지지 않았다.

이상이 페니스턴이 회상한 이 사건의 전모이다. 앞서 소개한 레슬리 킨의 저서에는 페니스턴이 이 사건에 대해 직접 쓴 글이 실려 있는데, 지금까지 본 그날의 전모는 그가 회상하며 쓴 그 글을 중심으로 정리한 것이다. 그런데 그는 그 글을 쓸 때도 그날 일어난 일이 도대체 무엇인지 알 수 없다고 고백했다. 그 사건과 의미가 여전히 그에게 무겁게 다가온다고 심정을 밝혔다. 그는 또 말하길 희망차게 생각해서 이 수수께끼의 조각들이 맞추어질 때 자신도 이 사건과 관계된 모든 것을 내려놓을 수 있을 것 같다고 했다. 그때까지 자신은 남아 있는 많은 의문에 대해 답을 얻으려고 노력할 것이라고 하면서 글을 끝내고 있다.

그의 고백은 충분히 이해가 간다. UFO 사건들은 알 수 있는 것보다 알 수 없는 것이 훨씬 더 많기 때문이다. UFO가 존재한다는 것만 확실하게 알 뿐이고 그 외의 것은 모두 추정할 수밖에 없으니 어쩔 수 없는 일일 것이다.

홀트 중령이 남긴 생생한 육성 녹음

지금부터 볼 렌들샴 숲 사례의 또 하나의 사건, 즉 이튿날 발생한 두 번째 목격 사건의 핵심 증인은 찰스 홀트 중령이다. 그는 1980년 사건 당시 벤트워터스 미 공군기지의 부사령관으로 있었다. 그가 하는 일은 사령관을 보좌하고 사령관이 없을 때 대리 역할을 하는 것이었다. 그는 앞에서 본 것처럼 전날(12.26) UFO로 추정되는 물체가 렌들샴 숲속에 착륙했다가 날아갔다는 보고를 받았던 인물이다. 그러나 그는 평소에 UFO 현상에 대해 부정적인 생각을 갖고 있었기 때문에 이 사건에 대해 별 관심을 보이지 않았다. 이를테면 그는 UFO 현상에 대해서 회의론자였던 것이다. 사달이 난 것은 그다음 날인 12월 27일이었다.

UFO 회의론자 홀트, 현장으로 가다

27일, 홀트 중령은 보안을 담당하는 사람으로부터 '그것', 즉

26일 나타났던 비행체가 돌아왔으니 조사해달라는 전갈을 받았다. 그런데 그때 마침 사령관은 연말 파티에서 참석자들에게 상을 주어야 했기 때문에 홀트가 그를 대신해 그 현장에 가기로 했다. 그곳에 가보려는 홀트의 의도 가운데 하나는 부대를 시끄럽게 만든 이 현상이 환상에 불과하다는 것을 확인하기 위한 것이었다. UFO 회의론자다운 생각이라 하겠다.

홀트를 위시한 관계자들은 아마 이때까지만 해도 어제 나타난 비행체가 다시 온 줄 알았을 것이다. 그러나 곧 보겠지만 이날, 즉 27일에 그곳에서 목격된 비행체는 어제의 그것이 아닌 전혀 새로

벤트워터스 공군기지 부사령관 시절의 홀트 중령

운 비행체들이었다.

자신이 어떤 비행체를 보게 될지 모르는 채 홀트는 예의 녹음기를 들고 부하 네 명, 즉 부르스 잉글룬드(공군 중령), 바비 볼(하사), 몬로 네빌즈(하사), 아드리안 버스트지나(헌병)와 함께 현장으로 향했다. 그런데 캄캄한 밤중인데도 불구하고 이 비행체들이 나타났다는 사실이 벌써 부대 안에 소문이 났는지 사람들이 몰려와서 현장이 몹시 부산했다고 한다. 숲으로 들어가는 길에 트럭과 야간 조명 장치를 갖춘 차가 주차되어 있어서 약 15명에서 20명에 달하는 보안순찰대들이 현장 안으로 들어가지 못하고 있었다. 홀트는 이것을 보고 순찰대원들 때문에 사고가 날 것 같아서 화가 났다고 한다. 그런데 신기한 것은 이 야간 조명등이 작동하지 않았다는 것이다. 그 이유는 아직도 알 수 없다.

어떻든 홀트 일행은 사건 현장으로 들어갔는데 그때 땅 위에서 전날 착륙했던 삼각 꼴 모양의 비행체가 남긴 움푹 파인 구멍 3개를 발견했다. 이것은 페니스턴이 발견한 것과 같은 것이었다. 그와 함께 방사선도 검출되었는데 비행체가 착륙한 지점에서만 그 지수가 높게 나오고 그 외 지역에는 방사능이 검출되지 않았다고 한다. 그리고 부러진 나뭇가지가 목격되었고 주변 나무에는 마찰한 흔적이 보였다. 홀트는 이렇게 전날 착륙했던 비행체의 흔적을 확인하면서 상황을 모두 육성 녹음으로 남긴다.

당시 그가 녹음한 육성을 들어보면 근처 농장에 있는 동물들의 시끄러운 울음소리가 함께 녹음되어 있다. UFO로 추정되는 물체가 나타날 때 동물들이 매우 예민하게 반응한다는 것은 UFO 연구자들 사이에서는 꽤 알려진 사실이다. 이때 동물들이 큰 스트레스를 받는다고 하는데 어떤 요인 때문에 그런 고통을 겪는지는 알려지지 않았다. 추정컨대 강한 전자기장이 발생해 동물들이 그렇게 반응하는 것 아닌지 모르겠다.

새 비행체들이 목격되고, 육성 녹음을 남겨

그때 홀트 일행 중 한 사람이 공중에 떠 있는 무엇인가를 본다. 가운데는 검은데 전체적으로는 밝으면서 빨갛고 오렌지빛이 나는 달걀 모양의 물체를 목격한 것이다. 비행체였다. 그런데 크기가 큰 농구공 정도였다고 하니 어제 새벽에 목격된 것과는 다른 비행체였다.

공중에 있는 그 물체를 보고 홀트는 사람의 눈이 연상되었다고 하는데 그래서 그런지 그 물체는 깜빡거렸다. 이 비행체는 나무 사이에서 가끔 아래위로 움직이는가 하면 지그재그식으로 수평으로 날아다녔다고 한다. 중요한 것은 홀트 생각에 이 비행체가 의식에 의해 조종되는 느낌을 받았다는 것이다. 당시의 상황을 생생하게 보기 위해 홀트가 녹음한 것을 직접 인용해보자.

홀트: 우리는 방금 첫 번째 빛과 마주쳤다. 우리는 사이트에서

13.5m~18m 정도 떨어져 있다. 모든 것이 쥐 죽은 듯이
조용하다. 그런데 앞에 빨갛게 빛나는 이상한 빛이 있다.

네빌즈: 예. 근데 노란데요.

홀트: 나도 그 중심에 노란빛이 보인다. 기괴하다. 기괴하게 보
이게끔 만드는 것 같다.

네빌즈: 네. 중령님

홀트: 빛이 더 밝아진다. 이쪽으로 온다. 확실히 온다.

볼: 그 빛의 물체들이 급히 떠납니다.

홀트: 물체들이 급히 간다.

볼: 대체로 11시 방향으로.

홀트: 의심의 여지가 없다. 기괴하다.

그들이 다가가자 그 비행체는 동쪽에 있는 대지로 물러났다.
그들은 1분에서 2분 동안 놀라서 그 비행체를 바라보았다. 다시
녹음으로 돌아가 보자.

홀트: 이상하다. 물체 하나는 다시 떠났다. 숲 가장자리로 가보
자. 그런데 조명 없이도 갈 수 있을까? 조심조심 가보자.
오케이, 우리는 저 물체를 보고 있는데 180m~270m 정
도 떨어져 있다. 그런데 저 물체는 자네를 향해 윙크하는
것 같다. 그리고 양쪽으로 왔다 갔다 하면서 움직인다.
야간조준경으로 보니 중심이 비어 있고 까맣다……

잉글룬드: 마치 눈동자 같습니다.

홀트: 자네를 바라보는 눈동자 같다. 윙크하면서 말이다. 야간 조준경으로 들어오는 빛이 너무 밝다, 아아…….
자네의 눈을 태울 것 같다.

홀트: 그것들이 북쪽으로 움직이면서 우리에게서 멀어지고 있다.

네빌즈: 빠르게 움직이고 있습니다.

볼: 오른쪽에 있는 것도 멀어지고 있네요.

홀트: 두 물체가 모두 북쪽으로 향하고 있다. 어어, 다른 물체가 남쪽에서 우리를 향해 오고 있다.

홀트가 녹음한 내용을 살펴보면 이날 나타난 비행체는 한 개 이상이었다. 북쪽으로 날아가는 물체도 있고 남쪽에서 오는 물체도 있었다고 하니 말이다.

사정을 좀 더 살펴보자. 홀트에 따르면, 그때 이 물체에서 나오는 빛이 멀리 떨어져 있는 농가의 창문에 반사되어 밝게 깜빡거렸다고 한다. 홀트는 군인답게 그 농가에 사는 사람들의 안전이 걱정되었다고 전했다. 그때 이 물체가 다섯 개의 하얀 빛으로 나뉘면서 터지더니 갑자기 사라져버렸다. 홀트 일행은 그쪽으로 가서 잔여물을 찾았으나 아무것도 발견할 수 없었다. 그리고 곧 북쪽 하늘에서 빨간빛과 초록빛과 파란빛 등으로 빛나는 물체를 몇 개 발견했는데 그것들은 예각으로 움직이더니 타원형에서 둥근 형태로 모습을 바꾸었다고 한다.

일행은 남쪽에서도 이와 비슷한 물체들을 보았는데 그중 하나가 홀트의 무리 쪽으로 빠르게 다가와 정지했다. 그러더니 그 물체는 농축된(concentrated) 하얀 광선, 즉, 레이저 빔 혹은 작고 단단한 연필처럼 생긴 빔을 그들이 서 있는 3m 옆의 땅에 비추었다고 한다. 홀트 일행은 이 광선이 무엇을 뜻하는지 궁금했다. 그저 신호에 불과한 것인지, 아니면 소통을 하려고 한 것인지, 혹은 단순히 경고하려고 한 것인지 궁금했던 것이다. 그러나 그들은 답을 찾을 수 없었다. 광선은 회수되고 그 물체는 하늘로 사라졌다. 그런데 다 사라진 것이 아니었다. 이 물체 가운데 어떤 것은 무기 창고가 있는 지역에 가서 광선을 쏘았으니 말이다. 홀트 일행은 이 모습도 목격했다. 그뿐 아니라 그 지역에 있던 사람들도 이 광선을 보았다고 하고 지역 라디오에서는 이 초자연적인 현상을 보도했다.

홀트 일행이 이 현장에 있는 동안 그들은 기지와 무전 연락을 원활하게 하지 못했다. 이런 상태가 1시간 반 정도 지속되었는데 다행인 것은 이 모든 과정을 홀트가 녹음으로 남겼다는 것이다. 홀트는 녹음기를 켰다 껐다 하면서 녹음을 남겼는데 전체 분량은 8분 정도이다.

이 녹음이 중요한 것은 누구도 부정할 수 없는 현장의 모습을 있는 그대로 전해주었기 때문이다. 만일 기지와 무전 연락이 되었다면 그게 녹음되어 생생한 정보를 제공할 수 있었을 것이다. 그러나 UFO가 나타나는 현장에서 무전이 불통 되는 것은 자주 있는 일이라 무전이 소용없는 경우가 비일비재했다. 그런데 이번 경우에는 홀트가 행한 육성 녹음이 있으니 얼마나 다행인지 모른다. 이것은 재차 강조해도 지나친 일이 아니다.

만천하에 공개된 홀트의 보고서, 「Unexplained Lights」

12월 27일 이날은 이렇게 지나갔다. 다음날 홀트는 복도에서 벤트워터스 기지의 제81전술전투비행단(81st TFW)의 단장인 고든 윌리엄 대령을 만났는데 그는 자신도 어제 홀트가 행한 무전 연락을 들었다고 전했다. 그런 그에게 홀트가 전날 자신이 녹음한 내용을 틀어주니 윌리엄은 흥미를 느꼈는지 녹음기를 빌려 가서 간부 회의 때 틀어주었다고 한다.

이때 윌리엄은 홀트에게 이 사건에 대해서 아무에게도 말하지 말라고 권했다. 이 같은 권유는 당연히 예측할 수 있는 것이지만 그의 태도에 조금 이해가 되지 않는 면이 있다. 자신은 홀트의 녹음테이프를 간부 회의 때 틀어주면서 다 까발려 놓고는 정작 당사자인 홀트에게는 발설하지 말라고 했으니 말이다. 그렇게 회의 때 공개하면 간부들이 다 알게 되는 것인데 그것은 만천하에 공개된 것이나 마찬가지 아니겠는가.

윌리엄은 또 홀트에게 영국 공군 측 연락담당관인 돈 모어랜드를 접촉하라고 지시하는데 여기에는 이유가 있었다. 이 사건이 발생한 렌들샴 숲은 미군기지 내부가 아니라 바깥, 즉 영국 땅이기 때문에 영국 당국에 보고하는 것이 필요하다고 생각했기 때문이다. 그런데 그때 모어랜드는 휴가 중이라 홀트는 1981년 1월 13일에 영국 국방부에 「Unexplained Lights(설명되지 않는 불빛)」이라는 제목으로 보고서를 제출한다. 그 뒤 이 보고서는 마치 이 사건의 공식적인 보고서처럼 취급되어 세상에 돌아다니게 된다. 이 문서는 인터넷에서 쉽게 찾아볼 수 있으니 관심 있는 독자들은 직접 검색해보면 되겠다.

홀트가 이 보고서의 제목을 이처럼 정한 데에는 나름의 이유가 있다. 'unexplained'라고 한 것은 당연히 이 격외의 현상을 설명할 방법이 없으니 이런 단어를 사용한 것이리라. 그런데 그는 이 설명되지 않는 물체에 대해 비행체를 뜻하는 'craft' 같은 단어를 사용하지 않았다. 대신 'Lights'라고 적었는데 그것은 그가 본 것이 일상적인 규모의 비행체가 아니라 농구공 크기의 빛이 나는 구체였기 때문이었을 것이다.

홀트 일행이 목격한 이 구체들은 그 전날 페니스턴 일행이 목격한 독립체 형태로 된 한 대의 비행체와는 확연히 다른 것이었다. 그들이 본 빛나는 구체는 다음 장에서 볼 벨기에에서 일어난 UFO 조우 사례에도 나온다. 추정컨대 이 비행물체는 독립적인 성격을 띠는 게 아니라 본체가 되는 비행체에서 필요할 때 한시적으로 방출했다가 회수하는 부속 물체가 아닌가 한다. 그 때문에 홀트는 '불빛'이라고 표현한 것 같다. 굳이 비교해본다면 구체는 현재 인류가 발명하여 사용하고 있는 드론과 같은 것 아닌가 하는 생각이 든다. 드론은 독자적으로 움직이는 것이 아니라 인간들에 의해 조종되는 물체라 추정 상 홀트 일행이 본 구체와 닮은 점이 있는 것 같아 하는 소리다. 드론 자체만 보면 스스로 움직이는 것 같지만 실상은 지상에 있는 인간이 조종하고 있으니 그렇게 생각해본 것이다.

홀트가 작성한 보고서에는 26일에 페니스턴 일행이 목격한 사건 현장에 대해서도 묘사하고 있는데 예를 들면 착륙 지점의 파인 자국, 나무 등에서 보이는 물질적 증거 등에 대해 적고 있다. 그리고 자신이 목격한 27일 사건에 대해 적으면서 많은 사람이 목격한 다양한 물체에 관해 설명하고 있다.

침묵하고 싶었는데, 보고서에 이어 녹음테이프까지

그다음 이야기가 흥미롭다. 사건이 있은 지 얼마 안 되어 홀트의 새로운 상관이 홀트에게 알리지도 않고 그의 녹음 테이프를 칵테일 파티하는 데서 틀어주었다고 한다. 하도 신기하니까 틀어준 것일 텐데 이 정도 되면 다 까발려진 것이나 다름없는 것이다. 아닌 게 아니라 이 사건이 이런 식으로 공개되자 소문이 미국에까지나 그곳의 연구자들이 더 많은 정보를 얻으려고 이 렌들샴 숲 사건을 파기 시작했다. 그들은 아마 홀트에게 개인적으로 접근하여 정보를 얻으려고 했을 것이다.

1983년에는 제3 공군 사령관인 피트 벤트가 홀트에게 전화 걸어 홀트가 만든 문서는 정보공개법에 따라 공표될 것이라고 알렸다. 그때 홀트는 벤트에게 자신의 문서를 파기해달라고 부탁했다. 그것이 공표되면 그의 삶은 물론이고 벤트 당신의 삶도 예전과 같지 않을 것이라고 하면서 말이다. 이것은 이제 독자들도 충분히 이해할 수 있는 사안이다. UFO와 관련해서 폭로한 사람들은 주위로부터 엄청나게 시달리기 때문이다. 이에 대해 벤트는 이미 많은 사람들이 알고 있어 그로서도 선택의 여지가 없었다고 말했다.

그러던 중 그해(1983년) 10월 홀트가 가장 싫어하는 사태가 터졌다. 영국의 유명한 타블로이드판(보통 신문의 절반 크기로 발행되는 신문) 신문인 《News of the World》에서 이 렌들샴 숲 사건을 다루면서 1면에 홀트의 보고서를 실었기 때문이다. 그러자 기자들이 이 문서의 작성자인 홀트를 찾아 벌떼처럼 다니기 시작했다. 홀트가 가장 우려했던 일이 터진 것이다.

그런데 다행히도 홀트는 그때 미국으로 가던 길이라 기자들의 공세를 피할 수 있었다. 1984년에는 그가 사건 현장에서 육성으로 녹음한 테이프까지 공개되어 홀트로부터 기인한 정보는 전부 폭로되고 말았는데 다행히 원본 테이프는 홀트에게로 돌아왔다고 한다.

홀트는 술회하기를, 만일 그의 문서(보고서)가 공개되지 않았다면 자신은 침묵을 지켰을 것이라고 전했다. 그런데 정작 자신이 소속되었던 공군기지 내에서는 이 사건에 대해 그다지 관심을 보이지 않았다고 한다. 그가 기지를 떠날 때 기지 사람들은 이 사건에 대해 거론조차 하지 않았다고 하니 말이다. 그래서 그가 이 사건에 대해 말해도 되느냐고 물으니 기지 사람들은 문제가 안 된다는 것처럼 응대했다고 한다.

훗날 홀트는 그날(27일) 자신 외에도 많은 사람이 이 사건을 목격했다는 것을 알게 되었다. 무기 창고의 관리 타워에서 일하는 사람들은 눈으로 목격했지만, 공항관제소에서 일하는 직원들은 레이더 화면으로 이 비행체들을 목격했다. 관제소 직원에 따르면 이 물체는 시속 5천km에서 6천km라는 말할 수 없이 빠른 속도로 날아가면서 화면에 자국을 남겼다고 한다. 또 이 현상을 목격한 사람들은 하나 같이 상부로부터 이 사건에 대해 말하지 말라는 주의를 받았다고 한다.

인류 기술을 넘어, 의식에 의해 조종되고 있는 것 같아

한편 당시에 많은 사람은 미국 정부가 이 렌들샴 숲 사건에 대해 얼마나 알고 있는지에 대해 궁금해했다. 홀트에 따르면 미국 공군에서 주요한 조사를 담당하고 있는 특별조사국(OSI, Office of Special Investigation)에서는 영국으로 요원을 파견해 이 사건을 비밀리에 조사했다고 한다. 그런데 이 기관이 조사할 때 취했던 방법이 생각보다 잔인해 놀랍다. OSI 요원은 이 사건의 주요 목격자인 페니스턴을 포함해 5명의 공군 장병을 매우 매섭게 조사했다.

이들에게 이 사건에 대해 발설하지 말라고 엄하게 주의를 시킨 것은 그렇다 치지만 이들을 조사할 때 펜타톨 나트륨 같은 약품까지 사용했다고 한다. 이 약은 스파이 등을 심문할 때 사용하지만, 부작용이 심하다고 알려져 있다. 그런 약을 자국의 군인에게 썼다니 놀랍기 그지없다. 지금 같으면 인권 문제 등으로 꿈에도 생각 못 할 일인데 1980년대에는 이런 일이 가능했던 모양이다. 이 때문에 이 조사를 받은 병사들은 후에도 줄곧 괴로워했다고 하는데 평생을 이 후유증으로 고생했을지도 모를 일이다.

홀트는 1991년에 대령으로 예편하게 되는데 그 후에도 그날 자기가 본 것이 무엇인지 모르겠다고 솔직한 심정을 밝혔다. 같은 이야기는 그가 후에 늙어서 여러 언론 매체와 인터뷰를 했을 때도 반복됐다. 자기는 그동안 노벨상을 받은 사람을 포함해 수없이 많은 사람에게 이 사건을 설명해달라고 부탁했지만 아무도 성공하지 못했다고 한다. 그러면서 그는 자신이 목격한 비행체의 속도나 움직이는 방법, 회전하는 각도 등을 통해 보건대 비행체를 조종하는 존재들이 가진 기술이 인류의 기술을 넘어선 것은 틀림없다고 주장했다.

그런데 이보다 더 중요한 것은 이 물체들이 어떠한 의식(intelligence)에 의해 조종되고 있는 것 같다고 밝혔다는 사실이다. 이것은 이 비행체 혹은 발광하는 작은 구체가 상위에 있는 존재에 의해 조종되고 있다는 사실을 말해주는 것일지도 모른다. 그러나 그게 구체적으로 어떤 식으로 이루어지는 것인지는 그도 알 수 없는 일이라고 하면서 더 이상 설명하지 않았다.

엑스트라(?) 사건, 그때 미국에서도 목격된 비행체들

여기까지가 렌들샴 숲 사건의 주요한 두 목격자인 페니스턴과 홀트의 진술이다. 그런데 포프의 책을 보면 이 사례와 연관된 것 같은 사건이 있어 그것을 잠깐 소개하는 것으로 이 사례, 그러니까 이틀에 걸쳐 발생한 두 사건의 전모를 마무리할까 한다.[32] 이 UFO 조우 사건은 1980년 12월 29일 미국 텍사스주의 데이턴이라는 도시에서 일어난 것으로 "The Cash-Landrum Encounter"로 불린다 (목격자의 이름을 딴 명칭이다). 사건의 대강은 이렇게 진행된다.

베티 캐쉬(Cash)와 비키 랜드럼(Landrum), 그리고 비키의 7살짜리 손자인 콜비는 이날 자동차 안에서 거대하면서 찬란하게 밝은 '다이아몬드형'의 UFO를 목격한다. 이 비행체는 나무 높이쯤에 떠 있었는데 뿜어 대는 열이 대단했다. 두 여성은 더 가깝게 보기 위해 차에서 내렸는데 비키는 손자가 걱정스러워 차로 돌아와야 했다.

반면 베티는 그 빛에 의해 최면이 걸린 것 같은 상태가 되어 그

---

32 Pope, 앞의 책, pp. 195~196.

대로 서 있었다. 그런데 비키가 차를 다시 타려고 손잡이를 잡았을 때 손잡이가 너무 뜨거워 코트를 이용해 잡았다고 한다. 하늘에는 출동한 것으로 보이는 군 헬리콥터가 무리로 떠 있었는데 흡사 이 UFO를 에스코트하는 것처럼 보였단다.

이 사건을 겪은 후에 세 명은 모두 아팠다고 한다. 가장 많이 아팠던 사람은 최면 걸린 것처럼 밖에 서 있었던 베티였다. 그녀는 12일 동안이나 병원에 입원해 있었다. 의사에 따르면 그녀의 증상은 방사선에 노출됐을 때와 같았다고 한다. 비키와 베티는 미 정부를 상대로 2천만 달러의 배상을 촉구하는 소송을 걸었다. 그러나 미국 정부 측에서는 그들이 목격한 비행체는 미국 정부의 것이 아니라고 주장해 이 소송은 기각되었다.

여기서 주목하고 싶은 점은 이 사건이 렌들샴 숲에서 홀트가 UFO를 조우했을 때로부터 불과 수 시간 뒤에 벌어졌다는 것이다 (아마 양국의 시차 등의 이유로 수 시간이라고 한 것 같다). 그래서 그랬던지 랜들샴 숲 사건의 주인공인 페니스턴과 버로우즈도 자신들이 목격한 사건과 이 사건이 거의 동시에 발생했다는 데에 흥미를 나타냈다고 포프는 그의 저서에 적고 있다.

분명히 이 두 사건이 일어난 시간은 일치하는 면이 있지만 적어도 두 가지 면에서는 이 두 사건이 일치하지 않는다. 우선 UFO의 외형이다. 익히 본 대로 렌들샴 숲에 첫째 날(26일) 나타난 UFO는 삼각형의 모습에 가까운 형태를 보였고 둘째 날(27일)에 홀트 일행이 목격한 비행체들은 빛나는 둥근 구체였다. 이에 비해 데이턴 지역에 나타난 UFO는 다이아몬드형이라고 했다. 비행체의 형태가 서로 다르니 연관이 있다고 볼 수 있을지 모르겠다(물론 렌들샴 숲에 나타난 두 비행체도 각각 삼각형과 둥근 구체로 모습은 서로 다르지만). 그다음의 차이점은 나타난 지역이 너무도 다르다는 것이다. 주지하다시피 렌들샴 숲은 영국이고 이 사건이 일어난 곳은 미국 휴스턴 옆에 있는 데이턴이라는 도시이다. 이 두 지점이 너무 멀리 떨어져 있다.

이런 차이점에도 불구하고 이 두 사건이 거의 같은 시간대에 발생한 것이라 소개해보았다. 그런데 UFO는 나라의 경계 같은 것은 안중에 없이 제 마음대로 넘나들 뿐만 아니라 그 모습도 임의대로 변화시키니 이 두 사건에 나타난 UFO가 같을 수도 있다는 가능성을 배제할 수는 없겠다.

의문점으로 풀어보는
렌들샴 숲 사건의 의미와 해석

이렇게 해서 렌들샴 숲에서 발생한 두 건의 UFO 조우 사건을 들여다보았다. 독자들도 이것이 UFO 연구사에 하나의 획을 그은 대단한 사건이라는 데 동의할 것이다. 사실 본문에서 참고한 자료 외에도 다른 자료와 다른 사람들의 증언이 많이 있었다. 특히 인터넷을 검색해보면 페니스턴과 홀트뿐만 아니라 많은 목격자의 증언이 나온다. 그들의 증언을 들어보면 여기서 우리가 본 것과 세세한 점에서는 차이가 나지만 대종은 비슷하다. 나는 이 사례의 주인공인 위 두 사람의 증언이 일차적이라고 생각해 그들의 증언을 중심으로 당시의 정황을 묘사했다.

두 사건이 정말로 발생했다는 전제 아래

그런데 이런 사건을 이해하려고 할 때 유력한 목격자들의 증언도 중요하지만 더 중요한 것은 이 증언을 어떻게 해석하느냐이다.

렌들샴 숲 사건과 같은 전대미문의 사건은 인류에게 너무나 많은 시사점을 줄 수 있기에 철저하게 분석해야 한다. 그런데 해석하다 보면 의문이 많이 생기는 법인데 우리는 이번에도 꼬리에 꼬리를 무는 의문들에 대해 확실한 답을 얻기가 쉽지 않을 것이다. 추정만이 가능할 텐데 이 점은 앞에서 누누이 밝혔다.

지금부터 보게 될 질문들은 렌들샴 숲에서 벌어진 두 개의 사건이 정말로 발생했다는 것을 전제로 던지는 것이다. 만일 이날 벌어진 일을 사실로 인정하지 않는다면 이 질문들은 의미가 없다. 그러나 나는 두 사건이 모두 분명히 일어났다고 생각한다. 이유는 간단하다. 페니스턴 하사와 홀트 중령 같은 당시 목격자들의 증언이 너무도 생생하기 때문이다. 만일 목격자들이 이런 일을 멋대로 꾸며서 만들어냈다면 그런 거짓말은 현장을 있는 그대로 묘사하는 것보다 훨씬 더 어려웠을 것이다. 또 꾸며댔다면 그 설명에는 일관성이 부족하고 허술한 점도 많았을 것이다. 그런데 그들의 증언은 한결같았다. 그래서 앞선 사례들과 마찬가지로 진정성을 의심할 여지가 보이지 않는다.

그뿐만 아니라 그들이 이 사건을 조작해서 얻을 수 있는 이득은 없다고 해도 무방하다. 이득은커녕 외려 UFO를 목격했고 심지어 만져 보았다고 하면 정신이상자로 취급받기 일쑤다. 그런데도 그들이 이 사건에 대한 증언과 증거를 남긴 것은 그들이 보고 겪은 것이 사실이기 때문일 것이다. 이처럼 렌들샴 숲의 두 사건을 모두 사실로 보겠다고 했지만 그다음이 문제다. 여러 의문이 봇물 터지듯 터져 나오지만 어느 것 하나 제대로 된 답을 얻을 수 있을 것 같지 않기 때문이다. 이런 점을 참작하고 질문들을 던져보면서 이 사례의 의미를 분석해보자.

왜 렌들샴 숲을 선택했을까? 왜 거기였을까?

가장 먼저 던지고 싶은 질문은 첫째 날과 둘째 날에 발생한 사건에 공통으로 해당하는 것으로 목격 지역에 관한 것이다. 이틀에 걸쳐 나타난 비행체들은 착륙과 출현 지점으로 왜 하필 두 개의 미국 공군기지(벤트워터스와 우드브리지) 사이에 있는 렌들샴 숲을 택했느냐는 말이다.

비행체들이 왜 이 지역에 나타났는가에 대해서는 비교적 설명하기가 용이하다. 전형적인 답이 있기 때문이다. 근처에 있는 원자폭탄과 관련된 시설을 감시하기 위해서라는 것이 지금까지 통용되는 답이다. 이런 일은 너무도 자주 있었기 때문에 새삼스레 의문을 던질 필요가 없을 것이다.

렌들샴 숲의 위치를 상기해보면 앞서 말한 대로 근처에 중요한 군사 기지가 있었다. 이 기지는 나토에 소속된 미국의 공군기지 가운데 가장 큰 기지였는데 거기에는 원자폭탄, 즉 핵무기도 다수 저장되어 있었다. 지금은 이 기지들이 모두 없어졌지만 지금까지 당시 건물들이 남아 있어 흔적을 찾아볼 수 있다. 나는 마침 이 옛 기지의 무기 창고를 촬영한 어떤 유튜버의 영상[33]을 보았는데 원자폭탄을 저장했던 창고가 여러 개 있는 것을 목격할 수 있었다. 원폭 창고는 이중 삼중으로 보호 장치를 한 것이 인상적이었다.

이런 사정을 보면 UFO들은 당시 기지 내 원자폭탄이 어떤 상태에 있는지 조사하러 온 것이라는 느낌이 강하게 든다. 그래서 두 기지와 가까운 렌들샴 숲에 나타난 것이리라. 그러나 이 조사 작업을 위해 그들이 구체적으로 어떤 일을 하고 갔는지는 알 수 없다. 어떻든 이번 사례를 검토하면서 또 한 번 확인할 수 있었던 것은 UFO의 출현과 핵시설의 관계이다. 유력한 핵시설이 있는 곳에는 반드시 UFO가 나타난다는 속설이 다시 증명(?)되는 것 같은 느낌이다.

왜 굳이 지상에 '착륙'을 했을까?

질문은 자연스럽게 원론적인 것으로 이어진다. 이것은 첫째 날 나타난 세모꼴 비행체에 관한 것으로 그 비행체가 그날 왜 지상에 착륙했는지에 관한 의문이다. 이 비행체가 이 지역에 나타난 이유는 앞서 설명한 것처럼 어느 정도 알겠는데 그다음, 즉 착륙한 것에 대해서는 설명이 잘 안 된다. 앞서 추정한 대로 이 비행체가 두 공군기지에 있는 원자폭탄의 실태를 알아보기 위해 온 것이 설령

---

33 "RAF Bentwaters & Woodbridge Weapons Storage Areas."
  https://www.youtube.com/watch?v=I_JEL5xxTpE&t=5s

사실이라고 한들 그냥 공중에서 조사하고 가면 되는데 왜 굳이 땅에 착륙했느냐는 것이다.

정황상 이 기지 주변에 외계의 비행체들이 나타나기 시작한 것은 그 이전부터인 것 같다. 기지에서 비행기의 이착륙을 돕는 일을 수행했던 병사들에 따르면 이곳에서 비행기가 뜰 때 알 수 없는 물체들이 오가곤 했다고 하니 말이다. 그렇다면 그런 비행체 중 하나가 12월 26일 숲속에 착륙한 것으로 보인다. 그런데 그렇게 기지 주변을 비행하다가 왜 숲속, 더 구체적으로 말하면 벤트워터스 기지와 우드브리지 기지 사이에 있는 렌들샴 숲속 땅에 착륙한 것일까?

우선 UFO가 지상에 착륙했다가 떠났다는 점만 떼어 놓고 보면 이날 사건은 앞에서 본 소코로 사건과 닮았다. 그런데 착륙과 이륙 사이에 이 비행체들이 행한 일이 다르다. 소코로의 경우는 앞서 말했듯이 비행체가 인간의 눈을 피하고자 인간이 없을 것 같은 황무지에 내려앉은 것 같다. 그런데 재수 없게(?) 인간(자모로 경관)에게 자신들이 착륙하고 하선한 것을 들켜 재빠르고 황급하게 현장을 떠난 것으로 추정된다. 그러나 렌들샴 숲의 경우에는, 물론 외계인들은 목격되지 않았지만, 인간(페니스턴 하사)이 가까이 와서 비행체를 탐색하는 수십 분 동안 착륙한 상태로 있다가 떠났다. 그래서 이 사건의 착륙이라는 행위에 의문이 생기는 것이다.

나름대로 이 의문을 풀어보는데 비행체가 착륙한 시간대가 어쩌면 뜻밖의 작은 단서를 제공할 수 있을지도 모르겠다. 즉 그날의 비행체는 캄캄한 새벽 시간에 빛을 발하며 착륙했다. 이렇게 어두울 때 밝은 빛을 내는 비행체가 중요한 군사 기지 근처에 착륙하면 어떻게 될까? 군인들에게 금세 감지되어 조사대가 나올 것이고 그러면 발각되는 것은 당연한 일이다. 실제로 그날 그런 일이 발생하지 않았나? 페니스턴의 동료가 숲에서 빛이 보였다고 말하면서 그에게 어떤 비행체가 착륙했다고 알려주었으니 말이다. 일이 이렇게 흘러갈 것을 알았을진대 그들은 캄캄한 시간에 밝은 빛을 뿜으며 경계가 삼엄한 그곳에 착륙했다.

사정이 그렇다면 추정컨대 그들은 계획적으로 자신들을 노출하려고 이렇게 한 게 아닐까 싶다. 쉽게 말해 그들의 착륙은 인간에게 '우리가 여기에 있으니 어서 보러 오라'라고 크게 말하는 것 같은 공개적인 행보일 수 있다는 것이다. 이렇게 상상력을 발동해 이 비행체의 착륙을 해석해보면. UFO 측이 의도적으로, 그것도 핵무기가 저장되어 있는 두 기지 사이의 렌들샴 숲을 콕 찍어서 대놓고 착륙한 것 같다.

의도한 착륙이었다? 인간 눈에 띄어도 만져도 가만히

이렇게 추정할 수 있는 근거는 더 있다. 페니스턴 일행이 비행체에 가까이 갔을 때도 비행체는 꼼짝하지 않고 그 자리에 그대로 있었다. 비슷한 UFO 조우 사례들을 보면 그들은 지상에서 인간들의 눈에 띄면 황급히 사라지는 경우가 대부분이었다. 그래서 지상에 착륙한 UFO를 목격하는 사건이 드문 것이다.

그런데 이 사례에서는 비행체가 떠나지 않았다. 페니스턴 일행이 가까이 오기 전에 얼마든지 날아갈 수 있었지만 그대로 있었다. 비행체가 고장 난 것 같지는 않다. 나중에 페니스턴이 기술한 대로 떠날 때 믿을 수 없는 속도로 사라졌다고 하니 말이다. 그런데도 그곳에 계속 머물러 있었다는 것은 그들이 특수한 목적을 가지고 의도적으로 착륙한 것이라는 추정이 가능하게 한다(그 목적에 대한 추정은 잠시 후로 미루자).

게다가 페니스턴이 증언한 대로 그는 그 비행체를 만졌다. 그런데도 그 비행체는 아무런 조치를 하지 않았다. 이 때문에 나는 이들이 의도적으로 자신을 공개했다는 느낌이 든다. 일부러 지상에 착륙하여 자발적으로 인간에게 노출한 것처럼 보이는데, 인간들에게 '어서 가까이 와서 우리를 만져 보라'라고 초대한 것 같기만 하다. 그들은 언제든지 인간을 피해 갈 수 있는데, 또 인간이 접근하는 것을 막을 수 있는데 그렇게 하지 않았다.

이렇게 자신을 만질 수 있게 하는 것은 정보를 노출하는 것과 같은 일이다. 이 물체가 어떤 물질로 이루어졌는지 또 이 물체는 어떻게 발광, 즉 빛을 내는지, 혹은 비행체를 날 수 있게 하는 추진 시스템이 있는지, 착륙 장치가 있는지 하는 등등의 정보가 그대로 노출되는 것이다. 페니스턴은 공군기지 소속 병사이니 비행기에 대해 훤히 알고 있어 이런 것을 쉽게 판별할 수 있었을 것이다. 물론 그가 기체 내부로 들어간 것도 아니고 그들이 그것을 허용한 것도 아니지만 인간 공군의 근접 관찰과 표면 접촉으로 인해 인간들에게 일정한 정보가 노출되었는데도 이 비행체는 아무 일도 하지 않고 가만히 있었다.

의도한 착륙이었다? 기체 표면 도형 유출에도 가만히

같은 논리는 이 비행체의 겉면에 있었다고 하는 상형 문자처럼 생긴 도형들에도 적용해 볼 수 있다. 이 도형들의 정체는 앞에서 이미 언급한 대로 알 방법이 없다. 여기서 던지고 싶은 질문은 도형의 정체가 아니라, 의문의 방향을 조금 틀어 이 비행체가 자신들의 도형이 인간에게 노출, 아니 유출되는 것을 왜 허용했을까 하는 것이다. 이 도형들은 자신들의 비행체와 관련해서 많은 정보를 지니고 있을 수 있다. 만일 이 추측이 맞는다면 도형을 인간에게 노출하는 일은 자신들에게 해가 되어 돌아올 수도 있다. 그런데도 그들은 페니스턴이 그 도형을 공책에 옮겨서 그리는 것까지 허용했다. 왜 그랬을까?

이 질문에도 우리는 상상력을 동원할 수 있을 뿐이다. 첫 번째 가정은 그 도형은 아무 의미가 없다는 것이다. 그러니 인간이 베끼든 분석하든 문제가 없다. 그래서 그들은 페니스턴이 그림을 그릴 때 아무 조치도 하지 않고 내버려 두었다. 두 번째 가능성은 인간이 이 도형을 보고 베낀다 한들 어차피 그 의미를 알 수 없을 터이니 그냥 내버려 두었을 수도 있겠다는 것이다.

어떤 추측이 맞든 확실한 것은, 이런 모든 것, 즉 인간으로 하여금 외계 비행체를 목격하게 했을 뿐만 아니라 그 비행체를 접촉하게 하고 그 모습과 표면에 있는 도형의 채록을 허용한 것은 그들이 가진 어떤 '목적' 아래 이루어진 것이라는 것이다. 여기서 그들의 목적이 무엇인지에 대한 추정은 잠시 뒤로 미루고 그들이 의도적으로 착륙한 것이라는 추정에 이어질 수 있는 다른 의문들을 조금 더 살펴보자.

의도한 착륙이었다? 탑승자는 어디에

첫째 날 목격된 비행체가 인간 눈앞에 버젓이 착륙한 것이 의도된 일일 것이라는 생각은 다음 질문으로 이어질 수 있다. 이것은 이 비행체의 탑승자(외계인)에 대한 것이다. 목격자들에 따르면 이 비행체에는 창문이 없었다. 그래서 내부를 전혀 들여다볼 수 없었는데 여기서 중요하게 살펴야 할 사안은 이 비행체에 외계인이 타고 있었는지에 관한 것이다.

일단 현장에서는 외계인이 목격되지 않았다. 트리니타나 소코로 사례에서는 모두 외계인이 목격됐는데 이 사건에서는 외계인의 모습이 보이지 않았다. 여기에는 두 가지 가능성이 있을 것이다.

먼저 비행체 안에 외계인이 있었는데 밖으로 나오지 않았을 가능성이다. 이렇게 상정하면 곧바로 또 의문이 이어진다. 그것은, 왜 그들은 인간이 비행체 밖에 와있는데 아무 반응도 하지 않았을까 하는 것이다. 안에서 그냥 머물렀던 이유는 무엇일까? 답답하지만 외계인들에게 물어보지 않은 이상 정확한 답은 알 길이 없다.

두 번째는 이 비행체가 탑승자가 없는 무인 비행체라는 가능성이다. 그러니까 어딘가에 있는 모선의 원격 조종을 받는 비행체라는 것이다. 이 경우에 모선에서는 사건 현장에서 벌어지고 있는 일을 다 지켜보고 있었을 것이다. 만일 이 추측이 사실이라면 이번에도 외계인들은 인간들이 비행체를 조사하는 것을 용인했다고 볼 수 있다. 용인하지 않았다면 원격 조정으로 이 비행체를 즉각 이륙시켰을 것이기 때문이다.

경우의 수가 어떻든 이번 사건은 이렇게 외계의 존재들이 자신들을 일부러 노출해서 일정한 정보를 인간들에게 제공한 것이라고 볼 수 있는 증거들이 꽤 있다.

그들이 의도적으로 착륙했다면 목적은?

지금까지 우리는 첫째 날 목격된 비행체가 의도적으로 착륙하여 자신을 인간에게 노출한 것이라는 가능성을 가지고 이야기를 풀어나갔다. 그런데 만일 그렇다고 해도 이 추정에는 바로 다음의 의문이 자동으로 이어질 수밖에 없다. 그것은, 그들이 인간에게 왜 자신들을 보러 오라고 유인한 것인지, 왜 정보가 노출되는 데도 가만히 있었는지, 그렇게 자진해서 적극적으로(?) 자신을 노출한 목적이 무엇인지에 관한 것이다. 그들이 의도적으로 착륙했다는 가정하에 앞에서 미뤄둔 그들의 목적, 즉 그들이 인간 앞에 일부러 착륙한 목적에 대해 추정해 볼 차례가 된 것 같다.

물론 그들의 정확한 목적은 알 수 없으니 이번에도 추측으로 만족해야 하겠다. 이 주제에 대해서는 앞서 이야기가 많이 되었기 때문에 빠르고 간단하게 추정해볼 수 있다. 갑작스러운 이야기로 들릴 수도 있겠지만 바로 말하면, 그들은 우리 인간들에게 '너희 지구인들이 원자폭탄을 개발해 이렇게 비축하고 있지만 우리가 이처럼 항상 너희를 주시하고 있으니 잘 처신하기를 바란다'라는 충고와 우려를 전달하려는 목적을 가지고 일부러 착륙한 것은 아닐까 생각해 본다. 이런 추정, 즉 그들이 인간에게 핵무기 사용을 경고하려는 목적으로 핵무기가 다량 비축된 공군기지 근처에 인간 눈에 띄게끔 착륙했다는 추정은 앞서 제기한 의문들을 아주 조금은 풀어줄 수 있을 것 같다.

홀트가 목격한 비행체들, 발광 구체에 대한 의문

결을 조금 달리해 이번에 던지고 싶은 질문은 둘째 날 사건에 관한 것이다. 그날 홀트 일행이 목격한 비행체는 전날 페니스턴 일행이 목격한 것과 다르다고 했다. 농구공 크기의 빛나는 물체, 즉 발광하는 구체였다. 작은 발광체이니 착륙하지 않고 공중 비행을 한 것일 텐데 이에 대해 적어도 두 가지 의문이 든다. 첫째, 전날 한 대의 비행체가 착륙해서 한동안 머물다 갔는데 왜 또 이런 구체 일행이 왔느냐는 것이다. 둘째, 왜 작은 발광체들로 나타났는지 그것도 의문이다. 전날 했던 조사와 경고가 미진해서 다시 온 것인지 아니면 다른 새로운 의도가 있었던 것인지 그 속내를 알 길이 없다.

그런데 그날 발광체들이 인간에게 했던 일 가운데 주목되는 독특한 행위가 있다. 광선 빔 같은 것을 쏜 것 말이다. 앞에서 본 바와 같이 그들은 먼저 홀트 일행이 서 있는 곳 가까이에 빔을 쏘았다. 3m 옆의 땅에 광선을 비추었다고 했는데 그들은 거기서 그치지 않고 무기 창고 쪽으로 날아가 거기에도 광선 빔을 쏘았다. 그들은 왜 이런 일을 했던 것일까?

우선 인간인 홀트 일행에게 빔을 쏜 이유는 알 수 없다. 막연하게 인사치레로 한 것인지 아니면 예의 경고 차원에서 그런 일을 한 것인지 알 수 없다. 그러나 무기고에 같은 일을 행한 것은 이유를 짐작할 수 있다. 이것은 다른 UFO 사건을 유추해서 짐작해보는 것인데 그 창고에 수장되어 있는 원자폭탄의 실태를 파악하려고 광선 빔을 쏜 것 아닐까 하는 생각이다.

그런데 또 드는 의문은 만일 이 추측이 맞는다면 이렇게 빔을 쏘아서 어떻게 폭탄의 실태를 파악할 수 있느냐는 것이다. 또 다른 가능성도 있다. 즉 그들은 이미 원자폭탄의 실태는 다 파악했고 그 다음 단계로 빔을 쏨으로써 경고를 하려는 의도가 있었다는 것이다. 빔을 쏴서 기지의 요원들에게 '너희가 여기에 원자폭탄을 가져다 놓은 것을 우리가 다 알고 있으니 앞으로 신중하게 행동하라. 또 우리가 너희들보다 훨씬 진보된 기술을 가지고 있으니 핵 가지고 장난질해서는 안 된다'라고 주의를 주는 것 아니었을까 하고 말이다.

전날의 사건과 연계해서 추측해보면, 그들은 전날에 조사할 수 있는 능력을 갖춘 비행체를 보내서 그 기지를 다 조사했다. 그리고 다음날은 번거롭게 비행체를 또 보내는 대신 원격 조종되는 드론 같은 대리 비행체를 보내 인간들에게 주의를 주려고 한 것 아닐까 하는 추측을 해본다.

그래도 확실한 것은, 그러나 그것도

실로 많은 의문을 제기하고 추정을 해보았다. UFO를 공부할 때 항상 그랬듯이 알 수 있는 것보다 알 수 없는 것이 더 많다는 것은 이 사례에서도 확인되었다. 그러나 우리는 이 사례에서 아주 귀중한 정보를 알아낼 수 있었다. 이번 사례에서 얻은 큰 수확 중 하나는 UFO가 모종의 물질로 만들어졌다는 사실을 확실하게 안 것이다. 이것은 페니스턴이 직접 UFO를 만져 보았기 때문에 가능했던 것으로 UFO 목격 사례 중 매우 드문 경우라고 했다. 그러나 우리가 알 수 있는 것은 거기까지이고 그다음부터 우리는 다시 무지의 영역으로 들어간다.

가장 먼저 떠오르는 무지의 소산은 이 비행체가 어떤 물질로 만들어졌는지 모른다는 것이다. 우리가 알 수 있는 것은 아주 단편적이다. 즉 이 비행체들이 추락한 곳에서 수거한 잔해를 통해 이 비행체를 구성하고 있는 물질이 아주 비상하다는 것, 그래서 인간이 만든 것이 아니라는 정도만 알 수 있을 뿐이다.

질문은 여기서 그치지 않는다. UFO가 이렇게 물질로 만들어졌다는데 운행할 때는 어찌하여 물리적인 법칙에 구애받지 않고 움직이느냐는 것이다. 비행체가 물질로 되어 있다면 지구에 통용되는 물리법칙을 따라야 하는데 외계의 비행체들은 도무지 그럴 생각이 없다. 아무 추진 장치도 없는 것 같은데 공중에 떠 있는가 하면 그러다 갑자기 움직이면 인간이 상상할 수 없는 속도로 날아간다. 그런가 하면 비행하다가 예각으로 꺾어 날아가기도 하고 또 지그재그로 가는 등 그 비행 행태는 물리적인 법칙을 조롱하듯이 다양하다.

우리는 외계 비행체들이 하늘에 떠 있는 것만 목격했을 때는 저것은 물질이 아니라 그것을 넘어서는 신비한 것으로 만들어졌을 것이라고 막연하게 생각해 왔다. 그러니 저렇게 물리법칙을 다 무시하고 다니지 만일 물질로 만들어진 것이라면 저런 식으로 다닐 수 없다고 생각했다(다른 사람은 몰라도 나는 그렇게 생각했다). 그런데 이번 사례를 통해 외계의 비행체는 물질로 이루어졌다는 것이 분명히 밝혀졌다. 이 점에서 이 사례의 중요성은 아무리 강조해도 지나치지 않을 것이다.

사정이 그렇다면 이제 우리가 해야 할 일은 이런 비행체가 어떤 물질로 되어 있는지 그 정체를 밝히는 일과 동시에 어떤 물리법칙을 좇아 움직이는지 그것을 알아내는 것이리라. 아마도 이들이 따르는 물리법칙은 정신이 포함되는 초현상적인(paranormal) 것 같은데 아직 확실하게 알려진 것은 없다. 속설이지만 51 지역 같은 비밀기지에서 이루어지고 있다는 그 연구를 기다려보는 수밖에 없을지도 모르겠다.

렌들샴 숲 사건을 정리하며

　이렇게 해서 우리는 UFO 역사상 전대미문의 렌들샴 숲 사건을 훑어보았다. 긴 여정이었는데 서두에서 밝힌 대로 인터넷에 보면 이 사례와 관련해서 생각보다 많은 자료가 있는 것을 알 수 있다. 신문 기사도 많고 개인 유튜버가 만든 영상도 많다. 그런데 그 가운데는 설명이 다소 부정확한 것들이 꽤 있다. 예를 들어 페니스턴과 홀트가 본 것을 혼동해서 말한다거나 날짜나 계급 등이 잘못 지정되어 있는 것 등이 그런 것이다. 그에 비해 필자가 본문에서 살펴본 것은 정확도 면에서 상대적으로 앞선 내용일 것으로 생각된다. 왜냐하면 나는 이 사건의 두 주역인 페니스턴과 홀트가 직접 진술한 글을 토대로 설명했기 때문이다.

　이제 흥미로운 사실 한 가지를 전하면서 이번 사례를 마무리하고자 한다. 그것은 이 사건이 일어난 영국 렌들샴 숲 현장이 오늘날 UFO 관광지가 되어 있다는 것이다(물론 로즈웰만큼은 아니지만). 내가 직접 현장에 가서 본 것은 아니지만 인터넷을 검색해보면 그 정황을 쉽게 알 수 있다. 사진에 나와 있는 것처럼 현장에는 'UFO

Trail'이라는 안내판이 있다. 그 길을 따라가면 UFO 착륙 현장에 다다를 수 있는데 이곳에는 당시 착륙했던 UFO의 모형까지 만들어 놓았다.

목격담을 바탕으로 실제의 모습에 가깝게 만든 것 같은데 옆면에는 예의 상형 문자처럼 생긴 도형도 재현해놓았다. 이 모형을 보면 실제 목격된 비행체의 외형이 어떻다는 것을 대강은 짐작할 수 있지만 그냥 쇠로 만든 것이라 둔탁하다는 느낌이 많이 든다. 실제 것은 금속 느낌이 있었지만 부드러웠고 빛을 냈으니 이보다 훨씬 아름다웠을 것 같은데 그런 신비한 물질의 느낌까지 재현하기는

렌들샴 숲에 있는 안내문

힘들었을 것이다.

영국의 유튜버 가운데에는 이 UFO 길을 걸으면서 렌들샴 숲 사건을 상세하게 설명한 영상을 올려놓은 사람이 있는데 그 영상을 보면 흡사 현장에 있는 것 같은 생동감을 느낄 수 있어 좋다. 독자들은 이런 영상들을 찾아보면서 이 장을 유쾌하게 마무리하면 좋겠다.

렌들샴 숲에 있는 UFO 모형

5. 벨기에 UFO 웨이브 사건 (1989~1992)

세상에 없는 가장 규모가 큰 UFO 사건!
그들이 보여준 담대한 모습

√ 가장 거대한 UFO 목격 사건

1989년부터 1992년까지, 벨기에의 광범위한 지역 상공에서 다양한 모양의 비행체가 목격됐다. 통산 2,000여 건의 사건이 발생했고 수천 명의 사람이 목격하여 아예 'UFO 웨이브'라고 불린다. 군과 정부가 유효한 목격담 수백 건을 가려서 조사하는 등 몇 가지 특이점이 있는데 그들이 인간과 소통을 시도한 정황도 보인다. 그들은 그때 왜 그곳에 나타났을까?

개요: 벨기에 공군 작전처장이 직접 조사한 사건

우리는 또 거대한 UFO 사건에 다다랐다. 이 사례는 한마디로 말해 외계의 존재인 '그들이' 극적인 방법으로 UFO의 물리적 실재를 인간에게 보여준 아주 담대한 사건이다(그러나 외계의 존재들, 즉 외계인은 목격되지 않았다).

역대에 셀 수 없이 많은 UFO 목격 사건이 있었다. 그러나 이번에 볼 벨기에의 목격 사건을 양적으로 능가하거나 혹은 질적인 면에서 더 극적인 사건은 아마 찾아볼 수 없을 것이다. 대부분의 UFO 사건은 보통 한 번으로 그치는 경우가 많다. 그 때문에 데이터를 충분하게 얻을 수 없어 문서화하거나 조사하기가 쉽지 않다. 그에 비해 이번에 살펴볼 벨기에 사례에서는 약 2년에 걸쳐 수천 건에 달하는 생생하고 일관성 있는 목격담이 수집되고 과학자와 공군이 함께 조사하는 등 많은 결과물이 축적된다(물론 이 사례에서도 목격된 UFO의 정체를 알아내는 일은 성공하지 못한다).

왜 'UFO 웨이브'라고 하는가?

이 사건은 일명 '벨기에 UFO 웨이브'라는 별칭으로 불린다. 앞의 설명으로 충분히 예측할 수 있듯이 이렇게 부르는 이유는 두 가지다. 첫째, 1989년부터 1992년까지 무려 2년 이상 동안 수천 명의 사람이 벨기에의 여러 지역에서 외계의 것으로 추정되는 많은 비행체를 목격했기 때문이다(예를 들어 삼각형으로 생겼으며 조용하게 미끄러지거나 공중에 그냥 떠 있는 물체들). 둘째, 다른 UFO 사건과는 달리 대학에 있는 연구자와 정부 관료들이 비상한 관심을 두고 조사를 진행했기 때문이다.

지금까지 우리에게 알려진 UFO 사건을 보면 이 벨기에의 사례처럼 웨이브라는 별칭을 쓰거나 대규모로 UFO가 목격되는 경우가 몇 번 있었다. 대표적인 것으로 1984년에 미국 뉴욕주의 허드슨 밸리라는 곳에서 일어난 UFO 목격 사건이 있다. 또 1997년에 미국 애리조나 피닉스에서 일어난 일명 '피닉스 라이츠(Phoenix Lights)'라고 불린 UFO 목격 사건도 있다. 이 두 사례에서도 수백 수천 명이 다양한 UFO를 목격했지만 현장에 정부 관료들은 한 명도 파견되지 않았고 조사도 이루어지지 않았다. 대신 그저 민간 연구자들 사이에서 설왕설래하는 사건으로 끝났다.

그에 비해 이번에 소개할 벨기에의 UFO 웨이브 사건은 곳곳의 지역에서 다수의 다양한 UFO가 나타난 것은 물론이고, 목격자들이 그린 UFO 그림들까지 전해지고 있어 실재감을 더해준다. 게다가 무엇보다도 많은 과학자와 공군 관계자들이 긴밀하게 협조하면서 조사하고 연구했다는 점에서 다른 웨이브 사건과 확연하게 구별된다. 이처럼 이 사건은 수많은 UFO의 출현과 더불어 목격자와 조사자 등 엄청나게 많은 사람이 관여했기 때문에 그저 일개 사건이라고 하지 않고 웨이브(wave), 즉 어떤 '현상'이라는 상위의 별칭을 얻었다. 그래서 '벨기에 UFO 웨이브'라고 부르는 것이다.

벨기에 사건의 진가, 허드슨 밸리 사건과 비교해보면

벨기에 사건의 진가를 파악하기 위해 앞에서 잠깐 언급한 허드슨 밸리 사건과 비교해보면 좋겠다. 벨기에 사건에 버금가는 이 사건은 UFO 연구자들 사이에서는 UFO의 '핫스팟(hot spot)'으로 알려진 허드슨 밸리라는 곳에서 1984년에 일어난 사건이다.

당시 그곳에 나타난 UFO는 삼각형 혹은 부메랑의 모습을 띠고 있었다고 하는데 그 크기가 장난이 아니었다. 축구장만 했다고 하는데, 곧 보겠지만 벨기에에 나타났던 UFO와 크기로 자웅을 겨룰 만하다. 이렇게 큰 UFO가 허드슨 밸리 인근의 고속도로에 나타났을 뿐만 아니라 비행체가 하얀색의 광선 빔을 쏘았다고 한다. 이 모습도 벨기에에 나타난 것과 비슷하다. 게다가 이런 식의 출현이 며칠 동안 지속됐기 때문에 수천 명의 사람이 목격했다고 한다. 이 것도 벨기에 사건과 통하는 면이 있다.

그러나 두 사건의 차이점을 찾아본다면 첫째, 허드슨 밸리 사건은 허드슨 밸리라는 한 지역에서만 UFO가 나타난 것에 비해 벨기에 사건은 상당히 광범위한 지역에서 일어났다는 점이 다르다. 둘째, 벨기에의 경우에는 수많은 사람이 다양한 형태의 UFO를 목격했을 뿐만 아니라 그들과 소통까지 했으나 허드슨 밸리 사건에서는 그런 것이 보이지 않았다. 그뿐만이 아니다. 가장 두드러지는 차이점은, 허드슨 밸리 사건은 정부로부터 공식적인 조사가 이행되지 않았지만 벨기에의 그것은 벨기에 공군이 직접 조사했다는 점이다. 그 관점에서 보면 벨기에의 UFO 사건은 허드슨 밸리 사건은 물론이고 다른 웨이브 사건이나 대규모 목격 사건과 비교 불가한 가치를 지닌다고 하겠다. 그 조사의 중심에는 이 사건에 관한 한 최고의 전문가인 한 공군 장교가 있었다.

브라우어 장군, 당시 조사 책임자로서 제대로 밝혀내

그 주인공은 윌프리드 드 브라우어(Wilfried De Brouwer) 장군이다(소장으로 전역). 그는 당시 대령으로 벨기에 공군 군사 작전처 처장으로 있으면서 이 사건을 조사하는 데에 주도적인 역할을 했다. 지금부터 하는 이 사례에 대한 설명은 그가 조사한 것을 중심으로 소개하려고 한다.

브라우어가 사건 당시에 조사했던 내용은 앞선 사례들에서도

레이더 영상을 판독하는 브라우어

인용한 레슬리 킨의 명저(2011년) 제1장과 제2장에 잘 설명되어 있
다.[34] 제1장은 킨이 이 사건의 개요에 관해 쓴 것이고 제2장은 브라
우어가 직접 쓴 것이다. 나는 이 두 장을 혼합해서 벨기에 UFO 웨
이브 사례에 대한 설명을 이어나가려고 한다. 특히 브라우어가 회
고하며 써 내려간 제2장의 글은 이 사건에 대한 다른 설명을 압도
한다. 그는 사건 발생 당시 조사 책임자로서 누구보다도 많은, 그
리고 정확한 자료를 갖고 있었기 때문이다. 따라서 우리도 그의 설
명에 힘입어 이 사례의 전모를 확실하게 알 수 있을 것이다.

---

34 제1장의 제목은 "Majestic Craft with Powerful Beaming Spotlights"이고 제2장
의 제목은 "The UAP Wave over Belgium"이다.

브라우어가 킨의 저서를 통해 벨기에 사건의 실상을 뒤늦게나마 알리게 된 배경은 이렇다. 당시 벨기에에서 다발적인 UFO 목격 사건들이 발생하자 벨기에 공군은 곧 이 사건을 조사하고 그 결과를 발표했다. 그리고 많은 민간 연구자들도 이 사건에 비상한 관심을 가지고 각자의 의견을 발표했다. 그러는 사이 거개의 UFO 사건이 그렇듯 수많은 오해와 그릇된 판단들이 뒤를 이었다. 사건이 발생한 지 오랜 세월이 흘러도 사정은 나아지지 않았다. 따라서 일정 정도의 교통정리가 필요했다.

이때의 정황을 알 수 있는 증언이 있어 그것을 소개해야겠다. 이것은 브라우어가 킨에게 보낸 이메일에 잘 드러나 있다. 그는 근자(2000년대)에 인터넷에 벨기에 UFO 웨이브에 대한 잘못된 정보들이 너무 많은 것에 대해 개탄했다. 그의 말을 직접 들어보면, '연구자들이 정확하지 않은 정보를 가지고 제멋대로 결론 내리는 것을 수용하지 못하겠다, 수백 명의 증언이 무시되었을 뿐만 아니라 국방부나 공군의 공식적인 발표도 무시되거나 그릇되게 해석되었다'라는 것이었다. 브라우어는 이런 정황을 접하고 당시에 이 사건을 광범위하게 조사한 공군의 책임자로서 제대로 된 실상을 밝혀야 하겠다는 생각을 하고 있었던 것 같다.

그러던 차에 킨이 그에게 부탁했다. 20년 전쯤에 있었던 벨기에 UFO 사건을 회고해서 글을 써달라고 말이다. 그렇게 해서 나온 글이 킨의 저서에 실린 것이다.

브라우저가 만난 당시 목격자들의 공통 성향

이 글에서 브라우어는 당시의 사건을 회고하면서 자신이 조사하던 과정에서 가장 인상 깊었던 것을 말했다. 그것은 목격자들에 관한 것이었는데 그가 만났던 목격자들은 매우 진실한 사람이었다는 것이었다. 그뿐만 아니라 목격자들은 주로 지식 계층이었는데 그들은 자신들이 본 것에 경외감을 표시하면서 동시에 압도당했다고 회상했다. 아울러 그 비행체들은 인간이 만든 것이 아니라는 데에도 강한 확신을 표했다고 한다.

이런 성향을 지닌 것은 브라우어 자신도 마찬가지였다. 킨에 따르면 브라우어는 사실의 정확성에 극도로 신경 썼고 판단할 때는 보수적이었으며 세부적인 것에 대해서는 신중한 태도를 보였다고 한다. 또 브라우어가 이 사건을 대하는 태도는, 기록의 정확성을 지키려는 노력이 시간이 지나도 수그러들지 않았다는 점에서도 그 면밀함을 알 수 있었다고 전했다.

그런데 브라우어가 만났던 목격자들은 많은 경우에 UFO 목격이라는 사건에 붙어 있는 일종의 낙인 때문에 나서서 증언하는 것을 매우 꺼렸다고 한다. 이런 일은 앞 사례를 보면서 이미 많이 들어본 이야기다. UFO를 목격했다고 말하는 순간 속칭 '또라이' 취급을 받으니 어쩔 수 없었을 것이다. 브라우어가 회상하길, 그가 나토에 있을 때 수년간 알았던 어떤 사람은 이 벨기에 UFO 사건을 목격하고 하도 놀라서 아무에게도 자신의 체험에 대해 말을 하지 못했다고 한다. 심지어 본인의 아내에게도 말하지 못했다고 하니 발설했을 경우 그가 겪을 고통이 어떨지 알 만하겠다. 그는 브라우어에게만 자신의 경험을 이야기한다고 하면서 자기 이름을 발설하지 말아 달라고 절절하게 부탁했다고 한다.

헬리콥터나 미국 전투기라고? 그의 합리적인 접근법

사람들 가운데에는 이렇게 뜬금없이 밤하늘에 나타나는 UFO가 외계에서 온 것이 아니라 인간이 만든 것이라고 주장하는 사람들이 있다. 그러니까 목격자들이 헬리콥터나 전투기를 UFO로 오인한 것이라는 것이다.

벨기에 사건도 예외는 아니었다. 실제로 르노 렉클레(Renaud Leclet)라는 사람은 자신의 글 「The Belgian UFO Wave of 1989~1992—A Neglected Hypothesis(벨기에 UFO 웨이브—무시된 가설)」[35]에서 당시 벨기에에서 생긴 현상 중에 몇몇은 헬리콥터를 UFO로 오인한 것이라는 가설을 제시하기도 했다. 그의 주장은 이 사건에 나타난 UFO가 다 그렇다는 것이 아니고 부분적으로 그럴 수 있다는 것인데 이것은 충분히 수긍할 수 있는 설이라고 하겠다.

그의 지적 중 가장 마음에 와닿는 것은 헬리콥터나 비행기, 달이나 별 등에 대해 제대로 된 지식이 없는 일반인들은 조금만 이상

---

35 http://gmh.chez-alice.fr/RLT/BUW-RLT-10-2008.pdf

한 것이 하늘, 특히 밤하늘에 나타나면 그것을 쉽게 UFO로 간주하는데 자세히 분석해보면 그렇지 않은 경우가 많다는 것이다. 그는 이 글에서 벨기에 상공에 나타난 삼각형 꼴이나 달걀형의 UFO와 몇몇 헬리콥터를 비교해서 분석했는데 그 결과 사람들이 보았다고 하는 물체는 사실은 헬리콥터라는 설을 제시했다. 이것은 내가 보기에도 괜찮은 분석으로 보였다.

F-117A 스텔스 전투기

헬리콥터 외에 가장 많이 등장하는 UFO 대체물은 전투기다. 그러니까 당시 벨기에에서 목격된 비행체들은 UFO가 아니라 미국 같은 나라들이 만든 비밀병기라는 것이다. 이럴 때 나오는 비밀병기 가운데 하나가 F-117A 같은 스텔스 전투기다. 이 비행기는 세계 최초로 실전에 배치된 스텔스 공격기라고 하는데 생긴 것을 보면 삼각형에 가까워 밤에 보면 충분히 UFO로 오인될 수 있을 것 같다.

이에 대해 브라우어는 이렇게 못 박았다. 그런 비밀병기가 아무 공식적인 알림 없이, 또 규칙을 어겨가면서 다른 나라인 벨기에의 상공에 나타날 수 없다고 말이다. 그뿐만 아니라 그는, 벨기에 목격 사건은 단번에 끝난 것이 아니라 몇 년 동안 지속된 것이라 미국 전투기가 이런 일을 했다고는 생각할 수 없다. 그리고 당시 목격된 비행체들은 인간이 만든 비행체들을 훨씬 능가하는 기술을 갖고 있었으니 사람이 만든 것이라고 볼 수 없다고 강하게 주장했다. 꼼꼼한 브라우어는 이 비행체가 F-117A 같은 미국 전투기가 아니라는 것을 확실하게 하려고 벨기에 주재 미국 대사관에 연락해 이런 사정을 미국 정부에 물어봐달라고 부탁했다. 한참 뒤에 도착한 미국 정부의 답변은 그런 UFO에 부합되는 미국 비행기는 없다는 것이었다.

이런 식으로 브라우어는 UFO의 비밀병기설을 일축하면서 자신은 계속해서 사실에 입각한 과학적인 조사를 하겠다고 천명했다. 이것은 일단 섣부르게 이 비행체가 외계에서 왔다고 주장하지 않겠다는 것을 뜻한다. 사람들은 UFO를 두고 걸핏하면 아무 증거도 없이 다른 행성에서 왔다고 주장하는데 그에게는 이런 태도가 비과학적으로 보인 것이다. 그러나 그렇다고 해서 그 가능성을 배제하겠다는 것도 아니었다. 그러니까 UFO가 다른 행성에서 왔을

수도 있다는 것이다. 이러한 그의 접근법은 아주 합리적이라고 할
수 있다.

비단 벨기에 사건뿐만 아니라 도처에서 제기되고 있는 외계설
에 대한 UFO 문제를 놓고 브라우어와 킨이 내린 결론이 재미있
다. 즉 수년 동안 UFO를 연구해보니 '이 비행체가 (무엇 무엇이) 아
닌 것은 확실히 알겠는데 그것이 무엇인지는 명확하게 아는 게 하
나도 없다'는 것이다. 다시 말해 이 비행체가 인간이 만든 것이 아
니라는 것은 확실하게 알겠는데 그것이 어떤 물질(?)로 어떻게 만
들었는지는 고사하고 어떤 원리로 움직이는지, 어디서 와서 어디
로 가는지, 왜 여기 나타났는지 등에 대한 것은 모르겠다는 것이
다. 이것은 다른 UFO 사례에서도 거의 비슷하게 일어나는 일이라
크게 낯선 이야기는 아니다. 그렇지만 우리는 끊임없는 의문을 품
어야 할 것이다. 이 정도의 사전 정보를 가지고 이제 본격적으로
벨기에 UFO 웨이브 사건을 들여다보자.

1989년 11월 29일 오후에 시작된
벨기에 UFO 웨이브 사건

벨기에 UFO 웨이브는 1989년부터 1992년까지 벨기에의 오이펜 지역을 중심으로 광범위한 영역에서 수많은 사람에 의해 UFO가 목격된 사건을 말한다고 했다. 브라우어에 따르면 약 2천 개의 목격담이 보고되었다고 하니 그 보고의 규모가 얼마나 큰지 알 수 있다. 목격담 가운데 650개 정도가 조사됐는데 그중 500개 이상이 설명할 수 없는, 즉 'unidentifiable'한 것이었다고 하니 대부분이 설명할 수 없는, 순수한 의미에서 UFO 현상이라고 하겠다. 그런데 보고가 안 된 사례도 많을 터이니 실제의 사례는 2천 개를 훨씬 웃돌 수 있다는 게 브라우어의 견해였다.

목격담은 각각의 특색에 따라 다음과 같이 분류될 수 있다. 즉, 300개 이상 되는 사례에서 목격자가 300m 이내에서 비행체를 보았다고 하고, 200개 이상 되는 사례에서 목격자가 5분 이상 비행체를 목격했다고 한다. 나중에 등장하는 다른 사례에서는 목격자가 비행체 바로 아래에 있는 경우도 있었다. UFO 목격담을 이렇게 세세하게 구분하는 것을 보면 당시 벨기에의 공군이 얼마나 주도면밀하게 조사했는지 알 수 있다. 전 UFO 연구사에서 이런 식으로 풍부한 사례를 자세하게 조사한 경우는 없기에 이 사례는 진귀한 것이고 그래서 웨이브로 불릴 만했다는 생각이 든다.

11월 29일, 오이펜 지역에서 터져 나오는 목격담

UFO 목격 사상 유례가 없는 이 사건은 1989년 11월 29일, 벨기에의 오이펜(Eupen)이라는 작은 지역에서 무려 143건의 UFO 목격담이 발생하는 것으로 시작되었다. 오이펜은 지도에서 보는

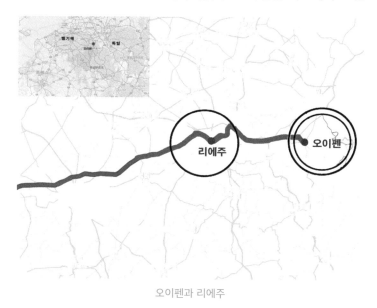

오이펜과 리에주

바와 같이 독일 국경에서 서쪽으로 11km밖에 떨어지지 않은 지역이다. 서쪽으로 30km쯤 더 가면 오이펜 지역에서 가장 큰 도시인 리에주(Liége)가 있다.

이 역사적인 첫날에 143건의 목격담이 발생했다고 했는데, 목격자 수를 추산해보면 같은 건을 한 사람 이상이 목격한 경우도 있을 터이니 적어도 250명 이상이 UFO를 목격했다는 것이 브라우어의 주장이었다. 그가 제기한 첫날의 이 수적인 규모만 보아도 이 사건이 얼마나 대단한 UFO 목격 사건인지 알 수 있을 것이다.

그런데 앞에서 말한 것처럼 이 사건은 여기서 끝나지 않고 몇 년간 더 지속되었다. 그러면서 수천 명의 목격자가 나타났으니 벨기에 UFO 웨이브는 인류가 겪은 전체 UFO 사건 중에 가장 규모가 큰 것이라고 할 수 있을 것이다.

그날 오후 5:15, 첫 번째 비행체(삼각형 모양) 목격

벨기에 UFO 웨이브의 구체적인 시작은 이렇다. 이날(11.29) 오후 5시 15분에 오이펜과 독일 국경 사이를 순찰하던 니콜과 몬티그니라는 두 경찰관은 들판이 환하게 빛나는 것을 목격한다. 그 위를 올려다보니 UFO로 추정되는 삼각형 모양의 비행체가 떠 있었는데 각 모서리에서 빛이 나오고 있었고 가운데에서는 빨간빛이 분출되고 있었다. 물론 비행체에서는 아무 소리도 나지 않았다.

두 경찰관이 발견한 UFO(추정도)

길레페 호수 근처에서 목격된 첫 번째 비행체 모습

곧 알게 되겠지만 이날 많은 사람이 여러 대의 비행체를 목격하는데 그중에서 지금 두 경관이 목격한 이 삼각형 모양의 비행체는 벨기에 UFO 웨이브가 시작된 첫날 첫 번째로 목격된 비행체였다(삼각형 모양으로 생긴 비행체는 벨기에 사건에서 자주 목격된다).

이 비행체는 독일 국경 쪽으로 2분 정도 가다가 갑자기 오이펜 쪽으로 기수를 돌렸다. 경관들은 차를 몰아서 비행체를 따라갔고, 이때 다른 사람들도 이 비행체를 목격했다. 비행체는 이렇게 오이펜 상공에서 약 30분 정도 머물러 있었다. 이때에도 당연히 많은 사람들에 의해 목격되었다. 그러다 비행체는 오이펜에서 남서쪽으로 4.5km 떨어져 있는 길레페(Gileppe) 호수 쪽으로 날아갔고 그곳에서 1시간가량 머물렀다.

두 경관은 이 모습도 차 안에서 모두 지켜보고 있었다. 그런데 호수 쪽 상공에 있을 때 이 비행체는 색다른 일을 한다. 즉 두 줄기의 빨간 광선을 분출했는데 광선 끝에는 빨간 공이 있었다고 한다. 그러나 곧 빨간 광선은 사라지고 공은 비행체로 돌아갔다. 몇 분 뒤에 비행체는 또 같은 일을 반복했는데 이렇게 공이 오고 가는 일은 몇 분 정도 지속되었다.

이 광선과 공의 행적을 보고 몬티그너는 마치 물속에서 다이버가 작살을 쏘는 것과 비슷했다고 표현했다. 물속에서 화살을 쏘면 그 궤적 끝에서 화살의 속도가 느려져 결국은 다이버 쪽으로 되돌아 오는 모습을 지칭한 것이리라. 이 첫 번째로 목격된 삼각형 비행체는 호수 쪽 상공에 1시간가량 머무른 뒤 빨간 광선과 공 방출하는 일을 그치고 7시 23분경에 남서쪽으로 날아갔다. 그러면 시간 순서에 따라 두 번째 비행체가 목격된 현장으로 가보자.

그날 오후 6:45, 두 번째 비행체(윗면에 돔) 목격

6시 45분, 이 두 경관은 두 번째 비행체를 발견한다. 이 비행체는 숲에서 나와 북쪽으로 날아갔다고 한다. 재미있는 것은 비행체가 숲에서 나올 때의 모습이다. 선체를 앞으로 수그렸기 때문에 기체의 윗부분이 보였다. 경관들의 증언에 따르면 여기 그림에 나오는 것처럼 비행체의 윗면에는 돔이 있고 사각 창문이 있었는데 내부는 환했다고 한다.

이 두 번째로 목격된 비행기가 가고 나서 약 40분 후인 7시 23분에는 아까 호수 쪽 상공에 머물러 있던 첫 번째 비행체가 남서쪽으로 날아갔다.

두 번째로 목격된 비행체와 관련해서 의문시되는 것이 있다. 이 비행체가 왜 기체를 수그리고 운항했느냐는 것이다. UFO가 이런 식으로 운항하는 것은 드문 경우이기 때문이다. 그리고 이 비행체에 창문이 있었다고 했는데 그 안에 외계의 승무원, 즉 탑승자가 보였다는 증언은 없었다. 경관들이 그들을 보았는데 이야기를 하지 않은 것인지 아예 보이지 않았는지 등등에 대해 궁금한데 이에 대해서는 더 이상의 설명이 없다.

UFOs

A witness in Eupen also drew the craft from two perspectives. SOBEPS archives

두 번째 비행체의 모습(돔과 사각 창문이 보인다).

이때 두 경관은 본부와 무전으로 교신한 끝에 또 다른 UFO가 오이펜 북쪽에서 목격됐다는 사실을 알게 된다. 첫날부터 사건이 이렇게 복잡하게 진행되는데 독자들의 혼란을 줄이기 위해 세세한 상황 설명은 피해야겠다. 자세한 설명이 필요한 사람은 킨의 저서에서 해당 원문을 찾아보면 되겠다.

한편 이날 또 다른 경관 두 사람(풀루만과 피터)이 오이펜 북쪽에서 오는 비행체를 발견했다. 이 두 경관은 비행체를 100m 앞에 두고 있었는데 첫 번째 비행체를 목격했을 때 거론한 것과 비슷한 현상이 반복되는 것을 목도했다. 즉 (삼각형 모양으로 생긴) 비행체의 가운데에는 빨간빛이 있고 세 모서리에서는 광선이 나왔는데 예의 빨간 공이 비행체 밑으로 튀어나왔다고 한다. 비행체가 100m 앞까지 다가와 행한 이 광경을 보고 경관들은 겁에 질렸는데 이 '불공', 즉 빨간 공은 수직으로 날다 수평으로 항로를 바꾸더니 나무 뒤로 사라졌다고 한다. 그리고 불공을 방출한 원 비행체는 북동쪽으로 향했는데 경관들은 5마일을 따라가면서 그 비행체를 관찰했다고 한다.

여기서 그들이 목격한 불공은 렌들샴 숲에서 홀트 중령이 목격한 빛이 나는 작은 구체를 연상하게 한다. 여기서 목격된 불공과 렌들샴 숲에 나타난 구체가 서로 같은 종의 비행물체인지 아니면 다른 것인지는 알 수 없다. 불공이 하는 역할도 궁금하다. 막연한 추측으로는 렌들샴 숲 사건에서 말한 것처럼 드론 같은 역할을 하면서 무엇인가를 정찰한 것 아닐까 하는 생각이다.

사실 벨기에 사건이 발현된 첫날, UFO를 목격한 경관은 지금 소개한 것보다 훨씬 많았다. 총 13명의 경관이 여덟 군데에서 비행체를 보았다고 하니 말이다. 우리는 여기서 4명의 경관만 인용했지만 그 외에 9명이 더 있었던 것이다.

시민들의 증언도 있었다. 또 다른 비행체로 추정되는 비행체를 목격했다는 증언들인데 예를 들어 리에주에서 서쪽으로 차를 몰고 가던 4명의 가족도 자신들 위에 있는 사각형의 비행체를 보았다. 그들은 증언하기를, 그 비행체는 여기에 나온 그림에서처럼 각 모서리에 조명이 있었고 가로등 위에서 낮은 고도로 천천히 움직였다고 한다.

이렇게 벨기에 사건의 시작인 11월 29일에 보고된 143건의 목격담 중 70개가 철저하게 조사되었다고 한다. 그런데 어떤 것도

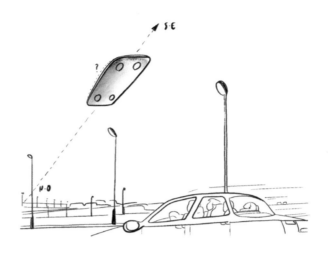

4인 가족이 목격한 사각형 모양의 비행체

기존의 과학 기술로는 설명될 수 없었다는 것이 조사자들의 중론이었다.

12월에 계속된 목격담, 다시 나타난 비행체들

오이펜-리에주 지역에서 발생한 UFO 목격담은 12월에도 계속 이어진다. 12월 1일에는 4개의 목격담이 보고되었고 12월 11일에는 21명의 목격자가 삼각형 모양의 비행체를 보았다고 주장했다. 그런데 이것은 보고된 목격 건의 통계가 이렇다는 것이고 보고되지 않은 목격 건은 이보다 훨씬 많을 것이다. 브라우어는 추산하길, 보통 10개의 목격 사건이 발생하면 그중에 하나만 보고된다고 하는데 만일 이 말이 사실이라면 목격자가 얼마나 많아질지 모를 일이다. 이 가운데 몇몇을 소개해본다.

12월 1일 기상 캐스터인 발레자노는 그의 딸과 함께 리에주 바로 북쪽에 있는 앙(Ans)시의 니콜라이 광장에서 낮은 고도로 아무 소리 없이 움직이는 큰 비행체를 목격했다. 그때 이 비행체는 놀랍게도 광장을 돌아보고 있었다고 한다. 그런데 이 비행체가 목격자들의 머리 위를 지나갈 때의 모습에 대해 들어 보면 앞에서 본 두 경관이 첫날 첫 번째로 목격한 삼각형 모양의 비행체와 같은 것임을 알 수 있었다.

12월 11일에는 12살짜리 소년이 집 근처에서 아버지와 할아버지, 여동생과 함께 역시 삼각형처럼 생긴 비행체를 약 15분 동안 목격했다. 이 비행체는 처음에는 움직이지 않다가 천천히 그들의 집 쪽으로 오더니 머리 위를 수직으로 통과했다고 한다. 이때 소년은 비행체의 움직임에 따라 3개의 그림을 그렸다.

사진에서 보는 것처럼 처음에는 비행체의 앞면을 그렸고(오른쪽) 머리 위에 가까이 왔을 때는 왼쪽에 있는 그림을 그렸으며 완전히 머리 위에 있을 때는 가운데에 있는 그림을 그렸다. 이렇게 그림을 그리는 지점에 따라 비행체의 모습이 달라지는 것은 소년이 비행체를 파악하는 각도나 높이가 달라졌기 때문이다. 그래서 브라우어에 따르면, 어떤 사람은 이렇게 생긴 비행체를 삼각형이

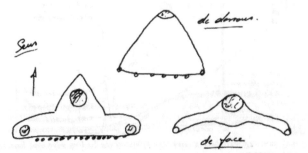

The craft from three angles, drawn by a boy in Trooze, near Liège. SOBEPS archives

12세 소년이 목격하고 그린 삼각형 비행체

아니라 사각형으로 파악할 수 있다고 한다.

같은 날(12.11) 오후 6시 45분에도 목격담이 이어진다. 안드레 아몬드 대령은 아내와 함께 차를 타고 가다가 그들의 오른쪽에서 환하게 빛나는 세 개의 패널과 빨간 조명을 목격한다. 그가 말하는 패널이 무엇인지 확실하지 않지만 아마도 UFO 비행체일 것이다. 그는 이때 그 패널, 즉 비행체보다 빠르게 차를 몰았다고 하는데 비행체가 이처럼 자동차보다 늦게 움직이는 경우도 있는 모양이다.

부부의 목격담을 자세히 보면, 아몬드 대령이 차를 세우고 밖으로 나와서 보니 비행체가 그들을 '따라와서(100m 앞까지 가깝게) 갑자기 보름달보다 2배 정도 큰 거대한 조명을 비추었다고 한다. 이에 아내가 놀라서 떠나자고 하면서 차 문을 열고 안으로 들어가려고 하자 그 순간 비행체가 왼쪽으로 급하게 기수를 틀었다. 이때 부부가 비행체의 밑부분을 보니, 중앙에는 빛이 깜빡거리고 그와 함께 3개의 조명이 삼각 형태로 나타났다고 하는데 이 모습은 이 전의 삼각형 모양의 비행체와 일치한다.

비행체는 그렇게 왼쪽으로 급하게 방향을 튼 후 아주 빠르게 가속해서 어둠 속으로 사라졌다. 소령은 자신이 목격한 것을 정리해 벨기에 국방장관에게 보고서를 제출했다. 그는 이 문서에서 이 비행체는 홀로그램도, 헬기도, 군대 비행기도, 풍선도, 초경량 항공기도, 어떤 다른 비행체도 아니라는 것을 확신한다고 밝혔다. 그의 소견과는 별개로 이 사건은 비행체가 그들을 '따라왔다'라는 점에서 인간과 비행체 쌍방이 소통한 사례라고 할 수 있는데, 비슷한 쌍방 소통 사례가 뒤에서 또 나오니 기억해두면 좋겠다.

다양한 비행체를 목격했다는 끊이지 않는 증언

해가 바뀌어도 목격담은 계속 이어졌다. 비행체의 모습이 다양해지는 등 목격담의 내용이 풍부해지는 양상을 보인다. 예를 들어 1990년 4월에는 브뤼셀의 남서쪽에 있는 바세끌르(Basecles) 지역에서 이전과는 조금 다른 목격이 있었다. 목격담을 살피기 전에 우선 바세끌르 지역을 보면, 이 지역은 앞에서 본 리에주에서 상당히 많이 떨어져 있는데 그 거리는 약 150km 정도인 것 같다. 이것은 벨기에 UFO 웨이브가 상당히 광범위한 지역에서 이루어졌다는

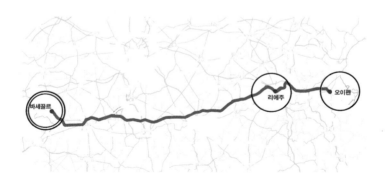

비행체가 목격된 '오이펜 - 리에주 - 바세끌르' 지역

것을 보여주는 좋은 예가 된다고 하겠다.

비슷한 목격담들: 비행체의 모습이 닮은(?) 사례

이제 1990년 4월에 바세끌르 지역에서 발생한 사건을 볼 텐데 앞서 본 것과는 조금 다른 목격담이다. 이때 이곳에 있던 두 노동자는 기이한 목격담을 전했다. 이들은 자정이 조금 안 된 시간에 공장에 있었다. 그런데 갑자기 엄청나게 밝은 조명 두 개가 나타나 마당이 밝아지더란다. 하늘을 쳐다보니 놀랍게도 큰 사다리꼴의 모습을 한 비행물체가 천천히 그리고 조용하게 공장에 있는 굴뚝 위로 움직였는데, 비행물체의 규모가 100m x 60m 크기의 공장

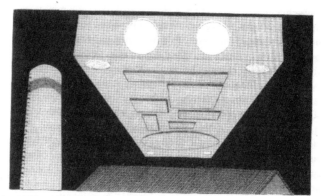

An artist's rendition of the "inverted aircraft carrier" at the Basècles factory. SOBEPS archives

두 노동자의 증언을 바탕으로 화가가 그린 당시 현장

마당을 다 덮을 정도로 거대했다. 비행물체의 색은 회색이었고 6개의 조명이 있었는데(그림 속 둥근 모양) 흡사 항공모함이 뒤집혀 있는 것처럼 보였다. 여기에 나온 그림은 이러한 증언을 바탕으로 화가가 그린 것이다(왼쪽에 공장의 굴뚝같은 것이 보인다).

비슷한 목격담이 다음 해에도 있었다. 1991년 3월 15일에 브뤼셀의 동남쪽 바로 밑에 있는 오데르겜(Auderghem) 지역에서 방금 본 바세끌르의 두 노동자가 목격한 것과 비슷한 목격담이 나온 것이다.

한 전기 기술자가 밤에 자다가 높은 주파수의 소리가 들려 깨어났다. 창문 밖을 보니 사각형의 비행체가 아주 낮게 날고 있었는데 그의 증언을 들어보면 비행체의 바닥이 바세끌르에서 목격된 비행체의 것과 닮았다. 그가 옷을 걸치고 2층 테라스로 나가보니 어두운 회색빛을 띤 비행체가 빛은 비추지 않고 천천히 머리 위에서 왔다 갔다 하는 것이 보였다. 그가 이 비행체를 직접 그린 것이

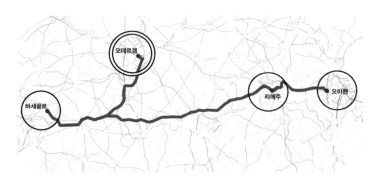

오데르겜의 위치

있어 여기에 소개하는데 이 그림을 보면 분명히 바세끌르에서 목격된 비행체와 매우 닮은 것을 알 수 있다.

이곳에서 전기 기술자가 목격한 사각형의 이 비행체는 3일 전(3월 12일) 핵 발전소 위에서도 목격됐다고 한다. 리에주 남서쪽으로 약 20km 떨어진 띠앙쥬(Thiange) 지역에서 총 27건의 UFO 목격담이 보고되었는데 그중 두 건이 띠앙쥬에 있는 핵 발전소 상공

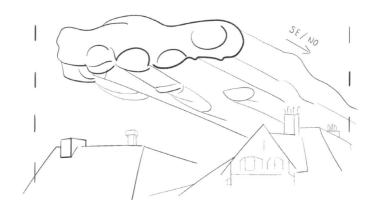

전기 기술자가 목격한 UFO

에서 비행하고 있는 비행체를 목격했다는 보고였다(오데르젬 것과 같은 비행체로 추정됨).

이 비행체는 핵 발전소 상공에서 약 1분간 떠 있었는데 그때 두 개의 빛줄기를 쏘았다고 한다. 그중 하나는 굴뚝 겉면을 비추었고 다른 하나는 굴뚝 안을 정확히 비추었다. 이 비행체는 아마도 핵시

설을 점검한 것 같은데 그렇다고 하더라도 광선 하나만으로 어떻게 여러 시설들을 조사하는지 알 수 없는 일이다(같은 일이 영국 렌들샴 숲에서도 일어났음을 상기하자). 이 같은 일을 한 다음 이 비행체는 곧 어둠 속으로 사라졌다고 한다.

이 띠앙쥬 목격 사건은 특기할 만하다. 왜냐하면 벨기에 UFO 웨이브 사건 중에서 이처럼 출현 동기가 추측될 수 있는 것은 이 목격담이 유일하기 때문이다. 다른 것들은 그저 벨기에 곳곳의 특정 지역에 나타났다가 사라지는 일을 반복했을 뿐 해당 장소에 출현한 의도를 알 수 없었다. 그에 비해 띠앙쥬 지역에서 목격된 비행체는 핵시설 위에 나타났을 뿐만 아니라 흡사 검침봉 같은 두 개의 빛줄기로 시설을 점검하는 것 같은 일을 했으니 그간에 축적된 정보에 따라 그 출현 의도 내지는 목적을 어느 정도 짐작할 수 있었다.

비슷한 목격담들: 쌍방이 소통한 사례

또 흥미로운 사건이 있었다. 앞서 1989년 12월 11일 오후에 발생했던 아몬드 대령 부부의 사례에서 UFO가 목격자인 그들 부부에게 가까이 왔다는 점에서 쌍방이 소통하는 모습을 보였다고 했다. 그런데 다음 해에 이와 비슷한 사건이 하나 더 있었다. UFO가 목격자에게 반응한 것이다.

1990년 7월 26일 오후 10시 35분, 마르셀 부부는 차를 타고

리에주 바로 밑에 있는 세랭(Seraing) 지역으로 가고 있었다. 그때 부부는 공중에서 한 면이 12m로 추정되는 정삼각형 모양의 비행체가 움직이지 않고 떠 있는 것을 발견했다. 비행체는 까만색이었는데 두 개의 가장자리에 네온 튜브 같은 하얀 빛의 띠가 있었다. 밑면에는 빨간빛과 초록빛이 깜빡거리고 있었고 또 두 줄기의 하얀빛이 있었다고 하는데 이 빛에 관해서는 설명이 복잡해 정확한 모습이 눈에 안 들어온다.

재미있는 것은 다음의 일이다. 이것을 본 남자는 재미 삼아 전조등을 두 번 껐다 켰단다. 그랬더니 그 순간 비행체의 밑바닥에 있는 두 하얀빛이 회전했고 3번을 꺼졌다가 켜졌다고 한다. 이 빛은 매우 밝았지만 눈이 멀 정도는 아니었다고 하는데 이것은 분명 비행체가 부부에게 반응한 것으로 보인다. 지상에서 인간이 자동차 불을 가지고 신호를 보내니 그에 응한 것이라는 것이다. 다른 예를 유추해서 이 경우를 해석해보면, 이 비행체에는 아마 '스몰 그레이'라고 불리는 친구들이 타고 있었을 것이고 그들이 이 남자의 신호에 반응한 것 아닐까 하는 생각이다. 이렇게 양자가 소통하는 경우는 매우 드문데 그런 의미에서 이 사례도 매우 소중하다고 할 수 있다.

그렇게 응답이 있고 난 뒤에 이 비행체는 움직이는 차에 빛을 계속 비추면서 다가왔다고 한다. 그런데 여기서 또 재미있는 일이 벌어졌다. 비행체의 움직임이 다소 의외였기 때문이다. 기체를 앞으로 들어 밑바닥이 노출된 상태에서 움직였다고 하는데 이런 동작은 인간이 만든 비행기로는 불가능한 운항 모습이다. 기체가 선 채로 앞으로 움직이는 것은 비행기나 헬리콥터 등은 도저히 따라할 수 없는 움직임이다.

이 비행체는 왜 차를 타고 가고 있는 인간에게 다가와 그런 모습으로 운항했을까? 그냥 수평으로 천천히 움직여도 될 텐데 왜 밑바닥을 드러내면서 움직였느냐는 것인데 이것 역시 이 부부에게 어떤 메시지를 전달하려는 것 아닌가 하는 생각을 해본다. 혹여 부부에게 비행체의 밑바닥을 보여주려고 했는지, 아니면 다른 의도가 있었는지, 혹은 별 의미가 없는 것인지 그 진실은 알 수 없다. 이 비행체는 약 60m~100m 상공에서 부부의 차와 같은 속도로 비행하다가 강에 다다르자 강을 건너 사라져버렸다고 한다.

브라우어가 요약한 벨기에 UFO 웨이브 사건

이상이 브라우어의 글에 나오는 목격담의 대강이다. 브라우어의 말에 따르면 이 글에 소개한 사례들과 그에 대한 설명은 벨기에 UFO 웨이브를 아주 간단하게 정리한 것에 불과하다고 한다. 그는 그동안 모아둔 2년 동안의 목격담과 그림을 가지고 책을 편집하면 방대한 분량이 될 것이라고 전했다. 그러면서 자신이 면담한 목격자들은 하나 같이 성실하고 정직했으며 서로 아는 사이가 아니었다고 한다. 서로 모르는 사이였는데도 같은 증언을 하니 그들이 하는 증언의 내용을 더 믿을 수 있는 것 아니냐는 것이 그의 주장이었다.

브라우어가 이처럼 증언의 신빙성을 말하는 이유는 벨기에 사건을 비판하는 사람들이 이 사건들을 두고 집단적 히스테리 때문에 생긴 것이라고 억지를 썼기 때문이다. 이것은 UFO 회의론자들이 늘 하는 비판이다. 그들은 걸핏하면 UFO 목격 사건은 목격자들이 지닌 이상 정신 상태에서 비롯된 것에 불과하다고 폄하했다. 그런 비판에 대해 브라우어는 벨기에 사건이 실제로 일어난 진짜 사건이라는 것을 강조하고 싶었던 것이다. 목격자들은 자신들이 겪은 사건을 접하면서 매우 놀랐고 지금까지도 자신들이 체험한 것이 무엇인지 매우 궁금해한다고 한다. 그들 가운데 비행체에 가까이 있던 사람은 공포에 빠지기도 하고 어떤 사람은 타고 가던 자전거에서 떨어지는 등 매우 선명한 체험을 했다고 전한다.

이제 벨기에 UFO 웨이브에 대해 브라우어가 요약 정리한 것을 보면서 목격담을 마무리해보자. 모두 9개 항인데 이것을 일별하면 벨기에 사건을 더 확실하게 알 수 있을 것이다.

1. 많은 목격자가 비행체가 삼각형처럼 생겼다고 했으나 적지
   않은 목격자들은 다른 모양, 즉 다이아몬드형이나 시가형,
   달걀형의 비행체를 목격했다. 그리고 아주 소수지만 장대한
   규모인 경우에는 항공모함이 뒤집힌 모습을 한 UFO를 목격

한 사람도 있었다.

2. 비행체의 출현이 공식적으로 인정되지는 않았지만 많은 사람이 목격했다. 그러나 감시용 레이더에는 잡히지 않았다. 예를 들어 11월 29일에 레이더에 녹화된 것을 훑어보면 특별한 움직임을 보이는 비행체는 발견되지 않았다. 그러나 가끔은 레이더에도 이 비행체가 나타나는 경우가 있었다. 1990년 3월 30일과 31일 저녁에 몇몇 경찰관이 이상한 빛을 보았다고 신고했다. 그런데 이번에는 두 기지에서 UFO로 추정되는 비행체가 레이더에 포착되어 F-16 전투기를 출격시켰다. 조종사는 이 비행체를 좇으려고 했는데 전투기의 레이더에는 이 비행체의 수상한 움직임, 즉 몇 초 만에 엄청난 거리를 점프한다거나 믿기지 않는 가속을 한다든가 하는 움직임이 잡혔지만 정작 조종사는 자기 눈으로는 그 비행체를 보지 못했다.

3. 추론이지만 11월 29일과 12월 11일 사이에는 적어도 두 비행체가 동시에 움직였다.

4. 몇몇 경우에는 비행체가 동체를 기울였기 때문에 목격자들이 그 윗면을 볼 수 있었다. 윗면에는 돔이 있었는데 어떤 목격자는 동체의 옆면에 창문이 있었고 내부가 훤했다고 보고했다. 또 다른 사람은 돔에 빛이 나는 창문이 있었다고 주장했다.

5. 전파장애 같은 전자기적인 영향은 없었다.

6. 공격적이거나 적대적인 행동은 없었다.

7. 다른 경우와 달리 이 비행체들은 숨으려 하지 않았을 뿐만 아니라 어떤 경우에는 목격자에게 다가오기도 하고 심지어 는 목격자들이 보내는 신호에 응답하는 경우도 있었다.

8. 이 사건에 나타난 비행체들은 다른 UFO와 마찬가지로 인간이 알고 있는 기술로는 가능하지 않은 방법으로 움직였다. 즉 정지한 상태로 떠 있는 것은 말할 것도 없고 수직 혹은 45도 등으로 비행체를 기울여서 움직였다. 인간이 만든 비행체보다 더 천천히 날 수도 있고 더 빠르게 날 수도 있었다. 가속할 때는 조용히 움직였으며 소음이 나도 작은 소리에 불과했다. 비행체에는 큰 조명이 있었는데 그 지름이 1m 이상이고 100m 상공에서 지상을 환하게 비추었다. 그렇지만 어떤 사람은 이 조명이 지상을 비추지 않았고 눈이 부시지도 않았다고 했다. 그러나 이런 빛은 인간이 만든 비행기에는 없는 것이라는 것이 전문가들의 공통된 견해였다. 또이 이 비행체에는 바닥에 붉은 구체가 있었는데 이것은 부착되지 않았으며 규칙적으로 진동하는 것처럼 보였다. 이 물체는 비행체를 떠나갔다가 돌아오곤 했다.

9. 이 비행체가 지닌 기술은 그 사건이 있은 지 20년이 지난 지금도 인간에게는 없다. 그래서 기이하고 불가사의한데 그 때문에 이 사건은 우리에게 흥미로운 신비감을 남겼다.

2년여 동안 지속된 UFO 목격담

벨기에 UFO 웨이브는 다른 UFO 사건보다 훨씬 많은 목격담이 있었고 또 UFO가 근거리에 나타났으며 그들과 기초적인 수준에서 소통했다는 점에서 매우 훌륭한 사례라고 할 수 있다. 그뿐만 아니라 UFO를 그린 그림도 다수 확보할 수 있어 좋은 정보를 얻을 수 있었다.

그러나 그렇다고 해서 의문이 생기지 않는 것은 아니다. 당연히 이 사례에 대해서도 많은 의문이 생기는데 앞 장에서와 마찬가지로 답을 구하는 일은 쉽지 않다. 추정만이 가능할 뿐인데 벨기에 사건을 수년 동안 조사하고 연구한 브라우어와 킨 조차도 확실한 것은 이 비행체가 인간이 만든 것이 아니라는 사실뿐이고 명확하게 아는 것이 하나도 없다고 하지 않았나. 그러나 여기서도 의문을 묻어놓고 그냥 지나칠 수는 없다. 왜냐하면 의문을 품고 있으면 언젠가 그 의문을 풀 수 있는 기회가 왔을 때 답을 얻을 수 있기 때문이다. 그래서 UFO 사건에 대해서는 끊임없이 의문을 품는 태도를 지녀야 한다.

왜 그때 그 지역을 선택했을까?

여기서도 앞 사례에서 품었던 의문들이 반복된다. 먼저 드는 가장 큰 의문은, 독자들도 충분히 예측할 수 있는 것처럼 왜 UFO가 1990년 전후라는 특정한 시기에 벨기에의 여러 곳에서 광범위하게, 또 대량으로 자주 출몰했느냐는 것이다. 여느 UFO 사건처럼 한 대 혹은 몇 대의 UFO가 한 장소에 잠깐 모습을 보였다가 사라지는 게 아니라 무더기로 무려 2년여에 걸쳐 다양한 지역에서 여러 날 동안 출몰했으니 말이다.

우리가 지금까지 얻은 상식으로 볼 때 UFO는 핵무기 시설이 있는 곳에 출현한다는 나름의 설이었는데 이 지역은 딱히 핵 관련 시설이 있는 것 같지도 않다. 예외가 있다면 띠앙쥬 지역에 있는 핵 발전소인데 이 경우를 제외하면 벨기에 사례는 전반적으로 핵과 관련된 것처럼 보이지 않는다. 그런 까닭에 나는 이 사건에 나타난 UFO는 인간이나 인간이 만든 시설을 탐문하기보다는 인간과 교감을 하려는 의도로 강림한 것 아닌가 하는 느낌을 받는다. 만일 이 추측이 맞는다면 이 사건은 앞에서 본 다른 UFO 사건과 성격이 매우 다르다고 할 수 있다. 그러나 그렇다고 해도 그들이 유럽 대륙의 그 넓은 지역 가운데 왜 이 지역을 선정해서 집중적으로 나타났는지는 알 수 없다.

왜 나타난 것일까?

조금 전에 나는 그들이 나타난 이유가 인간과 교감하기 위해서가 아닌가 하는 추측을 했다. 이때 나타난 UFO 비행체들이 낮은 수준이지만 인간과 교통하는 듯한 모습을 보였기 때문에 그렇게 추정해 본 것이다. 그들이 먼저 사람들에게 가까이 온 것 같은 느낌이 들었을 뿐만 아니라 외려 친근한 모습을 보이기도 했다. 예를 들어 그들은 자신들을 목격한 사람들의 차를 상공에서 천천히 따라가면서 동행했다. 또 목격자가 자동차 전조등을 깜박거려 신호를 보내면 그에 화답하는 듯한 모습을 보이기도 했다.

이렇게 UFO가 인간에게 어떤 형태로든 화답하는 것은 전체 UFO 사건 중에서 매우 드문 일이다. 대부분의 UFO 목격 사건은 그저 하늘 위에 떠 있거나 빠른 속도로 움직이는 UFO를 일방적으로 목격하는 것인데 벨기에 사건에서는 UFO가 인간에게 적극적으로 다가오고 신호를 보낸 것으로 추정되니 독특하고 다르다는 것이다.

기이한 것은 그들이 보여준 운행 모습이다. 이번 사례에 나타난 UFO는 사선으로 운행하거나 비교적 낮은 고도로 천천히 날면서 기체의 윗면 혹은 밑면을 사람들에게 의도적으로 보여주려고 한 것 같은 느낌이 든다. 따라서 목격자들은 비행체의 윗면에 돔이 있고 창문이 있다는 등 외계 비행체의 구조를 알게 되었다. 이 때문에 UFO가 인간과 '소통'하려고 벨기에에 나타나 자신을 의도적으로 노출한 것 아닌가 하는 생각이 든 것이다. 여기서 한 걸음 더 나아가서 그들의 이 같은 태도는 일종의 친근함을 표시한 것이라고 볼 수 있지 않을까 싶다.

이렇게 추정할 수 있는 근거가 하나 더 있다. 그것은 그들이 나타난 장소에서 찾을 수 있는데 아주 뜻밖이고 특이한 양상이었다. 즉 그들이 나타난 장소는 앞서 본 다른 사건들처럼 사막이나 황무지, 혹은 도로조차 나 있지 않은 오지나 숲속이 아니었다. 벨기에 상공에 나타난 그들은 시내 광장에 나타나 어슬렁거리지를 않나 공장 상공에 한동안 머무르지를 않나 하는 등등 사람들이 많은 지역에 나타났다. 왜 이들은 다른 유력한 UFO들과 다른 행동을 보여줬을까? 만일 그들이 인간을 점검하고 감시하고 싶어서 온 것이라면 몰래 나타나서 할 일을 빨리하고 사라지면 됐을 것이다. 그렇다면 굳이 사람 많은 공장이나 광장에 나타날 필요가 없다.

그 때문에 나는 그들이 사람 많은 곳에 나타난 것은 일종의 의도가 있었던 것 아닌가 하는 추측을 해본다. 그들의 의중을 반영한 행보라고 생각하는데 이것은 UFO 연구가들의 평소 지론에 바탕을 둔 추정이다. 그들에 따르면 UFO는 행동할 때 즉흥적으로 움직이지 않고 항상 의도를 갖고 움직인다고 한다. 계획이나 목적 없이 혹은 무작위로 대충 어딘가로 이동하거나 나타나지 않는다는 것이다. 이 설이 맞는다면 과연 그들은 어떤 의도로 벨기에 사람들에게 접근하려 했을까? 왜 이 지역의 사람들에게 나타나 소통하려고 했던 것일까? 또 무엇을 알려주고 싶었던 것일까? 그들은 벨기에 사람들에게 어떠한 메시지를 주려고 한 것 같은데 그 메시지는 정확히 알 수 없다. 매우 궁금하지만 이를 추정할 만한 단서는 어디에도 보이지 않는다.

그러나 이와 관련하여 벨기에 사건이 지니는 특이점은 분명히 있다. 이전 사건들보다 외계의 존재들이 인간에게 더 가깝게 다가온 느낌을 받기 때문이다. 지금까지 우리가 본 네 건의 사건(1945, 1947, 1964, 1980)에서는 일방적으로 UFO가 나타나기만 했지, 인간들과 소통하는 경우는 없었다. 그런데 1990년을 전후하여 대거 발생한 이번 사건에서는 UFO가 나타났을 뿐만 아니라 인간에게 가까이 날아오기도 하고 불을 깜빡거리며 신호도 보냈다.

이런 것이 이전의 출현 사례와 달라진 것이라 볼 수 있는데 그러나 그렇다고 해서 외계인들이 자신들의 모습을 드러낸 것은 아니다. 이 벨기에 사건에서 외계인을 목격했다는 증언은 없었다. 그들은 비행체 안(?)에 있으면서 인간에게 다가오고 신호를 보냈을 뿐이다. 우리 인간이 외계인의 모습을 바로 코앞에서 직접 목도하고 그들과 교통하는 체험을 하려면 이 벨기에 사례로부터 4년을 더 기다려야만 했다. 이것이 바로 다음 장에서 보게 될 그 유명한 1994년의 짐바브웨 에이리얼 초등학교 UFO 사건이다. 벨기에 사건을 보면 서서히 그들이 우리에게 가까이 오는 것 같다.

왜 외계인은 나타나지 않았을까?

그러면 이 시점에서 우리는 이런 질문을 던질 수 있을 것이다. 왜 그들, 즉 외계인은 인간들에게 속 시원하게 나타나지 않을까 하는 질문 말이다. 이 질문에 대해서 확실하게 답할 수 있는 것은 아니지만 UFO 연구가들이 제시하는 답은 참고해볼 수 있다.

그들에 따르면, 아니 정확하게 말해서 외계인들에 따르면, 인류는 아직 외계인, 즉 스몰 그레이 같은 외계인을 만날 준비가 되어 있지 않다고 한다. 이유는 간단하다. 인간은 그들을 한 번도 본적이 없어 그들을 갑자기 만나면 너무 놀라 굳어버리기 때문이다. 이것은 실제로 인간들이 UFO를 목격했을 때 자주 일어나는 현상이다. UFO를 가까운 거리에서 찍은 사진이 많지 않은 것도 바로 이 때문이다. 사람들이 갑자기 UFO를, 그것도 가까운 거리에서 목격하면 넋이 나가 아무 일도 하지 못하는 경우가 태반이다. 그러니 그런 순간에 사진 찍는 것과 같은 가외의 일을 생각할 여유가 생기지 않는 것이다. UFO 같은 물체를 볼 때도 그렇게 놀라는데 기이하게 생긴 생명체인 외계인이 내 앞에 서 있으면 얼마나 놀라겠는가? 이런 상황을 잘 알았던 모양인지 외계인들은 자신의 모습을 보이는 데에 극도로 인색한 것 같다.

이런 상황을 잘 보여주는 사례가 있어 소개해봐야겠다.[36] 외계인과 만난 자신의 체험을 바탕으로 쓴 베스트셀러 『Communion(교

---

36 "Ancient Aliens: UFO Invasion in New York's Hudson Valley"
https://www.youtube.com/watch?v=3tmlQmUDVtY

감)』(1997)의 저자, 휘틀리 스트리버(Whitley Striever)의 이야기이다. 앞에서 소개한 허드슨 밸리 UFO 사건과 관계되는 사건인데 그는 허드슨 밸리에 UFO가 자주 출몰한다는 이야기를 듣고 아예 그 계곡에 통나무집을 하나 샀다. 아마 자신이 UFO를 직접 체험하고 싶었던 것일 거다. 그의 의도는 적중했다. 허드슨 밸리 UFO 사건이 있은 일 년 후인 1985년 호리호리하고 큰 검은 눈을 가진 외계인으로 추정되는 존재를 만났다고 하니 말이다.

그는 예기치 않은 방문을 받고 두려운 나머지 소리를 마구 질렀다. 그러자 그 외계 존재는 '당신이 소리치는 것을 그만두게 하려면 우리가 무엇을 할 수 있겠는가'라는 메시지를 전해왔다고 한다. 스트리버처럼 UFO와 외계 존재들에 대해 많이 알고 있는 사람도 저렇게 놀라는데 그런 데에 지식이 전혀 없는 일반인들이 같은 일을 당하면 어떻겠는가? 이런 정황을 잘 아는 외계인들이 알아서 인간들 앞에 나타나는 일을 자제하는 것 아닌지 모르겠다. 어떻든 벨기에 웨이브 사건이 남긴 수백 건의 유효한 목격담에서 외계인은 한 번도 나타나지 않았다.

인간에게 대체로 우호적, 그렇다면 그들은 왜?

이와 관련해서, UFO 연구자들 사이에 대체로 합의된 사항 중의 하나는 UFO, 정확히 말하면 그에 탑승하고 있는 외계인들이 인간에게 특별히 공격적이거나 적의의 감정이 있는 것 같지 않다는 것이다. 뒤에서 다시 보겠지만 UFO와 인간의 전투기가 공중에서 만났을 때의 상황을 보면 그 같은 추정이 가능하다. 조종사가 먼저 공격하지 않는 이상 UFO 측에서 먼저 전투기를 향해 공격하는 일이 거의 없었기 때문이다. 그러나 인간의 전투기가 미련을 못 버리고 공격하려고 집요하게 쫓아가면 그들은 순간적으로 그냥 사라져버린다. 맞받아서 공격하는 경우는 잘 발견되지 않았다.

인간을 대하는 외계인의 이러한 태도에 대해 흥미로운 이야기가 있어 소개해 본다. 엔젤라 스미스 같은 연구가에 따르면[37] 외계인들은 한 종족만 있는 것이 아니라 30종이 넘는 다양한 종족이 있다고 한다. 이런 설은 황당하기 그지없는데 여기서 그의 설을 소개하는 것은 그가 UFO 연구계에서는 인정받는 학자이기 때문이다. 다시 말해 그가 이렇게 결론 내린 것은 나름의 연구 결과이지 주먹구구식으로 주장하는 것이 아니라는 것이다. 그렇다고 해서 그의 주장을 있는 그대로 받아들일 필요는 없고 참고만 하면 되겠다.

스미스에 따르면 외계인 가운데에는 인간에게 친근한 종족도 있고 아예 관심이 없는 종족도 있다고 한다(적대적인 종족도 있으나 소수에 그친다고 함). 만일 이것이 사실이라면 벨기에 상공에 나타난 외계인 종족은 그 이름은 모르겠지만 인간에게 호의를 가진 종족이 아닐까 한다.

그렇다면 또 이런 질문이 가능할 것이다. 만일 벨기에에 나타

---

37   Angela T. Smith(2014), 『Voices from the Cosmos』, Headline Books.

난 외계인 종족이 인간에게 우호적이라면 왜 그 수많은 출현에서 한 번도 모습을 드러내지 않았느냐고 말이다. 이 사례는 목격담이 수천 개가 넘는 거대한 사건인데 그 가운데에 목격자와 외계인이 직접 접촉한 경우는 없었다. 그들이 이렇게 벨기에 상공에 많이 나타났으면서도 자신들의 모습을 보이는 데에는 왜 인색했는지 그 이유가 궁금하다. 바로 직전 항목에서 말한 대로 인간이 놀랄까 봐 단순하게 나름의 배려를 한 것뿐 일까?

왜 다양한 모양의 비행체가 출현했을까?

본문에서 우리는 주로 삼각형처럼 생긴 UFO의 목격담에 대해 언급했지만 다른 형태의 UFO를 목격한 경우도 꽤 있었다는 것이 브라우어의 전언이었다. 다른 형태로는 다이아몬드형이나 시가형, 달걀형이 거론되었는데 시선을 가장 끄는 것은 앞에서 본 항공모함을 뒤집어 놓은 것 같은 사각형 모양의 비행체이다.

이렇게 여러 가지 형태의 UFO가 목격되었다는 점과 관계해서 가장 먼저 드는 의문은 비행체들의 다양성이다. 다른 UFO 목격 사례를 보면 같은 형태의 비행체가 나타나는 경우가 많았다. 그런데 벨기에 사건에서는 왜 이렇게 다양한 형태의 UFO가 출현했는지 궁금하다.

물론 주종은 앞에서 본 대로 삼각형의 UFO이다. 사정이 그렇다면 이 삼각형의 UFO를 주력 기체로 상정하여 다음과 같은 질문이 가능하지 않을까 싶다. 즉 삼각형 비행체는 다른 형태의 비행체들과 어떤 관계일까 하는 질문 말이다. 황당한 가정일 수 있지만, 이 문제를 조금 전에 소개한 스미스가 밝힌 외계인 종족과 관계해서 다음과 같이 추정해보면 어떨까?

먼저 벨기에 사례에 나타난 외계인들이 다 같은 종족이고 다양한 비행체들 역시 모두 그 종족의 것이라고 가정할 수 있겠다. 이해를 돕기 위해 이것을 인류의 경우와 대비해보자. 비행기를 주로 다루는 공군이라는 집단을 보면 이 안에는 매우 다양한 기종의 비행기가 있는 것을 알 수 있다. 물론 전투기가 주종을 이루지만 그 외에도 헬리콥터도 있고 전투기보다 훨씬 큰 폭격기도 있다. 그런가 하면 드론과 같은 작은 무인기도 있다. 이런 식으로 한 종족의 외계인들도 다양한 기종을 갖고 있는 것 아닌가 하는 생각을 해볼 수 있을 것이다.

물론 다른 가능성도 있다. 즉 벨기에 사건에서 목격된 다양한 형태의 UFO는 모두 다른 종족에 속한 것이라는 가정도 해볼 수 있겠다. 그러니까 A 종족은 삼각형 UFO를 많이 보유하고 있고 B 종족은 달걀형 UFO나 다이아몬드 UFO를 주력 기종으로 하고 있다는 식으로 추정할 수 있다는 것이다. 이런 식의 추정은 보기에 따라 황당할 수 있지만 우리가 UFO에 대해 알고 있는 것이 너무 없으니 모든 가능성을 다 열어놓자는 의미에서 해 본 것이다.

이렇게 추정하면 또 다른 질문이 꼬리를 물고 생겨나는 것을 막을 수 없다. 먼저 드는 의문은 삼각형처럼 생긴 UFO는 어떤 종족에 속한 비행체이기에 하필이면 벨기에 상공에 많이 나타났느냐는 것이다. 그런데 지역적으로 보면 벨기에 말고 다른 지역에도 언제부터인가 삼각형의 UFO가 많이 나타나고 있는데 그것은 또 어떤 연유인지 궁금하다. 이렇게 보면 흡사 이 삼각형 UFO가 전체 UFO 세계에서 주력 기종이 되는 것처럼 보이는데, 만일 이것이 사실이라면 어떤 이유에서 그 삼각형 비행체가 주종이 됐는지 그것도 궁금해진다.

그리고 만약 여러 종족의 외계인들이 각기 다른 비행체를 운행하면서 나타났다고 상정한다면 이 종족들이 어떤 관계 속에서 인간 세계에 나타났는지도 궁금해진다. 즉 서로 사전에 조율하고 나타난 건지 아니면 그냥 하다 보니 우연히 같이 나타나게 된 건지 그런 것이 궁금하다는 것이다. 다르게 표현하면, 여러 부족의 외계인들이 서로 협력하기로 하고 역할 분담과 같은 것을 사전에 토의한 다음 인간 앞에 나타난 것인지 아니면 그냥 각자가 알아서 따로따로 나타난 것인지 궁금하다는 것이다. 이 질문에도 확실한 단서를 확보하기 어려우니 적절한 답을 추정하기 힘들다.

초대형 규모의 UFO 출현에 대한 의문

벨기에서 목격된 다양한 비행체들과 관련해 마지막으로 나뉘 볼 의문은 항공모함을 거꾸로 놓은 것 같았다는 초대형 규모의 UFO에 대한 것이다. 1990년 4월에 공장의 두 노동자가 목격했다는 이 비행체는, 100m x 60m나 되는 커다란 공장 마당을 뒤덮을 정도로 컸다고 했으니 상당한 크기의 비행체였던 것을 알 수 있다.

도대체 이 장대한 비행체의 정체는 무엇일까? 혹시 모선일 가능성은 없을까? 그러니까 작은 비행체들이 본부로 여기고 들고 나는 그런 기지 역할을 하는 비행체가 아니냐는 것이다. 그렇다면 그 항공모함 같은 비행체는 벨기에 사건에서 가장 많이 나타난 삼각형 UFO의 모선 격이 되는 것일까? 삼각형 UFO들의 크기를 보면 한 면이 12m 정도라고 했으니 그 정도의 크기라면 충분히 항공모함 같은 그 사각형 UFO 안에 실릴 수 있을 것이다.

그러나 한편으로 인간이 만든 항공모함과 거기에 실리는 전투기 크기의 비율을 생각해보면, 이 항공모함 같은 사각 형태의 UFO는 모선으로서 작은 규모일 수 있겠다는 생각도 든다. 실제 항공모함에는 전투기가 수십 대가 들어가고 그 전투기들을 운항할 수 있게 하는 엄청난 부대시설까지 설치되어 있어 규모 면에서 전투기를 월등히 앞선다. 그와 비교해볼 때 이 항공모함 같은 사각형 UFO와 삼각형 UFO는 모선과 자선의 관계가 되기에는 조금 부적합하다는 생각이 든다.

이 밖에도 다양한 비행체의 의미나 기능에 관해 의문이 끊이지 않지만 아직 충분한 정보가 없으니 예서 그치는 게 좋겠다. 이렇듯 우리는 UFO에 대한 정보가 절실하다.

벨기에 UFO 웨이브 사건을 정리하며

이렇게 해서 우리는 역대 UFO 조우 사건 가운데 가장 거대한 사건을 일별했다. 벨기에 사건은 다른 UFO 사건과 비교해볼 때 얻어낼 수 있는 정보가 상대적으로 많았고 몇 가지 특이점, 가령 외계인들과 쌍방 소통이 있었다는 점 등에서 그 진가를 찾을 수 있겠다. 물론 이 벨기에 사례에도 수많은 의문이 해결되지 않은 채로 남아 있다는 것을 잊어서는 안 된다.

마치면서 한 가지 아쉬운 점을 고백해야겠다. 이 사례가 UFO 연구가들의 특별한 관심을 받았던 것은 이때 나타난 UFO가 사진으로 찍혔기 때문이었다. 이 사진은 지금까지 발표됐던 UFO 사진 가운데 최고 중의 하나로 간주되었다. 그래서 앞서 인용한 킨의 책도 이 사진을 싣고 이 사진에서 얻을 수 있는 정보에 대해 상세하게 설명했다. 나도 이 설명을 철석같이 믿었다. 그런데 2011년에 이 사진을 찍은 사람이 그 사진은 자기가 조작한 것이라고 밝히면서 가짜로 판명됐다. 참으로 허망한 일이 아닐 수 없었는데 UFO 연구 사례를 보면 이런 일들이 적잖게 있어 크게 놀라지는 않았다.

그러나 이 사진이 가짜라고 해서 전체 사건이 도매금으로 넘어가서는 안 된다. 이 사건은 그 사진이 없어도 역대 UFO 사건 중 가장 획기적인 사건이라는 데에는 이의가 없기 때문이다. 그런데 이 가짜 사진은 목격자들이 그린 삼각형 모양의 UFO와 모습이 매우 비슷하다. 따라서 개인적으로 추정해보면, 이 사진을 조작한 사람은 기존의 목격자들이 그린 삼각형의 UFO를 염두에 두고 치밀하게 작업하여 만든 것 아닐까 하는 생각이다.

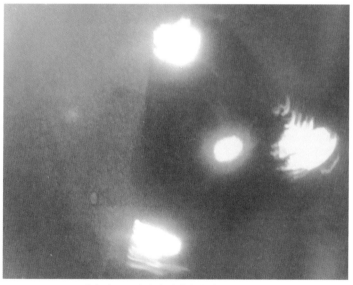

조작된 것으로 밝혀진 벨기에에 나타난 UFO 사진

이제 다음 장으로 넘어갈 때가 되었다. 벨기에 UFO웨이브 사건에서는 아쉽게도 외계인들을 봤다는 목격담이 나오지 않았다.

이렇게 외계인들이 인간 앞에 나타나는 데 인색한 것을 두고 우리는 그들이 인간을 배려한 것이라는 추정을 해보았다. 그러나 이 상황은 바로 다음 장에서 보게 될 UFO 사례에서 격변을 일으킨다. 외계인이 대낮에 인간 앞에 나타나는 UFO 역사상 초유의 일이 일어나기 때문이다. 앞서 예고했던 그 유명한 1994년의 짐바브웨 에이리얼 초등학교 UFO 사건을 말하는 것인데, 이것으로 벨기에 사건을 마치고 어서 아프리카로 가보자.

6. 짐바브웨 에이리얼
초등학교 사건(1994)

드디어 인간 눈앞에 자발적으로 나타난 외계인

그들이 보여준 충격적인 지구와 인류의 미래

√ 특별 메시지를 가지고 모습을 드러낸 외계인들

아프리카 짐바브웨의 한 초등학교 운동장 옆에 비행체가 착륙하더니 외계인이 내렸다. 60여 명의 아이가 달려가 이 광경을 목격했고 몇몇 아이들은 그들과 교통하며 아주 특별한 메시지를 수신한다. 저명한 하버드대 정신과 교수가 아이들을 찾아가 면담하면서 이 사건의 하이라이트가 비로소 부각됐는데, 그는 다름 아닌 UFO 연구가이기도 한 존 맥 교수이다.

개요: 아이들에게 '특별한' 메시지를 전달한 역대급 UFO 사건

우리는 UFO 역사상 또 하나의 신기원을 이루는 획기적인 사건 앞에 섰다. 1994년 아프리카에 있는 짐바브웨에서 일어난 사건으로 접시(disc)처럼 생긴 UFO가 한 초등학교에 착륙했을 뿐만 아니라 외계인으로 추정되는 존재가 그 비행체에서 내렸다. 이것만으로도 대단히 특이한 사건이 될 수 있는데 그 존재가 어린 학생들에게 가까이 다가와 텔레파시로 매우 '특별한' 메시지를 전달했다고 하니 이것이야말로 전대미문의 '역대급' 사건이라 해야 할 것이다. 게다가 그 비행체가 컴컴한 한밤중이나 새벽이 아니라 해가 중천에 떠 있는 환한 오전 시간대에 초등학교 운동장 바로 옆에 착륙했으니 더 기가 막힌다.

유례가 없는 인간과 외계인의 대면 조우

이렇게 인간과 외계인의 대면 접촉이 극명하게 성사된 사례는 없었다. 이것은 앞에서 다룬 트리니티와 로즈웰, 소코로, 벨기에 사건에서도 일어나지 않았던 일로 UFO 역사상 전무후무한 사건이다.

학교라는 곳에서 학생들이 목격했다는 사건이라는 점에서 비슷한 사례가 있기는 하다. 1966년 4월 호주 멜버른에 있는 웨스트홀(West Hall) 고등학교에서 200명 이상 되는 학생들이 학교 너머에 떠 있는 UFO를 목격한 일이 있었다. 그런데 당시 UFO가 착륙은 했지만 외계인이 하선해서 학생들과 접촉하지는 않았다. 따라서 이 짐바브웨 초등학교 사례처럼 인간과 외계인 간의 직접 대면이 성사되지는 않았다.[38] 그런가 하면 최근(2023년) 스필버그가 제작한 4부작 다큐멘터리가 넷플릭스에 공개되면서 인구에 회자된 사건도 있다. 1977년 영국의 웨일스 지방에 있는 한 초등학교의 학생들이 UFO를 보았다는 목격담인데 그때에도 역시 외계인과 접촉했다는 증언은 없었다.[39]

이 같은 나의 설명을 듣고 UFO에 대해 조금 알고 있는 독자 가

---

38   자세한 것은 다음의 영상을 참고하면 되겠다. "전교생이 동시에 UFO를 목격했던 '웨스톨 고등학교 사건'의 충격적인 전말"
https://www.youtube.com/watch?v=ZtAX5lDvVqY
39   다큐멘터리의 제목은 『인카운터: UFO와의 조우』이다. 지난 50년 동안 일어난 UFO 목격 사건을 다룬 필름으로 제2부에 짐바브웨 사건이 나오고 지금 소개한 영국 초등학교(1977) 사건은 제3부에서 조명되고 있다.
https://www.netflix.com/kr/title/81489034

운데 이런 주장을 할 사람이 있을지 모르겠다. '인간이 외계인과 직접 접촉한 사례가 매우 드물다고 했는데 그것은 사실이 아니다. 왜냐하면 그것은 외계인이 인간을 납치할 때 항상 일어나는 일이기 때문이다'라고 말이다. 대답하기 전에 내 입장을 말한다면, 나는 이 책에서 UFO 피랍 사건은 논의에서 제외한다고 했다. 피랍이라는 사건의 내용이 지니고 있는 황당한 점이 아직 풀리지 않았을 뿐만 아니라 나 자신이 아직 충분한 연구를 하지 않아 이 주제를 논의하는 것은 여러 면에서 부담되기 때문이다.

그러나 위의 주장에 이 같은 답도 가능하겠다. 피랍 사건을 사실이라고 전제한다면 위 주장은 틀린 것이 아니다. 왜냐하면 외계인 피랍 사건과 이 초등학교 사건이 공통되는 점이 있기 때문이다. 특히 두 사건에서 모두 인간과 외계인이 가까운 거리에서 직접 접촉했다는 점이 그렇다. 그러나 동시에 두 사건에는 명백한 차이점이 있다. 어떤 점이 그렇다는 것일까?

우선 외계인 납치 사건은 거의 밤에 이루어진 것에 비해 이 사건은 낮에 일어났다는 점이 명백하게 다르다. 그러면 외계인들은 왜 밤에만 행동하느냐는 의문이 생길 터인데 그것에 대해서는 뒤에서 다시 보기로 하자. 별것 아닌 사안 같지만 재미있는 요소가 있어 따로 보려는 것이다.

그런데 이보다 더 차이가 나는 것은 사건이 일어나는 양태이다. 내가 이 책에서 외계인 납치 사건을 다루지 않은 주요한 이유 중의 하나는 그 사건에서 인간은 외계인들에게 아무 힘도 쓰지 못하는 종속적인 존재로 나타나기 때문이다. 알려진 피랍 사례들을 보면 인간은 자기 의지와 관계없이 끌려가야 했고 그런 다음에 비행체 안에서 굴욕적인 생체 실험을 당해야 했다. 볼 일이 다 끝난 다음에는 피랍된 사실을 완전히 망각하게 만드는 조치를 당해 외계인에게 납치된 당사자는 아무것도 기억하지 못한다. 그러니까 외계인 납치 사건에서 인간은 완전히 그들의 손에서 놀아난 것처럼 보인다는 말이다. 인간의 '의식'이 마음대로 주물러진 것이다.

그에 비해 이 에이리얼 초등학교 사건에서는 인간이 그렇게 취급당하지 않았다. 외계인들은 밝은 낮에 열린 지상 공간에 나타났고 비록 어린 학생들이지만 인간들과 대등한 관계를 유지했다. 외계인과 아이들은 가까운 거리에서 서로 바라보며 텔레파시로 무언의 대화를 했다. 외계인들은 아이들을 억지로 끌고 가거나 어떤 실험을 하는 등의 강제적인 행위를 일절 하지 않았다. 단지 아이들의 앞에 나타나서 자신들의 메시지를 전하고 약 15분 동안 머물다가 전광석화처럼 사라진 것이 전부이다.

외계인들이 인간에게 이런 모습을 보인 것은 아주 드문 일이다. 짐바브웨 초등학교에 나타난 외계인들은 스몰 그레이로 추정되는 존재인데 이전의 사건을 보면 이들은 주로 밤에 출현하지 이 사건처럼 낮에 나타나 십여 분 동안 활동하다 간 적은 없었다. 낮에 나타날 때도 인간에게 목격되면 소코로 사건에서 본 것처럼 황급히 사라졌다. 그러나 이번에는 당당하게 낮에, 그것도 사람이 많은 곳에 착륙했을 뿐만 아니라 스스로 하선해서 인간들, 특히 어린 학생들에게 가까이 갔다는 점이 아주 특이하다. 게다가 외계인들이 아이들에게 인류의 암울한 미래를 심상(mental image)으로 전달했다고 하니 UFO 전체 사건 가운데 전무후무한 유례가 없는 사건이라 하겠다.

중요성에 비해 연구가 부족한 사건

짐바브웨 초등학교 사건은 특이한 점이 또 있다. 그 중요도에 비해 이상하리만큼 학술적인 연구가 많이 되어 있지 않다는 점이 그 것이다. 특히 이 사건만을 따로 다룬 단행본이 보이지 않는다. 다른 사건들은 웬만하면 그 사건 하나만을 다룬 단행본이 있다. 그것은 그만큼 전문가들의 연구가 많이 이루어졌다는 것을 의미한다. 이 책에서 본 사례들, 즉 트리니티나 로즈웰, 소코로, 렌들샴 숲 사건 등은 단행본이나 그에 준하는 연구 결과가 나와 있다(벨기에 UFO 웨이브는 제외). 이것은 이 사건들이 UFO 전체 역사에서 중요한 위치를 차지하기 때문에 많은 연구가 이루어졌다는 것을 의미한다.

그런데 이 초등학교 사건은 엄청나게 중요한 사건인데도 불구하고 단행본이 중심이 된 학술적인 연구가 되어 있지 않아 이해가 잘 안 된다. 내실 있는 연구가 나오려면 시간이 더 필요한 모양이다. 그러나 사건이 있은 지 30년이 지났는데도 아직도 제대로 된 연구가 배출되지 않은 것은 이상한 일이라고 하겠다.

학술적인 연구는 별로 없지만

이 사건을 다룬 저서를 굳이 꼽는다면 신시아 하인드의 『UFOs Over Africa(아프리카에 나타난 UFO)』[40]를 들 수 있을 것이다. 하인드는 아프리카에 살면서 그곳에 나타난 UFO 사건을 다룬 지역 연구가로 정평이 나 있는 인물이다. 그녀는 이번 사건의 경우에도 사건이 일어나자마자 초등학교로 달려가 현장을 조사하는 등 중요한 역할을 했다. 그리고 그 후에 이 책을 썼다. 그런데 이 책은 짐바브웨 초등학교 사례만 다룬 것이 아니라 그간 아프리카에 있었던 다양한 UFO 사건을 다루고 있다. 따라서 아프리카에서 일어난 다양한 UFO 사건을 알기를 원한다면 이 책은 필독서 1위에 올라간다.

우리도 당연히 하인드가 쓴 이 책의 내용을 살펴봐야 한다. 그런데 책을 구입하는 일이 쉽지 않았다. 다른 UFO 연구서들이 항상 그렇듯이 국내의 도서관에서는 이 책을 발견할 수 없었다. 따라서 미국의 아마존 같은 회사를 통해 직접 구입해야 하는데 가격이 상당했다. 그래서 아쉽지만, 이번 연구와 집필에 하인드의 책을 직접 읽고 활용할 수 없었다. 만약 하인드의 책이 이번 사례만을 다룬 단독 저서였다면 아무리 비싸도 구매했어야 하지만 이 책에서는 이번 사건이 부분적으로만 다루어지고 있어 굳이 사서 볼 필요가 없을 것 같았다. 대신 다른 자료들을 통해서도 이 사건에 대한 충분한 정보를 얻을 수 있었다. 그것은 이 사건에 관해서 꽤 많

---

40   Cynthia Hind(1997), 『UFOs Over Africa』, Horus House Press.

은 영상 자료들이 있었기 때문이다. 그동안 많은 사람들이 짐바브웨 초등학교 사건에 관심을 두고 조사해서 영상으로 만들어 유튜브에 올렸다. 그 영상들은 수준이 상당한 것들로 내가 이번 사건을 연구하는 데 많은 도움을 주었다.

사실 이 초등학교 사건은 사건 자체로는 그다지 복잡한 것은 아니다. UFO 한 대가 지상에 착륙했고 그 비행체로부터 외계인으로 추정되는 존재들이 나와서 어린 학생들에게 가까이 다가와 일종의 메시지를 주고 갔다는 것이 그 대강이기 때문이다. 그래서 이 사건을 다룬 영상들을 보면 사건의 전모가 그다지 어렵지 않게 드러난다.

무려 10년에 걸쳐 다큐멘터리를 만든 니커슨 감독

그런데 이 사건에는 독특한 점이 있다. 사건이 일어난 것으로 끝나지 않고 그 여파가 수십 년간 지속되고 있다는 사실이 그것이다. 당시 비행체의 착륙과 외계인의 출현을 목격했던 어린이들은 20여 년이 지난 후에도 모여 사건을 회고하며 그때 겪었던 체험과 영향에 관해 이야기하고 있다. 그들의 이러한 모습을 찍은 영상들도 있다. 해당 영상을 보면 그들은 당시 외계인을 만나고 너무도 큰 충격을 받아서 20여 년이 지난 다음에도 잊지 못하고 그 영향 속에 살고 있는 것 같았다.

그래서 이 사건은, 당시에 현장을 목격한 아이들의 현재 모습까지도 검토해야 하는데 마침 그 주제를 다룬 아주 좋은 필름이 있었다. 이것은 랜들 니커슨(Randall Nickerson)이라는 감독이 만든 『Ariel Phenomenon』(2022)이라는 제목의 다큐멘터리 필름이다. 이 필름은 짐바브웨 초등학교 사건에 관한 한 가장 좋은 자료일 것이다. 왜냐하면 니커슨이 무려 10년 이상의 세월을 투여하여 온 힘을 다해 만든 영상이기 때문이다.

그는 2007년 존 맥 연구소로부터 이 사건에 대해 필름을 만들어달라는 부탁을 받고 10년 남짓이라는 세월을 들여 이 영상을 만들었다. 존 맥(John E. Mack, 1929~2004)은 잘 알려진 것처럼 하버드

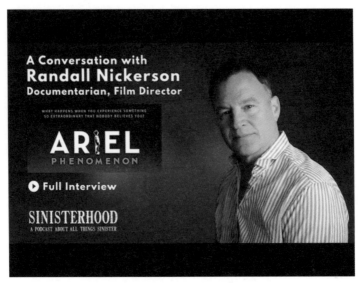

랜들 니커슨 감독

대 의대에서 정신과 교수로 있으면서 외계인 피랍 사건에 대해 심도 있는 연구를 한 피랍 연구의 권위자이다(일명 'UFO를 믿는 하버드대 교수'라고 불림). 맥 교수는 2004년에 불의의 교통사고로 유명을 달리했는데 그 사고에 대해서 할 말이 많지만 여기서는 그가 주빈이 아니니 그냥 지나치기로 한다(그러나 이 사건에서 맥이 남긴 혁혁한 업적은 계속해서 거론될 것이다).

존 맥 연구소로부터 부탁을 받은 니커슨은 이 사건이 벌어진 현지에 가서 밀착 취재를 했을 뿐만 아니라 사건의 주인공이라 할 수 있는 초등학교 학생들을 어렵게 추적한다. 페이스북을 이용하여 전 세계에 흩어져 있는 학생들을 만나는 데에 성공했고 그들을 만나 당시의 생생한 이야기를 들었다. 20년이 지났으니 성인이 된 학생들을 만난 것이다. 감독은 그들을 한자리에 모으는 일도 해냈다. 그때 학생들은 20년 동안 잊고 있었던 일을 기억해냈고 그 기억을 친구들과 나누면서 즐거워했다. 니커슨은 이런 일을 하느라고 영상을 만드는 데에 10년의 세월이 걸린 것이다. 이 사건에 대한 관심과 애정이 없었다면 해낼 수 없는 일이었을 것이다.

그런데 나는 여기서도 앞에서 언급한 하인드의 책을 대했을 때와 똑같은 문제에 봉착했다. 이 필름을 구할 수도, 볼 수도 없었기 때문이다. 아마존 같은 회사의 홈페이지에 들어가 여러 차례 시도했지만 한국에서는 이 필름을 구매하는 일이 불가능했다. 그래서 영상 전체는 볼 수 없었고 부분적으로만 볼 수 있었다. 나는 이 다큐멘터리 영상의 풀타임 버전을 보지 못한 것을 만회하고자 그동안 니커슨이 다양한 유튜버들과 대담한 영상을 찾아보았다. 그랬더니 생각보다 많은 면담 영상이 있는 것을 발견할 수 있었다. 이 영상들은 내가 이번 장을 쓰는 데에 많은 도움을 주었다.

또 니커슨이 단독으로 강연한 영상[41]도 찾아냈는데 거기에서 그는 이 다큐멘터리 영상을 만드는 과정에 대해 상세하게 설명하고 있어 참고가 많이 되었다. 그뿐만 아니라 강연의 말미에는 이 사건을 직접 겪은 두 명의 목격자가 나와 질의 응답하는 부분이 있어 큰 도움이 되었다. 사건 당시에는 11살에 불과했던 아이들이 30대의 성인이 되어 자신들이 체험한 것을 증언하는 모습이 잘 담겨 있었다.

한국의 열악한 UFO 연구 환경

이 사례의 개요를 마치며 마지막으로 하고 싶은 말이 있다. 한국에서 UFO 연구하는 일이 너무 어렵다는 것이 그것이다. 책이라는 것은 도서관에서 보아야 하는데 이 주제를 다룬 전문 서적은 여간해서 한국의 도서관에서 발견되지 않는다. UFO에 대해서는 미국에서 가장 연구가 많이 되어 있어 그쪽의 책을 참고해야 하는데 한국 도서관에는 이 주제에 관한 책이 아예 없다. 따라서 아마존과

41 https://www.youtube.com/watch?v=UCqVpwgOoPc

같은 판매 사이트에 들어가 일일이 서적을 구매해야 하는데 이것
도 위에서 말한 것처럼 쉽게 할 수 있는 일이 아니다. 너무 번거로
운 일이기 때문이다(나이가 들어서 인터넷 공간에 적응하는 일이 더더욱 힘
들다).

　문제가 여기서 끝나는 게 아니다. 우리가 한국에 있는 한 현재
미국에서 UFO가 어떻게 연구되고 있는지 그 동향을 전반적으로
파악하는 일이 원천적으로 힘들다. 이 주제에 대해 제대로 연구하
려면 미국에 가서 학자들과 학회를 하고 개인적으로 교류하면서
그곳의 분위기를 파악해야 하는데 이게 불가능하다는 것이다. 지
금 한국에서 할 수 있는 UFO 연구는 코끼리를 부분적으로만 보고
전체 모습을 그리는 것과 같다고 하겠다. 이처럼 많은 제약을 느끼
지만 그럼에도 불구하고 지금 한국의 환경에서 할 수 있는 일을 총
동원해서 나는 이번에 볼 짐바브웨 초등학교 사건 역시 그 모습을
가감 없이 전하려고 노력했다. 그러면 그날 사건 현장으로 가보자.

60여 명의 아이들 앞에 모습을 드러낸 외계인

이 UFO 사건은 1994년 9월 16일 오전 10시경, 아프리카의 남부에 있는 짐바브웨에서 발생했다. 그 정확한 장소는 수도 하라레에서 남동쪽으로 약 20km 떨어진 루와(Ruwa)라는 도시에 있는 에이리얼(Ariel) 초등학교이다.

그런데 전조가 있었단다. 이 사건이 있기 이틀 전부터 남부 아프리카에는 레이더에 UFO가 포착되기 시작했다. 대서양을 가로지르는 UFO가 잡히는가 하면 밤에는 짐바브웨나 인근 국가의 상공에서 매우 빠르게 움직이는 밝은 불덩어리가 관찰되기도 했다. 그래서 짐바브웨의 방송국에 이 물체에 대한 질의가 쏟아지는 등 난데없는 UFO 열풍이 불었다고 한다.

지상의 환한 빛과 뜨거운 열기에 대처(?)하는 방법

이러는 가운데 9월 16일 금요일 오전 10시경 에이리얼 초등학교의 상공에 여러 대의 UFO가 나타났고 그중 한 대가 학교 운동장 바로 밖에 있는 덤불과 작은 나무 사이에 착륙했다. 당시 운동장에는 60여 명(62명이라고 하는 경우도 있음)의 학생들이 휴식 시간이라 모여 있었는데 UFO가 착륙하는 것을 보고 그들은 UFO가 있는 쪽으로 몰려갔다.

그런데 이때 실로 놀라운 일이 벌어졌다. 그 비행체에서 한 명 이상의 외계 존재가 밖으로 나온 것이다. 이 존재들은 통칭 스몰 그레이의 모습을 하고 있었는데 키는 1m 남짓이었다. 특이한 것은 보통의 스몰 그레이는 몸이 회색인데 아이들의 말에 따르면 이들은 검은 옷 같은 것을 입고 있었다고 한다. 놀라운 일은 계속되었다. 그 외계 존재들 가운데 한 명이 아이들 바로 코앞 1m까지 다가온 것이다. 그리곤 몇몇 아이에게 텔레파시로 추정되는 방법으로 어떤 메시지를 전달했다고 한다. 그렇게 그들은 그곳에서 약 15분 정도 머물다 다시 비행체를 타고 순식간에 날아가 버렸다. 이때 아이들에게 어떤 메시지가 전달됐는지는 매우 중요한 주제라 뒤에서 상세하게 보려고 한다. 지금 주목하고 싶은 것은 아이들이 묘사한 외계인의 모습이다.

아이들의 말에 따르면 그들은 검은 옷 같은 것을 입고 있었다고 한다. 그런데 이는 일반적으로 알려진 스몰 그레이와는 다른 모습이다. 이 사건의 다큐멘터리 필름을 만든 니커슨도 말하길, 자신이 조사한 바에 따르면 이 사례처럼 외계인이 검은 옷 같은 것을 입고 나타난 경우는 전체 출현 사건 가운데 서너 번밖에 없었다고

한 아이가 그린 외계인 그림(검은 옷을 입고 있다)

증언했다. 그만큼 희귀하다는 것인데 관련된 구체적인 사정을 차근차근 살펴보면 이렇다.

앞에서 누누이 말했듯이 이 사건처럼 환한 대낮에 외계인(그게 스몰 그레이든 아니든)이 지상에 나타나 인간에게 다가오는 것은 매우 희귀한 일이다. 적어도 나는 이런 사례를 접한 적이 없다. 상황이 이렇게 된 데에 대해 UFO 전문가들은 이렇게 말한다. 즉, 이 스몰 그레이 부류의 외계인들은 대낮에 직면해야 하는 지구의 빛과 열이 대단히 부담스럽다고 한다. 그래서 오랫동안은 견디지 못한다고 하는데 UFO의 전문 연구가인 존 리어에 따르면[42] 스몰 그

---

42 "John Lear 1987" https://www.youtube.com/watch?v=LGQkkHuwm6w&t=15s

레이 부류의 외계인이 대낮에 지상에서 머무를 수 있는 시간은 20분 정도라고 한다. 이런 까닭에 그들이 지상에 나타날 때는 대체로 밤을 택한다고 한다.[43]

이 독특한 사정은 UFO 피랍 사건을 보면 짐작할 수 있다. 예를 들어 제대로 알려진 UFO 피랍 사건 가운데 최초로 간주되는 것으로, 1961년에 있었던 바니와 베티 부부의 피랍 사건도 밤에 이루어졌다. 이 부부는 한밤중에 차를 타고 가다가 스몰 그레이에 의해 납치되었다고 알려져 있다. 이 유명한 납치 사건 후로 보고된 수없이 많은 UFO 피랍 사건도 대부분 밤중에 이루어졌지, 낮에 벌어진 예는 과문한 탓인지 아직 접해보지 못했다. 이런 피랍 사례들을 통해 보건대 스몰 그레이 유의 외계인들이 야행성이라는 것은 어쩌면 사실일 수도 있겠다.

그런데 오전 10시쯤 에이리얼 초등학교에 스몰 그레이로 추정되는 외계인들이 나타났다. 조금 전에 이야기한 것처럼 이들이 지구의 빛과 열을 잘 견디지 못한다는 것이 사실이라면 이 시간에 나타난 외계인들을 어떻게 이해하면 좋을까? 그들은 어떻게 지구에 비치는 태양의 빛과 열기를 감당할 수 있었느냐는 말이다. 그 해답은 아이들의 증언에서 발견할 수 있을 것 같다.

다시 아이들의 말을 들어보자. 아이들은 외계인들이 검은 옷을 입고 있었다고 했다. 그런데 앞서 벨기에 사건에서 소개했던 엔젤라 스미스 같은 UFO 전문가는 이 옷이 바로 외계인들이 지상에서

---

43 Smith, 앞의 책 p. 94.

겪어야 하는 빛과 열을 차단해주는 역할을 한다고 주장했다. 이런 이야기를 어디서부터 어디까지 믿어야 할지 모르겠다. 다만 알려진 자료에 따르면 스몰 그레이 부류의 외계인들은 보통 회색의 몸을 가지고 나타나는데 에이리얼 초등학교 사건의 경우는 검은 모습으로 나타났으니 스미스의 주장도 경청할 만하다.

중력에서 자유로운 듯한 외계인들

그런가 하면 아이들은 이날 나타난 외계인들이 움직이는 모습에 대해서도 재미있는 관찰 결과를 내놓았다. 아이들에 따르면 외계인들은 다리가 있지만 우리 인간처럼 걷는 게 아니라 미끄러지듯이 움직이고 흡사 슬로우 모션으로 움직이는 것 같았다고 한다. 공중에 뜬 것처럼 움직인다는 것인데 이런 특수 보행(?)이 가능한 것은 이 외계인이 특별한 능력을 갖고 있기 때문이라는 설이 있다. 이것 역시 앞에서 인용한 스미스가 주장한 것인데 그에 따르면[44] 스몰 그레이들은 지구의 중력을 무력하게 만들 수 있는 능력이 있다고 한다. 중력에서 자유로울 수 있다는 것인데 덕분에 그들은 공중에 떠다니는 것처럼 보이는 모양이다. 그들의 이런 모습은 UFO 피랍 사례에도 나타난다. 여기서도 외계인들이 공중에 떠서 다니는 모습이 자주 포착되기 때문이다. 이런 설명은 진위를 확인할 수

44 앞의 책, p. 78.

없으니 그저 재미있는 견해라고 생각하면 될 성싶다.

　이날 나타난 외계인들의 모습과 관련해 또 다른 재미있는 증언이 있다. 아이들의 관찰에 따르면[45] 이 외계인들은 목이 경직되어 있어 몸에서 자유롭지 않았다고 한다. 우리 인간들은 목을 자유롭게 움직이며 전후좌우를 다 볼 수 있는데 그들은 이 동작이 안 된다는 것이다. 그러니까 외계인들은 목과 몸뚱어리가 붙어 있다는 것인데 그 이유에 대해서는 연구가들의 견해조차 알려진 바가 없다.

　그래도 억지로 추정해본다면, 이 외계의 존재가 갖는 특징 가운데 하나로 눈이 아주 크다는 것을 꼽을 수 있다. 이렇게 눈이 크면 아마 시야가 굉장히 넓을 것 같다. 정면과 좌우면, 아니 후면과 위아래까지 어쩌면 사방팔방 360도를 동시에 볼 수 있을지도 모른다. 만일 이것이 사실이라면 목을 돌릴 일이 없지 않은가. 그러니 인간처럼 뼈로 목을 몸체에 연결하지 않고, 아이들이 본 대로 목과 몸통을 하나로 만들어 생활해도 사는 데에 지장이 없을 것 같다는 생각이 든다.

인간과 외계인, 서로가 생경하고 놀랐을 것

　이렇게 외계인들을 만난 아이들은 엄청난 패닉에 빠졌다고 한

45　"Best UFO Sighting of the 1,990s with Randall Nickers on"
https://www.youtube.com/watch?v=_-KpDsPxs5k&t=1860s

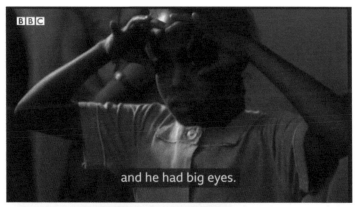

외계인의 큰 눈을 설명하고 있는 아이들

다. 그럴 수밖에 없는 것이 생전 처음 보는 괴상한 생명체가 이상한 비행체를 타고 내려와 자신들에게 1m 근방으로 다가와 그 큰 눈으로 한참을 쳐다보다가 갔으니 말이다. 외계인이 이렇게 응시한 모습에 대해 어떤 아이는 말하길 '마치 아이를 한 번도 보지 못한 할머니가 보듯이 (우리를 보았다)'라는 아주 재미있는 표현을 했다.[46]

이런 말이 나올 법한 것은 외계인들이 대낮에 지상에 착륙해 이렇게 가까운 거리에서 인간을 본 일이 거의 없었기 때문이 아닐까 한다. 그들이 인간을 납치할 때는 주로 밤에 나타나서 그 일을 했는데 이렇게 낮에 인간을 대해 보니 그들도 매우 생경했던 것 아닐까? 그리고 이 사건처럼 수십 명의 아이를 한꺼번에 본 것도 그 외계인들에게는 처음일지 모른다. 그러니 그들도 신기해서 아이들을 쳐다보았던 모양인데 그들이 어찌나 강하게 응시했던지 아이들은 그들의 눈을 보고 큰 공포를 느꼈다고 한다. 어떤 어린이는 그 눈에서 사악한 것을 보았다고 하고 어떤 어린이는 자신(의 눈)이 그 외계인들의 눈에 사로잡혔다는(locked) 표현을 하기도 했다.

이 상황도 다음과 같이 상상해보면 이해하지 못할 바는 아니다. 어떤 이상한 작은 사람이 나타났는데 얼굴에는 다른 것은 잘 안 보이고 럭비공처럼 생긴 큰 눈만 보였다. 게다가 그 눈이 인간 눈처럼 흰 부분과 검은 부분이 섞여 있는 것이 아니라 온통 검은색으로 되어 있으니 그걸 보고, 아무리 아무 선입견이 없는 아이들이

---

46 "Randall Nickerson Discussing the Ariel Phenomenon at McMenamins UFO Fest 2018" https://www.youtube.com/watch?v=UCqVpwg0oPc

지상의 아이들에게 실제로 나타난 외계인과 비행선

라 할지라도 어찌 놀라지 않겠는가? 그 때문에 아이들은 외계인이 있을 때는 얼어붙어 꼼짝도 못했다고 한다. 이 아이들이 이때 받은 충격이 얼마나 컸던지 니커슨이 20년 뒤에 면담했을 때도 그들은 여전히 심리적 외상 후 스트레스 장애(PTSD, post traumatic stress disorder), 즉 두려운 경험을 한 뒤에 나타나는 정신적 후유증에 시달리고 있었다고 한다.

교사, 기자, 그리고 UFO 연구자들의 증언

어떻든 이 같은 조용하지만 화려한 만남이 있고 난 뒤 외계인들은 떠났다. 이제부터는 이 사건을 이해하려는 인간들의 움직임이 분주해진다. 당시 운동장에는 교사가 한 명도 없었다. 교사들은 건물 안에서 회의하느라 사건 현장에는 아무도 없었던 것이다. 주변에 어른이 있었다면 근처의 사탕 가게에서 일하던 여성밖에는 없었다고 한다. 왜 이 사건에는 어른들이 한 명도 개입되지 않고 아이들만 관여하게 되었을까? 이 문제는 가볍지 않은 주제라 뒤에서 의문을 논할 때 따로 다루어보려고 한다.

교사들, '아이들이 분명히 무엇인가 보았다'

UFO와 외계인의 출현에 적이 놀란 아이들은 당연히 교사들에게 몰려갔다. 그때 아이들의 모습을 본 교사의 증언에 따르면 아이들이 공포에 질려 마구 소리를 지르며 달려왔다고 한다. 아이들은 교사를 보자마자 자신들이 본 것에 대해 중구난방으로 떠들어댔다. 이것은 아이들이 능히 취할 만한 행동거지인데 이에 대해 교사들은 그다지 호응하지 않았다고 한다.

교사들의 입장에서 보면, 갑자기 아이들 수십 명이 몰려와 이상한 비행체가 운동장 옆에 착륙하고 괴상한 존재들이 나타나 겁을 주고 갔다고 마구 떠들어댄다면 그들 역시 얼마나 당황했겠는가? 평범한 교사들이 UFO에 대한 지식을 가지고 있었을 것도 아니니 이런 갑작스러운 사태에 그들도 어찌할 바를 몰라 아이들이 말하는 것을 수용하기 어려웠을 것이다. 그런데 나중에 그들이 증언하는 것을 보면 '아이들이 분명히 무엇인가 보았다'라고 하면서 긍정적인 태도를 보이기는 했다.

학교를 마치고 귀가한 아이들은 당연히 부모에게도 자신들이 오전에 본 것에 대해 이야기했다. 그런데 다행히 부모들 가운데에는 아이들의 말을 믿어 주는 사람이 있었던 모양이다. 내가 이런 판단을 내릴 수 있는 것은 아이 중 한 명이 나중에 장성해서 이 사건에 관해 토론하던 중 '그때 (교사들은 자기 말을 안 믿으려 했지만) 부모들은 기꺼이 믿어 주어 고맙다'라고 말한 영상을 보았기 때문이다.

아이들의 목격담을 접한 부모들 가운데 몇몇은 이 사건이 심상치 않다는 것을 발견하고 그다음 날 학교로 가서 교사들과 이 사건에 대해 논의했다고 한다. 그런데 이 사건은 워낙 큰 사건이라 곧 널리 알려져 라디오를 통해 보도되었고 소식을 접한 두 사람이 외부에서 와서 본격적인 조사에 들어간다.

BBC기자, '도저히 처리하기(handle) 힘들었다'

이 두 사람은 당시 BBC의 짐바브웨 특파원인 팀 리치 기자와 앞에서 말한 아프리카의 UFO 연구가인 신시아 하인드를 말한다. 리치는 기자답게 재빨리 움직여 사건이 있은 지 사흘 만인 9월 19일(월요일)에 학교를 방문해 학생과 교사들을 면담하고 영상을 만들어 BBC 본부로 보냈다.[47] 송출된 이 영상[48]은 지금도 인터넷으로 볼 수 있어 당시의 생생한 모습을 접할 수 있다. 이 사건에 대해 리치가 남긴 말이 뇌리에 남는데 그는 이렇게 말했다.

'이전에 나는 여러 전장을 다니면서 보도를 한 베테랑 기자였다. 나는 여러 전장에서 말할 수 없이 참혹한 현장을 수도 없이 목도했다. 그러나 나는 (아무리 현장이 참혹해도) 그것을 이해하지 못했던 것은 아니다. 그에 비해 이번에 내가 이 초등학교에서 취재한 것은 도저히 처리하기(handle) 힘들었다.'

이 말은 에이리얼 초등학교에서 벌어진 일이 그의 사고 체계로

---

47 날짜에 사실관계가 다를 가능성도 있다. 즉 리치가 9월 19일 이전에 학교를 방문했지만 영상을 찍은 것은 19일일 수도 있다.
48 https://www.bbc.com/news/av/stories-57749238

는 절대로 이해할 수 없는 기괴한 것이라 어떤 식으로 받아들여야 할지 모른다는 의미가 아닌가 싶다. 아마 리치는 그때까지 UFO에 대한 지식이나 정보가 충분하지 않았을 것이다. 당시는 전 세계적으로 UFO에 관한 연구가 많이 되어 있지 않아 대중적인 인지도가 현저히 낮았을 것이다. 그런 분위기에 영향받아 그 역시 UFO에 대해서는 무관심하거나 회의주의 같은 태도를 보이고 있었을 것 같다. 그랬던 그가 이 사건을 겪으면서 커다란 혼란에 빠진 모양이다.

그런데 리치는 이 보도를 내보낸 뒤 얼마 되지 않아 기자직을 떠났다고 한다. 이에 대해, 이 에이리얼 초등학교 사건의 다큐멘터리를 제작한 니커슨은 그가 해고된 것인지 아니면 자의로 그만둔 것인지 알 수 없다고 하면서 당시 영국 사회에는 이런 UFO 사건

왼쪽부터 탐 리치 기자, UFO 연구가 신시아 하인드

을 보도하는 것 자체가 금기시되던 때라는 것을 상기시켰다. 추측하건대 이 보도를 내보낸 뒤 리치는 많은 'UFO 불신론자'들로부터 공격을 받았을 가능성이 있다. 어떻든 리치는 그 이후에 UFO 연구계에서 더 이상 언급되지 않았다.

UFO 연구자, '20세기에 일어난 사건 가운데 최고'

이번에는 하인드의 조사를 소개할 차례인데, 내가 가늠해보니 하인드가 리치보다 현장에 먼저 갔을 가능성이 커 보인다. 나는 이 두 사람 중 누가 먼저 현장에 갔는지가 궁금했는데 리치가 BBC에 보낸 영상을 보면 여기에 하인드가 활동하는 모습과 학생들과 면담하는 모습이 나온다. 이런 정황을 두고 볼 때 하인드는 사건이 발생한 직후에 학교로 간 것 같다.

그리고 아이들을 모아놓고 면담했는데 이때 그녀는 아이들에게 그들이 본 것을 그림으로 그리라고 부탁한 모양이다. 왜냐하면 리치가 만든 영상에 이미 아이들이 그린 그림들이 다수 나오기 때문이다. 교장이 리치의 질문에 답하면서 이 그림들을 보여주는 장면이 영상에 나오는데 이것은 이 그림이 리치가 방문하기 전에 그려졌다는 것을 의미한다. 따라서 하인드는 리치가 오기 전에 학교에 가서 아이들을 만나 면담하면서 그림을 그리라고 했을 것이다. 지금 우리가 접하고 있는 그림들은 바로 이때, 그러니까 하인드가 방문했을 때 만들어진 것이 많은 것 같다.

리치가 BBC에 송출하려고 만든 영상에서 하인드는 '이 사건은 20세기에 일어난 사건 가운데 최고의 사건'이라고 힘주어 주장했다. 여기서 우리가 주목해야 할 것은 하인드가 이 사건이 UFO 사상 가장 중요한 사건이라고 한 것이 아니라 20세기에 일어난 모든 사건 가운데 최고라고 말한 것이다. 이는 UFO 연구가들이 이 사건을 얼마나 위중하게 생각하는지 알 수 있게 해준다. 제2차 세계대전 같은 20세기의 굵직한 사건을 다 젖히고 이 사건이 최고 사건이라고 주장하니 말이다. 이는 능히 UFO 연구가로서 할 수 있는 발언이라고 생각한다. 나도 이 사건이 외계인이 환한 대낮에 지상에 자발적으로 나타나 인간과 소통한 유일한 사건이었다는 의미에서 어느 정도 하인드의 발언에 동의한다.

아이들 그림을 보고 있는 힌드(리치 취재 BBC 방송분)

그녀는 또 UFO 연구가답게 아이들이 말한 것을 모두 사실로 생각한다고 하면서 아이들에 대한 강한 신뢰감을 표시했다. 아이들의 증언이 세부적으로는 조금씩 일치하지 않는 점이 있지만 큰 틀에서는 같은 현상을 이야기하고 있기 때문에 그들의 증언을 믿을 수 있다는 것이다. 또 리치가 만든 영상을 보면 그녀가 교장과 함께 방사능을 재는 기술자를 대동하고 현장에 가서 방사능을 계측하는 장면도 나온다. 방사능은 검출되지 않았다고 하는데 그런 현장을 영상으로나마 볼 수 있다는 게 새삼 신기하다는 생각이 든다.

하버드대 교수가 직접 행한 개별적인 심층 면담

에이리얼 초등학교 UFO 사건을 다룬 사람이 여럿 있지만 그 가운데 존 맥 교수보다 중요한 사람은 없을 것이다. 내가 보기에 맥이 이 사건의 조사에 참여하면서 이 사건의 진가가 밝혀진 것 같다. 만일 그가 이 사건을 조사하지 않았더라면 이 사건은 외계인이 환한 오전 시간대에 나타난 특이한 사례로만 남고 그 이상은 아니었을 것이다. 따라서 세월이 지나가면 이 사건은 사람들의 뇌리에서 사라져버렸을지도 모른다. 그러나 맥이 목격자 아이들을 심층적으로 면담한 끝에 이 에이리얼 초등학교 사건을 지구의 환경 문제와 연결시킴으로써 이 사건은 UFO 전체 연구사뿐만 아니라 인류사의 관점에서도 특기할 만한 독보적인 사건이 되었다.

퓰리처상을 수상한 하버드 의대 정신과 교수가 UFO를

하버드 의과대학의 정신과에서 교수를 역임하고 있던 맥이 이 사건을 조사하기 위해 에이리얼 초등학교에 온 것은 사건 발생

(9.16) 후 약 2달이 지난 11월의 일이었다. 맥은 잘 알려진 것처럼 1977년에 흔히 '아라비아의 로렌스'라 불리는 T. E. 로렌스의 전기를 심리학적인 관점에서 쓴 책, 『A Prince of Our Disorder: The Life of T. E. Lawrence(무질서의 왕자: 로렌스의 생애)』로 그 유명한 퓰리처상을 받았다. 이는 그가 자신의 분야인 정신의학 혹은 심리학에서 최고의 저술가가 되었다는 것을 의미한다. 학자에게 퓰리처상은 그런 의미를 갖는 상이다.

그런 명성을 가진 맥이 그만 UFO 사건에 대해 관심을 갖기 시작했다. 그 많은 주제 가운데에 그가 가장 많은 관심을 표한 것은 UFO 피랍 체험이었다. 이 주제는 논란이 많은 것으로 일반 사회에서는 언급하는 것 자체를 꺼리는 것인데 학계에 있는 맥이 이 주제를 연구하고 관련 책을 출간한 것은 학자로서 자살 행위와 같은 것이었다.

다른 이야기지만 학계의 주류에 있던 맥이 행한 이런 파격적인 행보를 말하고 있자니, 이 대목에서 아이들을 상대로 전생과 환생이라는 비과학적인 주제를 집요하게 파고든 버지니아 대학의 정신과 의사가 떠오른다. 그 주인공은 맥과 동시대를 살다 간 이안 스티븐슨(Ian Stevenson, 1918~2007) 교수이다. 그 역시 논리와 이성을 중시하는 미국의 주류 학계에서 50년간 교수로 재직하며 크게 인정받던 학자다. 그런 그가 과학적으로 증명이 불가능한 인간의 환생설(혹은 윤회설)에 관심을 갖게 되었고 그것을 입증하기 위해 수십 년에 걸쳐 전생을 기억한다고 주장하는 여러 나라의 아이들을 찾아다녔다. 그 결과 무려 2,500여 건에 달하는 사례를 수집했고 그것을 치밀하게 조사하여 검증 작업까지 마친 후 방대한 저서를 출간했다.

스티븐슨은 맥처럼 비(?)과학적인 영역을 탐구했지만 수십 년의 세월을 마다하지 않고 과학적인 접근 방법을 고수했기에 결과적으로 볼 때 비난의 화살은 상대적으로 적었다. 적어도 맥처럼 학교가 나서서 그의 연구에 제동을 걸지는 않았다. 그러나 맥은 곧 보겠지만 외계인의 납치 체험에 관한 책을 출간하자마자 하버드대학 측으로부터 엄중한 조사를 받는다. 학계 주류에 있으면서 기존 학계가 인정하지 않는, 그러나 중요한 주제를 용감하게 연구했다는 면에서 이 두 학자가 닮아 한 번 언급해보았다.

맥으로 돌아가서, 맥이 처음부터 UFO 사건에 관심이 있던 것은 아니었다. 아니 외려 반대로 그는 UFO와 관계된 것들을 모두 허튼짓으로 생각했기 때문에 아무 관심이 없었다. 그러나 지인의 소개로 UFO 피랍 사건을 많이 연구한 버드 홉킨스를 만나게 된다. 그와 동시에 홉킨스의 소개로 실제로 납치되었다고 주장하는 사람들을 만나면서 그의 견해가 완전히 바뀌게 된다.

맥은 피랍자들의 주장, 즉 자신이 어떻게 납치되고 그들이 목격한 UFO의 내부는 어떻게 생겼으며 그곳에서 어떤 일을 당했는가 하는 등등의 이야기를 듣고 그 체험의 진실성을 믿게 된다. 그들의 이야기가 황당하기 그지없지만, 사전에 아무 면식이 없는 사람들이 한결같이 같은 주장을 하니 믿지 않을 수 없었던 것이다.

이 설명에는 극적인 게 많고 할 이야기가 많지만 이 주제는 다른 단행본으로 다루어야 할 정도로 큰 것이라 다음 기회로 미루기로 한다(나는 지금 이 분야를 한창 공부 중이다).

학자는 모든 주제에 열려 있어야 한다는 신념으로

맥은 마음이 열려 있고 솔직한 사람이었던 것 같다. 만일 같은 전공의 다른 하버드대 교수들이 우연이라도 이런 UFO라는 주제를 접하게 된다면 어떻게 대처할까? 그들은 아마 가차 없이 이 주제와 관계된 모든 것과 단번에 절연했을 것이다. 왜냐하면 이른바 학자라는 사람이, 그것도 하버드대학이라는 최고의 제도권 대학에 소속되어 있는 교수가 이런 황당한 주제를 가지고 연구한다는 것이 알려지게 되면 학자로서의 생명이 끊어질 수도 있기 때문이다. 이런 주제는 할 일 없는 호사가들이 가십거리로 떠드는 황당한 기담에 불과한 것인데 그런 것을 전문 연구가인 교수가, 그것도 미국 최고 명문대 교수가 연구한다면 만인으로부터 지탄받을 게 뻔한 일이었다.

그러나 맥은 달랐다. 그는 진실한 의미에서 학자답게 '학자는 모든 주제에 열려 있어야 한다'라는 신념을 갖고 UFO 피랍 사건을 연구하기 시작했다. 그리고 그 결과로 1994년에 펴낸 책이 『Abduction: Human Encounters with Aliens(납치: 외계인과 인간의 조우)』라는 것이었다.

이 책이 출간되자 하버드대 의대는 발칵 뒤집힌 모양이다. 신성한 대학에서, 그것도 미국 최고의 대학에 소속된 의대 교수가 이런 '잡된' 주제로 책을 출간했으니 말이다. 제도권 학자들로서는 커다란 모욕이 아닐 수 없었을 것이다. 이럴 때 이들이 하는 일은 이런 문제 많은 학자를 쫓아내는 것이다. 그러려면 우선 조사를 해야 해서 하버드대의 의대 교수들은 위원회를 만들어 맥이 연구하는 과정에서 윤리적으로 문제가 있었는지 혹은 위법 행위가 있었는지를 조사했다. 무려 1년여를 끈 이 조사에서 맥은 '학자는 어떤 주제를 연구하든 학문적 자유를 갖는다'라는 판정을 받아 더 이상 제재를 받지 않게 된다.

존 맥의 주요 UFO 저서(차례로 1994, 1999)

내가 여기에서 맥이 겪은 이 같은 난항에 대해 말하는 이유가 있다. 맥이 이 에이리얼 초등학교를 방문한 시기가 바로 그 같은 조사를 받고 있던 즈음이었고 그 결과 맥의 심신 상태가 편안하지 않았을 것이라는 것을 암시하기 위함이었다.

그럼에도 불구하고 맥이 이렇게 먼 아프리카까지 온 이유가 무엇이었을까? 개인적인 상황이 그렇게 괴롭고 힘든 상태였을진대 만사를 제쳐 놓고 이곳에 온 까닭은 무엇이었을까? 당시 그가 어떤 심산을 가졌는지 궁금하다. 보통 사람 같으면 직장에서 겪는 고초로 만사가 귀찮아 아무것도 하기 싫었을 텐데 맥은 왜 아프리카행을 택했을까?[49] 이에 대한 대답은 그만이 알 터이니 우리는 예서 질문을 멈추어야겠다.

2개월 후에 면담했다는 약점이 있지만

맥이 이렇게 에이리얼 초등학교까지 날아와 당시 아이들을 만나 면담하는 모습은 다행히 영상으로 남아 있다.[50] 유튜브에 있는 이 영상을 보면 맥은 현장을 목격한 아이들은 물론이고 비목격자인 교사들까지 면담하고 있는데 우리가 관심 있는 것은 당연히 아이들을 담은 영상이다. 그는 아이들 한 명 한 명을 개별적으로 면

49　앞에서 말한 리치에 따르면 자신이 맥 교수에게 처음으로 이 사건을 알렸다고 한다.
50　"UFO Encounter at Ariel School in Ruwa, Zimbabwe 1994 Dr. John E. Mack"
https://www.youtube.com/watch?v=axKevbEkDuE

담하면서 그들이 보았던 것을 그림으로 그리게 했다.

맥은 아동심리의 전문가답게 면담 기술이 뛰어났다. 그는 앞에서 본 하인드나 리치와는 달리 심층 면담 기법을 활용하여 아이들

맥이 루실을 면담하는 장면(상) 루실이 목격한 외계인을 그리는 장면(하)

이 내면적으로 갖고 있던 감정이나 문제의식을 끌어냈다. 하인드가 면담한 영상을 보면 아이들을 다 같이 모아놓고 질문하고 대답하는 모습을 볼 수 있다. 그런데 이런 식의 질의응답 법은 개개인의 감정을 세세하게 끌어내지 못한다는 약점이 있다. 여러 사람이 있으면 아무래도 다른 사람을 의식해서 자신의 견해를 솔직하게 표현하지 못하기 때문이다.

그런 까닭인지 전문가인 맥은 아이들을 한 명씩 별도로 면담했다. 말할 것도 없이 이 점은 높이 살 만하지만 그가 면담을 행한 시점이 문제라는 지적도 있다. 앞에서 말한 것처럼 맥은 사건이 있은 지 2개월 후에 면담했다. 맥의 비판자에 따르면 이 정도의 시간이면 피면담자 사이에 정보의 공유가 이루어져 그들의 목격담이 오염될 수 있다는 것이다. 달리 표현해서 다른 사람의 체험담과 자신의 것이 섞이고, 서로에게 영향을 주거나 어른들로부터 주입된 정보가 마치 자신의 체험인 것처럼 간주되는 등 원체험을 순수하게 파악하는 일이 어렵게 된다는 것이다.

그런 지적이 일리가 없는 것은 아니다. 그러나 이 사례의 경우는 워낙 체험의 강도가 강해 피험자 간에 서로 영향을 주고 말고 하는 식의 일이 발생했을 것 같지 않다. 다시 말하지만 환한 대낮에 외계인을 이렇게 가까운 거리에서 만나고 어떤 식으로든 의사소통을 경험하는 일은 극소수의 인간만이 경험하는 일이다. 따라서 당시에 아이들이 경험한 것이 부분적으로는 오염될 수 있을지언정 극적인 체험의 전체적인 내용은 변하지 않을 것이라는 게 내 생각이다. 그런 까닭일 것으로 여겨지는데, 실제로 아이들은 당시에도 인터뷰마다 거의 비슷한 증언을 했고 20년이 지난 후에도 당시와 변함없이 같은 목격담을 실토하는 것을 볼 수 있다.

사건 후 20년, 그러나 여전히 그녀는

아이들이 겪은 일이 그들에게 얼마나 강렬했는지를 알 수 있는 좋은 예가 있다. 에밀리라는 백인 소녀의 경우를 말하는 것인데, 20년이 지나서 그녀를 찾아보니 화가로 성장해 있었다. 토론토에 살고 있던 그녀를 찾아낸 것은 앞에서 말한 다큐멘터리 제작자 니커슨이었다. 찾고 보니 그녀는 자신이 20년 전에 겪은 이 사건을 주제로 약 300개의 작품을 그렸고 여전히 그리고 있었다. 당시 목격했던 비행체와 외계인을 주제로 한 그림을 그렇게나 많이 그리며 살고 있었던 것이다. 그런데 에밀리의 경우가 그리 특이한 것은 아니다. 앞선 사례들에서도 보아 왔듯이 UFO 사건을 어떤 형태로든 겪은 사람은 그것을 평생 잊지 못하고 간직하고 살기 때문이다.

인터넷을 검색해 확인할 수 있는 에밀리의 그림을 보면 그녀가 당시에 목격한 비행체와 외계인이 그려져 있는 것을 알 수 있다. 에밀리는 이 체험이 너무도 강렬해 아직도 그 안에 살고 있는 것이다. 그녀는 자신이 그린 그림이 신비롭고 아름답다고 했는데 그것은 UFO를 타고 온 존재로부터 받은 '메시지'이기 때문이라고 말

성인이 된 에밀리가 2015 Alien Cosmic Expo에서의 증언하는 장면

성인이 된 에밀리가 그린 그림1

성인이 된 에밀리가 그린 그림2

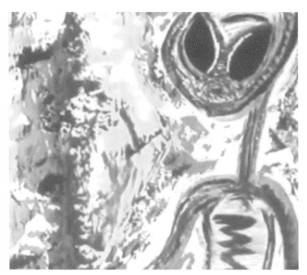
성인이 된 에밀리가 그린 그림3

한다.[51] 그때 겪은 체험이 너무 강렬한 나머지 그의 인생 행로가 이렇게 결정되어버린 것이다.

메시지 이야기가 나왔으니 이제 맥의 면담으로 돌아가서 외계인이 아이들을 통해 인류에게 전하고자 했던 메시지에 관해서 이야기를 나누어 보자. 이것은 에이리얼 초등학교 사건의 하이라이트이자 전체 UFO 사건 가운데 이 사건이 '역대급'인 이유가 될 것이다.

51 "Zimbabwe UFO Mass Sighting Contactee Speaks Publicly For The First Time"
by Patricia Ramirez, 《Inquisitor》, 2016년 7월 4일 자
https://www.inquisitr.com/3275225/zimbabwe-ufo-mass-sighting-contactee-speaks-publicly-for-the-first-time-video

외계인의 메시지, 그리고
아이들이 목격한 충격적인 인류의 미래

　맥 교수의 면담에는 다른 사람들이 행한 면담에서는 나오지 않은 중요한 내용이 들어 있었다. 외계인들이 아이들에게 전하려고 했던 메시지가 있었던 것이다. UFO 역사를 살펴보면, 외계인들이 인간들에게 메시지를 전하는 일은 거의 발생하지 않았는데 이번에는 그런 일이 벌어진 것이다(UFO 피랍 체험은 제외). 따라서 맥이 행한 면담은 이 사건의 하이라이트가 된다.

　외계인이 아이들에게 전한 메시지는 아주 단순하고 명료했다. 아이들은 그들로부터 인류의 미래가 아주 심각하다는 메시지를 전달받았다고 전한다. 무슨 이유로 인류의 미래가 심각해진다는 것일까? 이 문제는 충분히 짐작할 수 있는 것처럼 지구의 환경 위기에 대한 것이다. 몇몇 아이들은 외계인으로부터 텔레파시 같은 방법으로 이 문제에 관한 정보를 전달받았다. 쉽게 말해 언어를 통하지 않고 마음과 마음으로 전달되는 형태로 메시지를 주고받은 것이다. 이때 어떤 아이는 의미를 전달받았는가 하면 어떤 아이는 영상으로 메시지를 받았다고 한다.

그들의 메시지는 인류의 미래에 대한 경고!

1994년 그날 몇 명의 아이들이 받은 메시지는 대략 이런 것이었다. 당시 5학년이었던 프란시스는 외계인으로부터 앞으로 일어날 일에 대해 경고를 받았다. 특히 오염이 있으면 안 된다는 메시지를 받았다고 한다. 인간들이 지구 환경을 지나치게 오염시키고 있어 그것에 대해 경고를 받은 것이리라.

11살의 엠마가 받은 경고는 더 구체적이다. 그녀가 받은 메시지의 내용을 보면, 인간이 '기술'을 가지고 지구를 망치고 있다고 하면서 기술은 인간의 미래에 도움이 되지 않는다는 것을 지구인들이 알았으면 한다는 바람을 표현하고 있었다. 이 메시지에서는 막연하게 인간이 지구 환경을 망친다는 것이 아니라 구체적으로 인간이 지닌 기술이 지구를 손상하고 있다고 하니 더 진보한 메시지라고 할 수 있을 것이다. 이 점에 대해서는 기후 위기에 대한 경고가 일상의 소식이 된 현 시대를 살고 있는 사람이라면 누구나 동의할 수 있을 것이다.

우리 인류는 그동안 알량한 기술을 가지고 자연을 마구 파헤쳐서 훼손했고 그곳에 공장을 세우고 농장을 만들고 도시를 만들었다. 그 결과 지구의 산림은 급격하게 줄어갔고 탄소는 지나치게 많이 배출되어 대기의 온도가 올라가는 바람에 세계는 해를 거듭하며 온갖 심각한 격변을 겪고 있다. 기후 지표의 최고치를 경신하면서 매년 기상 관측 사상 가장 뜨거운 해(年)라는 무시무시한 마일리지를 차곡차곡 쌓아가고 있는 것이다.

기후 위기라는 메시지는 지금은 당연시되는 것이지만 당시, 즉 1990년대 중반에는 전문가들만이 아는 정보인데 어떻게 외계인들이 알아챘는지 신기하다. 또 외계인들은 왜 이런 무섭고 무거운 이야기를 유럽처럼 제1세계 나라가 아니고 아프리카라는 변방에 있는 나라를 택해서, 그것도 초등학교에 착륙하여 어린아이들에게 전했는지 궁금하다. 이 문제는 중요한 것이라 곧 자세하게 다룰 것이다.

어떻든, 이때 아이들이 받은 메시지는 암울한 지구의 미래에 대한 것으로 모두가 대동소이했다. 그중에서도 메시지의 결정판이 있어 그것을 보면 이해가 쉽겠다.

눈이 가장 무서워, 눈을 통해 메시지를 전하는 듯

이것은 루실이라는 흑인 여자아이에게 전달된 메시지이다. 생생함을 살리기 위해 맥과 한 면담을 그대로 옮겨본다.

맥: (비행체에서 내린) 존재가 너를 볼 때 무슨 느낌이었나?
루실: 무서웠어요.

맥: 무엇이 무서웠나?

루실: 그런 존재를 본 적이 없었기 때문에. (중략) 내 생각에 그들은 이 세계가 끝날 것이라고 말하는 것 같았어요.

맥: 그렇게 생각하는 이유는?

루실: (그들이 전하기를) 우리가 지구와 공기를 제대로 돌보지 않았기 때문에.

맥: 이런 생각을 이전에 가져본 적이 있나?

루실: 그런 적 없어요. 이런 느낌은 처음이에요.

맥: 이런 생각은 어떻게 너에게 전달되었나?

루실: 그저 가슴으로 느꼈어요.

맥: 언제 그것을 느꼈나? 이 존재를 만났을 때인가? 아니면 집에 갔을 때인가?

루실: 집에 간 다음이었어요.

맥: 그 무서운 느낌에 대해 더 말해 달라.

루실: 나무들이 다 쓰러지고 공기가 없어 사람들이 죽어가고 있었어요.

맥: 이런 생각을 이전에 가져본 적이 있는가?

루실: 없어요.

맥: 이런 생각은 너에게 어떻게 왔나? 비행체에서 왔나? 그 존재(man)에게서 왔나?

루실: 그 존재로부터.

맥: 이것은 그 존재가 네게 말한 것인가? 이 생각은 네게 어떻

게 전달되었나?

루실: 그 존재는 아무 말도 안 했어요. 그의 눈에서 (그것을) 느꼈
어요.

이상이 맥이 루실을 면담한 내용인데 여기에는 생각해볼 거리
가 많다. 우선 볼 것은 외계인의 눈에 대한 것이다. 이 아이 역시
외계 존재가 무서웠다고 말하고 있는데 다른 아이들의 증언을 들
어보면 구체적으로 외계인의 눈이 가장 무서웠다고 했다. 어떤 아
이는 그들의 눈을 보았을 때 사로잡히는 것 같아서 꼼짝할 수 없
다고 하고 또 어떤 아이는 흡사 최면을 당하는 것 같다는 표현을
했다. 아이들은 왜 외계인의 눈을 이야기했을까?

내 개인적인 생각에 외계인들은 그들의 눈을 통해 메시지를 전
한 것 같다. 그들은 눈으로 이 아이들의 눈을 쳐다보았을 텐데 이
눈이라는 것은 한 기관에 불과하지만 그렇게 간단한 기관이 아니
다. 눈은 뇌와 연결되어 있기 때문에 뇌의 일부라고 할 수 있다. 그
래서 눈은 외부에서 우리의 뇌의 상태를 알 수 있게 해주는 유일한
기관이다. 세간에서 눈을 두고 마음의 창이라고 하는 것은 정확한
표현이라고 하겠다.

당시 외계인들은 아이들의 눈을 응시하면서 그들의 뇌에 모종
의 메시지를 보냈을 것이다. 그 과정을 추정해보면 다음과 같이 진
행되지 않았을까 한다. 외계인들은 아이들의 눈을 응시하면서 아
이들의 뇌가 담고 있는 마음 상태를 파악했을 것이다. 그리곤 자신

들의 의식이 지닌 파동을 아이들의 그것에 맞추었을 것이다. 그러면 이 둘은 같은 수의 진동을 하게 되어 한마음이 된다. 이때 외계인이 자신들이 전하고자 하는 일정한 메시지(문장이나 이미지)를 생각하면 그것은 그대로 아이들에게 전달된다. 한마음이 되었으니 이런 일이 가능한 것이다. 그 순간 아이들이 무서움을 느낀 것은 그들의 뇌에 알 수 없는 미지의 정보가 강한 에너지와 함께 들어왔기 때문이 아닐까 한다. 지금까지 지구에 살면서 한번도 느껴보지 못했던 패턴의 에너지가 느껴지니 두려운 마음이 들었을 것이다.

추측을 좀 더 해본다면, 이 외계의 존재들은 영적으로 지구인들보다 더 발달한 존재일 것이다. 그 때문에 그런 존재가 작심하고 응시하면 그 힘에 주눅들 수도 있겠다는 생각이 든다. 이것은 모두 추정이기는 하지만 내게는 그럼직하다.

'이 세계가 끝날 것이라고 말하는 것 같아요'

맥이 루실과 행한 면담에서 중요한 메시지는 인류의 미래에 관한 것이다. 루실은 앞으로 지구에는 공기가 없어져 나무가 쓰러지고 사람들이 죽어갈 것이라고 했다. 즉, 인간들이 자신들의 터전인 지구를 제대로 돌보지 않아 공기가 심하게 오염되고 그 결과로 인간들이 죽어간다는 것이다. 이것은 인류의 미래를 정확하게 예측한 것이다. 인간들은 그동안 물욕에 취한 나머지 자연을 마구 파괴했고 필요 없는 공장들을 무모하게 지어 화석 에너지를 지나치게 소비한 결과 지금처럼 공기가 오염되고 기온이 올라가고 있다. 아이들의 증언에는 오늘날 인류가 직면하고 있는 지구 온난화에 관한 이야기는 나오지 않았지만 크게 보면 아이들의 증언 안에 이에 대한 정보가 포함되어 있는 것을 알 수 있다. 지금 우리가 겪고 있는 지구 온난화는 아이들이 말한 것처럼 인간들이 알량한 기술을 가지고 욕심을 채우려 하다가 지구를 제대로 돌보지 않은 결과이니 말이다.

아이들의 증언에 지구 온난화 개념이 나오지 않은 것은, 1994년 당시에는 이 개념이 대중화되기 전이어서 아이들이 이 용어를 접할 길이 없었을 뿐만 아니라 아이들에게 지구 온난화 개념은 어려웠기 때문이 아닐까 한다. 환경 공해라는 개념도 아이들에게는 매우 생소할 텐데 이에 비해 지구 온난화 개념은 더 어려운 개념이니 초등학교 아이들이 이해하기 어려웠을 것이다. 따라서 이 아이들의 수준에는 루실에게 나타난 이미지처럼 나무가 쓰러지고 사람이 죽어가는 영상이 제격이 아닐까 한다. 초등학교 아이의 수준에는 이 정도의 이미지면 인류를 향한 지구 온난화에 대한 경고로 족하다는 생각이다.

죽음학의 대모 퀴블로 로스가 전한 인류의 미래도

이 대목에서 생각나는 이야기가 있다. 지금 인용하는 이야기가 사실이라면 당시 아이들에게 나타난 외계 존재들은 인류가 오늘날 어떤 상황에 부닥쳐 있는지를 잘 알고 있는 것 같다(어떻게 알아챘는지는 의문이지만). 위에서 외계인이 전한 메시지는 지금이라면 무리 없이 받아들일 수 있지만 1990년대 중반에는 그렇지 않았을 것이라고 했다. 당시에는 생태계 위기 문제가 심각하게 논의되지 않았기 때문이다. 그런데도 그때 온 외계인들은 지구와 인간의 미래를 나름대로 알고 있었던 것 같은데 이와 비슷한 이야기가 있어 소개해보고자 한다.

이것은 죽음학의 대모라 일컬어지는 엘리자베스 퀴블러 로스(1926~2004)가 전한 이야기인데 듣기에 따라 아주 황당한 이야기가 될 수 있다. 로스는 인간의 죽음에 관심 있는 사람은 다 아는, 세계적으로 유명한 정신과 교수로 의사이자 죽음학의 권위이다. 그런 그녀가 기괴한 '믿거나 말거나' 식의 이야기를 남겼는데 이것은 일본의 저명한 언론인이었던 다치바나 다카시의 책에만 나온다. 다치바나는 당시 NHK 방송국의 제안을 받고 세계적인 죽음학 관련자들을 찾아가 면담하는 프로그램을 진행했는데 그 가운데 로스가 등장한다.

거두절미하고, 로스는 과학을 준거로 삼는 보통의 정신과 의사라면 절대로 하지 않을 이상한 일을 했다. 인간의 의식과 영혼을 더 깊게 체험하기 위해 (영혼의) 체외 이탈을 할 수 있게 해주는 프로그램을 이수했으니 말이다. 그 결과 그녀는 영혼 상태로 육체를 빠져나가 자신이 원하는 대로 어디든지 갈 수 있었다고 한다.[52] 그녀에 따르면 자신은 영혼 상태로 자기 집 지붕 위에 앉아 있던 적도 있었고 다른 은하계에도 다녀왔다는, 서양의 의사가 한 말이라고는 정녕 믿을 수 없는 말을 남겼다. 그다음은 점입가경이다. 자신이 플레이아데스성단에도 다녀왔다고 하니 말이다. 이 성단은 지구에서 가장 가까운 성단으로 알려져 있는데 지구에서 이 성단까지의 거리가 약 440광년이라고 하니 상당히 가까운 것을 알 수 있다(옛 한국인들은 이 플레이아데스성단을 '좀생이별의 성단'이라고 불렀다). 이 별들에 대해서는 많은 이야기가 있지만 UFO 분야에서 가장 유명한 이야기가 하나 있다. 자칭 UFO 접촉자라고 주장했던 스위스 사람 빌리 마이어가 교류했던 외계인이 바로 이 성단에서 온 존재였다는 이야기가 그것이다. 그의 이야기가 사실인지 아닌지는 알 수 없지만 어떤 식으로든 이 별은 지구와 관련이 깊은 것을 알 수 있다(북미 인디언 부족 중에는 자신들의 조상이 이 별에서 왔다고 주장하는 부족도 있다).

로스의 이야기를 더 들어보자. 자신이 플레이아데스성단에 갔는데 거기에는 지구보다 훨씬 뛰어난 문명이 있었다고 한다. 그런데 그곳에 사는 존재들이 지구에 대해 걱정을 많이 하더란다. 다음은 로스가 다치바나에게 직접 한 말인데 생생함을 살리기 위해 그대로 인용해보자.

52　이에 대해 자세한 것은 다음의 책, 제3장을 참고하면 좋겠다.
E. 퀴블러 로스(1991), 『사후생』, 최준식 역(1996), 대화 출판사.

'지구인들은 지구를 너무 많이 파괴했다. 이제 원래 상태로 돌아갈 수 없을 것이다. 지구가 다시 깨끗해지기 전에 몇백 만이나 되는 인간이 죽을 수 있다.'[53]

로스가 전한 이 말이 사실이라면 외계의 존재들은 지구와 아주 멀리 떨어져 살면서도 지구와 인류의 상태를 잘 알고 있던 것이 된다. 그녀가 이 체험을 한 것은 추정컨대 1980년대인 것 같다. 이 때도 전문가들을 제외하고 인류의 대부분은 지구 환경 위기의 심각함에 대해 잘 모르던 때이다. 에이리얼 초등학교의 사건이 일어났던 1990년대에도 인류는 환경 위기의 심각성을 잘 모르고 있었는데 그 10여 년 전은 더 모를 수밖에 없지 않겠는가. 그런데도 이 별에 사는 외계 존재들이 지구의 상태를 알고 있었다니 놀랍다. 만일 외계인들의 문명 수준이 인류의 그것을 훨씬 능가한다면 그들에게 인류의 현재 모습은 분명 한심하게 보일 것이다. 아니 어이없게 보일지도 모를 일이다.

이렇게 해서라도 알려야만(?) 했던 엄중한 경고

외계 존재들이 전한 메시지까지 봤으니 이제 에이리얼 초등학교 사건을 정리해보자. 이 사건은 전체 UFO 사건 중 외계인이 환

---

53   다치바나 다카시(1994), 『임사체험 상』, 윤대석 역(2003), p. 429.

한 대낮에 나타나 인류에게 자신들의 모습을 자발적으로 보여주며 지구 환경과 인류의 암울한 미래에 대해 경고한 유일한 사건으로 알려져 있다. 그런데 이 사건이 이런 큰 의미를 지니고 있다는 것은 앞에서도 말한 것처럼 맥 교수가 아이들을 면담하지 않았더라면 밝혀지지 않았을 것이다. 그런 면에서 이 사건을 파헤친 맥의 노력은 아무리 강조해도 지나치지 않을 것이다.

물론 아이들의 증언이 진실이냐 아니냐를 어떻게 알 수 있느냐와 같은 근본적인 문제가 있다. 이에 대해 맥은 말하길, '자신은 정신의학자이기 때문에 사람이 공상적인 것을 이야기하는지 혹은 진짜 본 것을 이야기하는지 확실하게 알 수 있다'라고 했는데 나는 그의 말을 믿는다. 만일 당시에 아이들이 공상에 빠져 환상을 본 것이라면 그들의 증언이 이처럼 일치할 수가 없다. 물론 세부에서는 일치하지 않는 점이 있었지만 전체적인 얼게는 모두 일치했다.

분명히 에이리얼 초등학교에는 알 수 없는 비행체가 내렸고 그것으로부터 눈의 크고 스킨 다이버의 복장 같은 것을 입은 기괴한 존재가 튀어나와 아이들을 대면했다는 것은 모든 아이가 동일하게 증언한 바이다. 또 맥은 정신의학자답게 아이들을 개인적으로 면담하면서 아이들의 진정성을 정확하게 파악했다. 따라서 이렇게 생각하든, 저렇게 생각하든 이 사건의 진실성은 의심할 수 없는 것으로 보인다. 그러나 상황이 그렇다고 해서 이번 사건에 대한 의문이 다 풀린 것은 아니다. 이제 의문들을 진지하게 논할 때가 된 것 같다.

답을 찾는 여정에서 만나는 피할 수 없는 의문들

에이리얼 초등학교 사건에서도 앞에서 본 다른 UFO 사건처럼 많은 의문이 생긴다. 이제 그 의문에 대해 볼 터인데 이번에도 정확한 답을 얻을 수 없을 것이기에 또 막연한 조바심이 생긴다. 정확한 답을 얻으려면 외계인을 직접 만나서 물어보아야 하는데 그렇게 할 수 없으니 늘 추정할 수밖에 없는 것 아닌가. 이것은 다른 UFO 전문가들의 저작을 보아도 마찬가지이다. 그들도 추정만 할 뿐 명확한 대답은 제시하지 못하고 있으니 말이다.

사례가 거듭될수록 의문이 눈덩이처럼 커지고 증폭되는 느낌이다. 그러나 우리가 지력을 끌어올려 추정하는 것은 나름의 의미가 있다고 했다. 그 추정 가운데에 답이 있을 수도 있기 때문이다. 적어도 부분적인 답이 있을 수 있겠다는 생각이다. 이런 생각을 염두에 두고 이 엄청난 사건에 대한 의문을 적극적으로 파헤쳐 보자.

외계인들은 어떤 모습으로 하선했을까?

이번 짐바브웨 에이리얼 초등학교 사건에서도 앞서 본 사건들과 비슷한 의문들을 차례로 제기해볼 것인데, 이번에는 내가 항상 의문을 품던 것부터 먼저 보았으면 한다. 이번 사건이 이 의문을 던질 만한 사례가 되기 때문이다. 그것은 외계인들이 어떻게 하선했는지에 대한 의문이다. 다시 말해 내가 궁금한 것은, 그날 외계인들이 비행체에서 내려 아이들에게 다가왔다고 했는데, 그들이 어떤 방식으로 땅으로 내려왔는지 그 하선하는 구체적인 모습에 관한 것이다. 그들이 타고 온 비행체에 인간 세상의 비행기처럼 출입문이 달려 있어 그것이 열리고 계단이 자동으로 펼쳐져 그것을 딛고(?) 내려온 것인지. 아니면 순간이동 같은 방법으로 하선한 것인지 아니면 다른 방법으로 내려온 것인지 궁금하기 짝이 없다.

비행체에 문이 있고 거기서 계단이 나와 그것을 통해 내려오는 것은 지극히 지구적인 발상인데 지금껏 내가 조사한 자료에는 외계인이 하선하는 모습을 묘사한 설명이 없었다. 이번 사례에서도 증언에 나선 아이들이 외계인이 어떻게 하선했는지에 대해서는 언급이 없었다. 비행체에 창문이 있었다는 증언은 있었지만 출입문이 있었다는 이야기는 없었다. 그냥 비행체가 착륙했고 외계인들이 나타나 자신들에게 가까이 다가왔다고만 증언했을 뿐이다. 도대체 외계인들은 어떻게 하선했을까? 역시 추정할 수밖에 없는 처지인데 내 생각에는 일단 그들이 타고 온 비행체에는 계단이 없었던 것 같다. 왜냐하면 이들이 움직이는 양태가 흡사 중력을 무시하고 떠서 천천히 움직이는 것 같다고 했으니 그들에게는 굳이 계단이 필요했을 것 같지 않다. 계단이 있어도 그 출현이 한시적이었을 것 같다. 그러니까 인간들의 비행기처럼 계단이 항시 있는 것이 아니라 필요할 때만 잠시 나타났다가 이용하고 나면 사라진다는 것이다.

그다음에는 문에 대한 것이다. 문은 있었을 것 같다. 문이 있다고 상정하고 그것으로 유추해 상상해보면 외계긴의 하선 과정은 이렇게 된다. 즉 비행체가 착륙한 다음에 문이 열리고 외계인들이 그 문을 통해 뜬(?) 상태로 지상으로 내려오지 않았을까 하는 추정을 해본다. 물론 다른 가능성도 있겠다. UFO 피랍 사건을 보면 외계인들이 벽이나 창문을 그냥 뚫고 드나든다는 보고가 있는데 만일 이것이 사실이라면 그날 온 외계인들 역시 비행체에서 내릴 때 문이 필요하지 않을 수도 있겠다. 그냥 비행체를 투과해 내렸다가 다시 그렇게 비행체 안으로 들어갔을 수 있다는 것이다.

그들이 어떻게 하선했는지, 또 어떻게 승선했는지는 아이들의 언급이 없지만 그게 어떤 모습이었든지 인간의 눈에 포착되지 않을 만큼 부지불식간에 빠르게 일어난 것 같다.

반면 비행체가 어떻게 사라졌는가에 대해서는 증언이 있었다. 외계인들은 약 15분 정도 지상에 있다가 (비행체를 탄 다음) '휙'하고 아주 빠른 속도로 사라져버렸다고 한다. 비행체가 이렇게 사라진 것은 다른 사건에서도 종종 발견되는 터라 특기할 만한 것은 없다.

왜 굳이 지상에 '착륙'을 했을까?

지금부터는 앞 사건에서 해오던 순서로 의문들을 던져보자. 이 사례에서도 가장 먼저 드는 의문은 역시 '왜 UFO, 즉 이 미지의 비행체가 지상에 착륙했을까?'이다. 이것은 다른 UFO 착륙사건에도 통용되는 질문인데 여간해서 지상에 착륙하지 않는 UFO가 짐바브웨 사건에서는 왜 착륙했을까? 물론 이 사건 말고도 그들이 지구인들 모르게 착륙하고 이륙한 일이 부지기수로 있었을지도 모른다. 그러나 그것은 우리가 알 수 있는 일이 아니다. 그렇지만 이번 경우는 다르다. 이 사건에서는 외계인들이 작정하고 지구인을 대면하려고 일부러 착륙한 것으로 보이니 다르다는 것이다. 그

한 아이가 그린 비행체와 외계인

래서 그토록 희귀한 착륙사건 중에서도 이렇게 인간과 외계인과의 만남이 성사된 경우는 정말로 희귀하기 때문에 이 사례가 중요하다고 앞에서 거듭해서 강조한 것이다.

그들이 착륙한 이유에 대해서는 이번에도 유추 해석할 수밖에 없다. 연구가들 사이에는 이 학교 근처에 우라늄 광산이 있는 것도 한 요인이 될 수 있다는 의견이 있는데 그 설명을 배제할 필요는 없겠다. 우라늄은 핵과 관계되는 것이니 말이다. 기억할지 모르겠지만 이 학교에 비행체가 착륙하기 약 이틀 전부터 이 지역 상공에는 UFO나 불덩어리 같은 것이 다수 목격되었다고 했다. 그래서 짐바브웨에는 난데없는 UFO 열풍이 불었다고 했다. 왜 이때 이 나라에 UFO가 많이 나타났는지는 아직 잘 모른다. 그것은 그렇다 치고 여기서는 외계인들이 그렇게 아프리카 상공을 날아다니다가 왜 착륙하기로 마음을 먹은 것인지, 그 착륙이라는 일에만 집중해서 의문을 던지고 싶다.

이 같은 착륙이라는 행위는 그들이 평소에 하던 행동거지가 아니다. 그런데 그들은 왜 굳이 착륙함으로써 평소의 모습과 다르게 행동했을까?

이에 대해서 앞의 사건들처럼 확실한 답을 얻을 수 있는 것은 아니지만 이번 경우는 조금 다르다. 추정해볼 수 있는 근거가 있기 때문이다. 이들이 착륙하여 지구인 앞에 모습을 드러낸 이유는 아이들의 증언에서 찾아볼 수 있지 않을까 싶다. 이들과 접촉한 아이들 다수는 외계인들이 인류가 자초한 환경 위기 사태에 대해 경고

했다고 증언했다. 이 증언을 사실로 믿는다면 외계인들이 이곳에 착륙한 이유는, 그 경고를 인간에게 직접 전달하기 위해서라고 추정해볼 수 있을 것이다.

내친김에 상상의 나래를 더 펴보면, 외계인들 사이에는 지구의 환경 위기에 대해 걱정하는 분위기가 팽배해 있었을 것이다. 이것은 이른바 UFO 피랍 체험한 사람들 사이에서도 발견되는 현상이다. 그들이 UFO에 납치되어 갔을 때 외계인들은 그들에게 지구의 앞날을 영상으로 보여주곤 했다고 한다. 황폐해진 지구를 이미지로 보여주었다는 것인데 이런 증언들이 계속되는 것을 보면 외계인들은 지구의 현실을 크게 우려하고 있는 것이 틀림없을 것 같다.

따라서 이런 자료를 염두에 두고 그들이 착륙이라는 드문 행위를 한 이유를 종합적으로 추정해보자. 그날 UFO를 타고 아프리카 상공을 배회하던 외계인들은 무슨 연유인지 몰라도 '우리가 한번 지구인들에게 나타나 지구의 환경 문제에 대해 강한 메시지를 직접 전달해보자'라는 의견을 나눴던 것 같다. 그런 끝에 그들은 착륙하기로 하고 마침내 태양의 빛과 열기 때문에 견디기 힘든 지구 환경에 자신들을 자발적으로 노출한 것 아닐까? 지금 이렇게 답을 호기롭게 내놓지만 이것도 어디까지나 추정에 불과하다. 그러니 의문은 다음으로 또 이어질 수밖에 없다.

왜 하필 '초등학교'였을까? 왜 '어린아이들'이었을까?

그다음 의문은 왜 이 외계인들이 하필이면 초등학교에 착륙했느냐는 것이다. 사실 이 문제와 더불어 생각해야 할 것은 그 많은 대륙 가운데 왜 아프리카를 택해서 착륙했을까, 또 그중에서도 왜 짐바브웨이고, 왜 에이리얼 초등학교이었을까 하는 의문인데 이것에 대해서는 어떤 추정도 할 수 없으니 그냥 지나치기로 한다.

우리가 집중해서 보아야 할 것은 착륙지가 어린아이들이 있는 '초등학교'라는 사실이다. 외계인들이 초등학교에 착륙함으로써 어린아이들을 대면 대상으로 삼은 것은 일종의 의도가 있는 것 같다. 즉, 자신들의 메시지를 여과 없이 있는 그대로 받아들일 수 있는 대상으로 어린 학생들을 선택한 것 아닐까 하는 생각이다.

어린아이들에게 어떤 특징이 있기에 그들이 아이들을 대상으로 삼았는지를 보기 전에 반대의 경우부터 가정해보자. 만일 그들이 초등학교가 아니고 마을이나 시내, 군부대 등에 착륙했다면 그들은 그곳에 있는 성인들로부터 상당한 저항을 받았을 것이다. 경찰이나 군부대에 신고한다든가, 아니면 크게 놀라 아예 도망친다거나 하는 등의 저항이 있었을 것이다. 사실 외계 비행체가 대낮에 이런 곳에 착륙한다는 것은 생각조차 할 수 없는 일이다. 그들의 출현은 그 자체만으로도 사람들에게 엄청난 공포를 줄 터이니 말이다. 만일 대낮에 이런 비행체가 시내에 착륙하고 외계인들이 하선하여 다가온다면 사람들은 패닉 상태가 되어 외계인들은 인간과 대면하는 일 자체가 힘들어질 것이다. 사람들이 혼비백산해서 정신이 반쯤 나가기 때문에 외계인들로부터 텔레파시로 메시지를 받는 일은 애당초 불가능할 것이다.

이것은 이른바 '귀신'을 만나 정신이 빠져버린 사람을 생각하면 알 수 있지 않을까 싶다. 이런 일은 우리가 흔히 겪는 일이 아니니 그 대신 다음의 상황을 유추해서 생각해보자. 우리는 귀신 체험을 한답시고 '귀신의 집'에 들어가는 놀이를 하는데 그때 우리의 심리 상태가 어떤가? 다 가짜이고 장난인 줄 알면서도 귀신 대역들이 나타나면 정신을 못 차리고 소리를 지르고 도망치기에 바쁘지 않은가? 그런 판국에 처한 사람들은 외부로부터 어떤 메시지도 받을 수 없게 된다. 마음속에 공포와 경계심이 가득 차 있기 때문이다.

그런데 어린아이들은 조금 다르다. 그들도 이런 상황에서 공포를 느끼기는 하지만 어른만큼은 아닐 것이다. 그들은 자신들이 처한 상황을 있는 그대로 받아들이는 나이인지라 외계인 같은 미지의 존재를 만나더라도 자신의 선입견을 투사해서 두려움부터 가지려고 하지 않는다. 자기 앞에 자신과 조금 다르게 생긴 존재가 나타나더라도 어느 정도는 그 사실을 있는 그대로 받아들일 수 있다. 그래서 그 외계인들이 15분이나 머무를 수 있었을 것이다. 어른들 같았으면 너무 두려운 나머지 온갖 소란을 피웠을 테고 그렇게 되면 외계인들은 착륙했더라도 사람들 앞에 모습을 드러내지 않았거나, 드러냈더라도 바로 탑승해서 이륙했을 것 같다.

그러나 아이들은 비교적 순수한 나머지 외계인들에게 사로잡혀 그 자리를 뜰 수 없었다. 또 어른들처럼 호들갑을 떨지도 않았고 무서워도 차분하게(?) 외계인들을 응대했다. 외계인들은 이런 상태를 예측한지라 의도적으로 아이들이 있는 초등학교를 택했고 그들에게 의미 전송과 영상으로 메시지를 전달하는 데 성공한 것이리라.

여기서 또 주의 깊게 봐야 할 것은 이때 외계인과 대면한 아이들이 주로 고학년이었다는 사실이다. 앞에서 소개한 루실은 당시 6학년이었다. 다른 아이들도 비슷한데 사정이 이렇게 된 데에도 어떤 의도가 있는 것 아닐까 하는 생각을 가져본다. 즉 외계인 입장에서 볼 때 인간의 환경 위기 같은 심각한 주제를 메시지로 보내려면 그것을 수신하는 인간이 어느 정도의 지성을 갖추고 있어야 한다. 가령 초등학교 저학년 아이들은 이런 메시지의 의미를 알 수 없기 때문에 외계인들의 메시지 수신 대상이 될 수 없다. 저학년의 아이들은 순수해서 외계인들을 선입견 없이 받아들일 수는 있지만 그들이 전하는 메시지를 이해할 만한 인지 능력이 떨어진다. 이런 관점에서 보면 외계인들의 응대 대상으로는 초등학교 고학년 학생이 가장 적격이 아니었을까 하는 생각을 해본다. 그들은 순수하면서도 어느 정도 생각하고 인지하며 그 결과를 수용하는 능력을 갖추고 있으니 말이다.

관련하여 또 특이한 점은 목격자 중에 어른이 없었다는 사실이다. 이 상황은 조금 전의 설명과 연결될 수 있을 것 같다. 즉 외계인들은 지구인과 대면할 때 어른을 배제하는 게 좋다는 생각에 따라 이렇게 했을지도 모른다는 추정을 해본다. 사건 당시 어른인 교사들은 모두 학교 건물 안에서 회의하고 있어 운동장에는 한 명도 없었다. 그것은 교사들의 증언에 명확하게 나온다. 자신들은 회의하고 있었는데 아이들이 소리를 지르며 달려와서 자신들이 본 것을 이야기했다고 하니 말이다. 당시 교사들은 아이들의 말을 있는 그대로 수용하지 않았다고 했다. 이것은 전형적인 어른들의 태도이다. 이처럼 어른들은 온갖 선입견으로 가득 차 있어 외계인들에게 열려 있지 않으니 외계인들이 어른들을 배제하고 아이들에게만 모습을 드러내 메시지를 전한 것 아닌가 하는 생각이다.

아이들, 메시지 전달 대상으로 과연 유효했을까

의문은 계속해서 이어진다. 이렇게 해서 외계인들이 자신들이 의도한 대로 아이들에게 메시지를 전달하는 데 성공했다고 치자. 그런데 과연 외계인들은 정말로 자신이 지구인들에게 환경 위기에 대한 메시지를 잘 전달했다고 믿었을까? 이런 의문이 드는 것은, 그들이 이 같은 엄중한 메시지를 전할 적합한 대상으로 어린이들을 골랐지만 과연 이것이 진정 효과적이었을지는 의문이 들기 때문이다.

지구인의 입장에서 보면 인류에게 미래에 닥칠 심각한 환경 위기를 알릴 심산이라면 아이들이 아니라 유력한 정치가나 오피니언 리더, 혹은 환경운동가들에게 이 메시지를 전해야 하는 것 아닌가 하고 생각할 수 있을 것이다. 그런데 당시 지구에 온 외계인들은 힘없는 한 줌의 아이들에게 중대한 메시지를 전달했으니 무슨 파급 효과가 있겠느냐는 것이다. 쉽게 말해 사회적인 힘이 전혀 없는 아이들에게 환경 위기 같은 심각하고 막중한 메시지를 전달하는 것이 부질없는 일이 아닐지 의문이 든다는 말이다.

이것을 이렇게 생각해보자. 한 나라의 정치 체제를 바꾸고 싶어 하는 어떤 사람이 있다. 이 일을 이루기 위해 그는 대중들을 규합해 세력을 형성할 수도 있고 유력한 정치가들을 포섭해 그 힘으로 정치계를 바꿀 수도 있을 것이다. 그런데 이 사람이 이렇게 하지 않고 기껏 시골에 내려가서 초등학교 아이들을 모아놓고 정치를 이렇게 바꾸어야 한다고 역설한다면 얼마나 우스운 일이겠는가? 내가 보기에 그날 나타난 외계인들은 흡사 이런 일을 한 것처럼 느껴진다. 인류의 환경 위기 같은 막중한 문제를 아프리카 시골에 있는 초등학교 아이들에게 가르쳤으니 말이다(그런데 이 초등학교는 좋은 학교라고 한다).

이런 일각의 설도 충분히 일리 있는 의견이지만 다른 시각도 있었다. 힘이 있는 어른들보다 아이들에게 메시지를 전한 게 오려 더 효과적이었다는 것이다. 그들의 주장은 이렇다. 만일 외계인들이 어른들에게 이런 소식을 전하려고 했다면 그것은 처음부터 거부됐을 것이다. 이것은 앞에서 말한 바이고 충분히 예상될 수 있는 상황이다. 그래서 외계인들은 어린이들을 택해서 메시지를 알렸는데 이 메시지는 곧 전 세계적으로 큰 이슈가 되었다. 왜냐하면 이 사건이 하도 기이해서 곧 전 세계로 퍼져나가 각국의 언론들이 앞다투어 다루었기 때문이다. 각 나라의 언론들이 이 사건을 다루면서 이 아이들이 받은 메시지까지 알렸으니 외계인들이 바라는 바, 즉 전 지구인들에게 지구의 위중한 환경 위기를 알리려고 했던 의도가 달성된 것 아니냐는 의견이다.

나는 이 견해도 상당히 일리 있다고 생각하는데 과연 외계인들이 이런 것을 모두 계산하고 행동에 옮긴 것인지 어떤지는 알 수 없다. 그런데 여기서 또 어쩔 수 없는 의문이 생기고 만다.

맥 교수가 아이들을 면담할 것까지 알고 있었을까

앞에서 나는 만일 맥 교수가 이 먼 아프리카까지 와서 아이들을 면담하지 않았다면 외계인들이 전한 메시지는 제대로 발굴되지 않았을 가능성이 크다고 했다. 그가 아이들로부터 외계인들의 메시지를 추출할 수 있었던 것은 맥 자신이 인류의 환경 위기에 폭넓은 관심이 있었기 때문일 것이다. 그는 평소에 환경 위기에 대해 지대한 관심을 표명했다고 알려져 있다. 맥이 그런 성향을 갖고 있었기 때문에 아이들에게서 이 중요한 메시지를 뽑아낼 수 있었던 것이다. 여기서 드는 의문은 외계인들이 사태가 이렇게 움직일 것까지 알고 있었냐는 것이다. 즉 자신들이 아이들에게 메시지를 전달하면 맥 교수라는 사람이 나타나 그 메시지를 끄집어내어 인간 사회에 전달하리라는 것을 알고 있었느냐는 것이다. 이에 대한 답은 알 수 없지만 어떻든 외계인들의 의도는 어느 정도는 관철된 것으로 보인다.

왜 후속 조처나 지속적인 경고 메시지가 없을까?

이것은 정말로 마지막 의문이기를 바라는데 개인적인 생각으로는 이 사건 이후의 일에서 이해가 잘 안 되는 측면이 있다. 이 일의 발생을 앞뒤로 검토해보면 맥락이 잘 안 보이기 때문이다. 갑자기 이 일이 발생한 것은 그렇다 치자. 그런데 외계인들의 입장에서 인간에게 환경 문제를 경고하는 게 중요한 일이었다면 왜 그 뒤에는 아무런 후속 작업이 없었을까? 다시 말해 이 사안이 그렇게 중대했으면 그 후에도 인간 앞에 계속해서 나타나 경고하면서 인간들이 개선 작업을 하게끔 어떤 조처를 해야 했던 것 아닌가 하는 느낌이다.

그런데 이 사건이 있은 지 30년이 지났건만 그들이 꼭 대낮에 인간 앞에 직접 나타나지는 않더라도 어떤 식으로든 인간들에게 환경 위기를 더 강하게 알려주어야 했을 텐데 그런 사례를 아직 보지 못했다. 30년 전에 갑자기 나타나서 생경한(?) 곳에서 어린아이들에게 강한 메시지를 주고 홀연히 사라져버린 게 다인 것이다.

잘 알려진 것처럼 지구 환경은 인간들의 멈추지 않는 과소비 때문에 기온이 더 올라가고 있어 이제는 개선의 여지가 없다는 말까지 나오는 판국이다. 지금까지 본 바에 따르면 외계인들도 이 상황을 잘 알고 있을 것 같은데 외계인들이 아무 조치도 하지 않는 것처럼 보이니 이상하다는 것이다. 혹시 그들은 지구의 환경 위기는 인간들이 저지른 것이니 그 대가 역시 인간이 받을 수밖에 없다고 생각하는 것은 아닌지, 그래서 더 이상의 관여는 꺼리고 있는 건지도 모르겠다.

그런데 이런 일이 지구상의 민족들 사이에서 벌어지면 문제가 달라진다. 만일 후진국에서 전쟁이 난다거나 자연재해가 나면 선진국에서는 적극적으로 그 나라에 가서 사람들을 돕는다. 만일 어떤 후진국에서 지진 같은 자연재해가 일어나면 유엔이나 여러 선진국이 직접 현지에 가서 사람들을 구조한다거나 식량 원조를 하는 등 적극적인 개입을 한다. 이것은 인도주의적인 관점에서 행하는 일이다. 인간 사회에서는 이렇게 하는 것이 당연한 것으로 여겨진다.

그런데 지구가 이렇게 망가져도 외계인들은 인간들의 일에 간섭하지 않는 것처럼 보인다. 이 관점에서 보면 이 에이리얼 초등학교 사건이 외려 예외적인 경우라고 하겠다. 그래서 한번 추정해보는 것인데 이번 사건은, 인간들이 이 지구라는 행성에 자행하는 일이 하도 한심하니까 외계인들이 한 번 일탈한 것 아닐까 하는 어쭙

잖은 생각도 든다. 그런데 일탈은 한 번에 그쳐야 일탈이니 그 뒤로 외계인들은 인간에 대한 경고를 접고 다시 관망하는 자세로 돌아간 것 아닐까.

짐바브웨 에이리얼 초등학교 사건을 정리하며

어느새 짐바브웨 에이리얼 초등학교 사건의 끝에 다다랐다. 이번에도 긴 이야기를 나눴다. 이번 사례는 비행접시를 닮은 한 대이상의 UFO가 학교 근처 상공에 나타났고 그중 한 대가 운동장밖 바로 옆에 착륙했다. 그리곤 외계인으로 추정되는 한 명 이상의 탑승자가 비행체에서 내려와 그곳에 있던 초등학교 학생 60여 명앞에 15분 남짓 나타났다가 다시 비행체를 타고 사라진 사건이다. 최고의 압권은 외계인들이 몇몇 아이들에게 지구의 암울한 미래를 전했다는 증언에 있었다.

이 사건의 시사점이자 의의는 외계인들이 인간이 이 지구에 대해 저지른 만행을 잘 알고 있다는 것을 보여주고 알려준 거의 유일한 사건이라는 데에서 찾을 수 있겠다. 그뿐만 아니라 그들이 인류의 미래에 대해서 지극히 부정적인 견해를 갖고 있다는 것도 알게되었다.

이 사건의 설명을 마치면서 마지막으로 드는 생각이 있다. 과연 외계인들은 인류에게 닥칠 이 미증유의 사태를 앞으로 어떻게 대처할지 궁금하다. 내가 개인적으로 느끼기에 이번 기후 위기는 인간의 힘으로 넘어서지 못한다. 이른바 루비콘강을 건넜다는 것인데 이제는 아무리 인간이 노력해도 정상적인 상태로 돌아가지 못한다. 그 대신 지구가 더 뜨거워져 수많은 인간이 희생되고 인간이 만들어 놓은 많은 시설이 파괴되어 더 이상 기온이 올라가지 않게 되면 그제서야 지구가 서서히 정상의 상태로 돌아가지 않을까 한다.

만일 이런 일이 실제로 일어난다면 과연 외계인은 지구 일에 개입할 것인지 아니면 끝까지 모르쇠로 일관할지 궁금하다. 만일 개입한다면 과연 어떤 시점에서 개입할지도 매우 궁금하다. 이른 시기에 개입해서 인간의 희생을 줄일 것인지 아니면 뒤늦게 개입해서 그 뒤처리만 할지 어떨지 모르겠다. 또 개입할 경우에 어떤 방법으로 개입할지도 궁금하다. 인간들 앞에 나와 진두지휘하면서 사태를 수습할지 아니면 대리자를 내세워 같은 일을 할지 여러모로 알고 싶은 것이 많다. 어떻든 이번 사건은 외계인과 인간의 관계, 특히 인간의 미래와 관련된 사안들을 집중적으로 파헤쳐 볼 수 있는 대단히 좋은 예로 남을 것 같다.

7. 하늘에서 펼쳐진
UFO와의 공중전

UFO를 만난 전투기들
그 신출귀몰한 비행체를 쫓은 기록들, 그리고

√ 절대로 빠트릴 수 없는 UFO 사건들

전투기 조종사들이 상공에서 목격한 UFO는 부지기수로 많다. 그런데 공격을 결정하면 미사일을 발사하기 직전에 계기가 불통되거나 UFO가 순식간에 사라진다. 그런 와중에 여기 공중에서 긴박한 교전을 벌인 유명한 사건들이 있다. 유례없이 발포에 성공한 희귀한 사건들도 있는데 결말은 어떻게 되었을까? 이란과 페루, 그리고 한국 상공으로 가보자.

개요: 하늘에서 UFO를 마주한 전투기 조종사들

지금까지 우리는 역사상 가장 두드러지는 UFO 단독 사건 여섯 개를 보았다. 이제 마지막 일곱 번째 사건을 볼 차례인데 이번 것은 앞에서 본 여섯 가지 사건에는 다소 못 미친다. 그러나 중요하지 않다는 것은 아니다. 상대적으로 볼 때 그렇다는 것이다. 이번 것 역시 세계적인 UFO 사건을 다룰 때 절대로 빠트릴 수 없는 중요한 사건인데 그것은 다름 아닌 비행기 조종사들이 겪은 UFO 조우 사건이다.

UFO 조우 사건을 다룰 때 조종사들의 UFO 목격담과 체험담은 여러 가지 면에서 중요하다. 그럴 수밖에 없는 것이 조종사라는 사람들은 직업상 밥 먹듯이 하늘에 떠 있는 사람들이라 인간 가운데에는 UFO를 가장 가까운 데에서 관찰할 수 있기 때문이다. 그래서 그런지 그들에게는 UFO 목격담이 '일상'처럼 되어 있는 것 같은 느낌을 받는다. 전투기 조종사는 말할 것도 없고 민항기 조종사들 가운데에도 UFO를 목격한 사람이 많아 그들에게 UFO의 존재는 암묵적인 상식처럼 되어 있다는 말이 있다. 그럼에도 불구하고 그들의 이야기가 세간으로 잘 새어 나오지 않는 것은 여러 번

말했듯이 그들이 말을 삼가고 있기 때문이다. UFO를 보았다고 하면 승진이 막히는 등 자신의 신상에 불이익이 올 수 있어 발설하지 않는 것이다. 또 주위의 사람들에게도 말하지 않은 것은 그들로부터 조롱받을지 모른다는 두려움이 있기 때문이다.

그들이 발설하지 않는, 아니 발설하지 못하는 이유

이와 관련해 나는 이런 일을 겪었다. 내 수업을 듣는 한 학생이 자기 남편이 민항기 조종사라고 했다. 그래서 나는 그녀에게 남편에게 비행 중 UFO를 본 적이 있냐고 물어보라고 했다. 며칠 후 그녀의 대답은 내가 예상한 대로였다. 남편은 UFO를 여러 차례 보았을 뿐만 아니라 조종사들 사이에 UFO 목격담은 흔한 것이라고 답했다고 한다. 여기서 재미있는 것은 그 남편이 가장 가까운 아내에게도 UFO 목격담을 발설하지 않았다는 사실이다. 숨기려고 했던 것은 아니겠지만 UFO에 관해 이야기를 꺼내 보아야 아무리 부부 사이라도 득 될 게 없다고 생각해서 입을 닫고 있었던 것이리라. 아내가 UFO에 관해 묻지 않는다면 굳이 자신이 먼저 이야기할 필요가 없다고 여긴 것 아닐까 한다. 이런 사정 때문에 비행기 조종사들은 UFO를 상시 목격하고 그들 사이에는 UFO의 존재가 상식처럼 되어 있으면서도 그들의 증언이 밖으로 나오지 않은 것이다.

앞에서 나는 조종사들의 UFO 목격담은 그들이 UFO를 가장 가까운 데에서 관찰할 수 있기 때문에 UFO 연구에서 매우 중요한 자리를 차지하고 있다고 했다. 따라서 조종사들은 UFO가 어떻게 생겼고 어떻게 움직이는가를 가장 정확하게 묘사할 수 있다. 다시 말해 그 누구보다도 UFO의 전체적인 특성을 잘 아는 사람이 조종사라는 것이다.

그러나 그들은 그 누구보다도

실제로 조종사들의 설명을 들어보면 항공 전문가답게 일반인들이 설명하는 것과는 차원이 다른 것을 알 수 있다. 그뿐만이 아니라 조종사들의 UFO 체험을 조사해보면 UFO 혹은 외계인들이 지구의 인류를 어떻게 대하는지, 혹은 어떻게 생각하는지를 유추해 해석해볼 수 있다. 조종사들이 UFO를 공격하거나 관찰하려고 할 때 UFO가 어떤 태도를 보였는지를 파악하면 어느 정도 그 사정을 알 수 있다. 그들의 체험담을 통해 우리는 UFO 혹은 외계인들이 인류에 대해 우호적인지 혹은 공격적인지를 판단할 수 있는데 이것은 이 장에서 다룰 체험담들을 살펴보면 자연스럽게 알 수 있을 것이다(미리 말하면 그들은 공격적인 것 같지는 않다).

그런데 잘 알려진 것처럼 조종사들의 UFO 목격 사건은 너무도 많다. 그래서 선별할 필요가 있는데 마침 앞에서 인용한 킨의 책에 두 가지 좋은 사례가 있어 그것을 중심으로 검토해볼까 한다. 킨의 저서에는 앞서 다룬 사건(벨기에, 렌들샴 숲)의 목격자가 직접 쓴 글이 수록되어 있는 것처럼 이번에 볼 두 가지 사건도 주인공들이 직접 쓴 글이 실려 있어 아주 좋은 자료가 되고 있다.

우리가 중점적으로 보게 될 사건은 UFO 연구사에서도 주목할 만한 사건으로 뽑히는데 1976년에 이란의 수도 테헤란 상공에서 일어났던 UFO와의 공중전과 1980년에 페루 상공에서 발생한 UFO 요격 사건이 그것이다. 킨의 책에 수록된 두 조종사의 글은 다른 UFO 연구가가 그들의 체험을 바탕으로 재기술한 것이 아니라 UFO를 가까이에서 목격하고 상대했던 조종사들이 직접 자신의 체험을 기술한 것이라 오류가 들어갈 여지가 없고 무엇보다도 생생하게 묘사되고 있다는 점이 큰 장점이다. 그들의 설명을 들어보면 흡사 현장에 있는 것 같은 느낌마저 받아 신임이 더 생긴다.

아울러 본문에서는 이란과 페루의 사례뿐만 아니라 한국에서 일어난 비슷한 사건들도 소개할 예정이다. 그러면 긴박했던 이란의 사건 현장부터 가보자.

테헤란 상공에서 이루어진 UFO와 전투기의 '고전적인' 조우

가장 먼저 볼 것은 약 50년 전에 이란의 테헤란에서 발생한 사건이다. 꽤 오래된 일이지만 UFO 연구자들 사이에서는 여전히 언급되고 있는 매우 중요한 사례이다. 이 사건의 주인공은 당시 소령이던 파비즈 자파리(Parviz Jafari)라는 사람이다. 킨의 책에 나오는 글, "Dogfight over Tehran(테헤란 상공에서의 공중전)"[54]을 쓴 사람이 바로 이 자파리이다.

이 글에 따르면 사건은 1976년 9월 18일 밤 11시에 테헤란 상공에서 발생했다. 당시 테헤란 시민들은 도시 성공에서 한 대의 낯선 비행체가 낮게 날고 있는 것을 목격한다. 이 비행체는 별을 닮았지만 더 크고 밝았다고 한다. 이 소식은 바로 공군 본부에 알려졌고 19일 0시 30분께 경보가 발동되어 F-4 팬텀(Phantom) II 전투기가 명령을 받고 출격했다. 첫 번째 출격한 전투기였다.

---

54 Kean, 앞의 책, 제9장.

출격 명령을 받고 UFO에 다가간 자파리

자파리도 소식을 듣고 곧 부대로 향했다. 부대에 가서 보니 출격한 전투기가 UFO를 따라가는 것이 보였는데 속도에서 밀리는 바람에 따라잡지 못하고 있었다. 그런데 전투기가 UFO에 가까이 가면 전투기의 모든 장비가 먹통이 되어 무전도 작동하지 않았다가 다시 UFO와 멀어지면 통신이 가능해졌다고 한다. 이런 이야기는 이제 독자들도 익숙할 것 같은데 조종사들에게서 늘 듣던 것이라 그다지 신기한 일은 아니다.

이때 자파리는 출격 명령을 받고 부조종사인 다미리안 중위와 함께 두 번째 전투기(F-4 팬텀 II)를 타고 이륙했다. 먼저 출격한 첫 번째 전투기는 러시아 국경까지 갔다가 귀환 명령을 받고 돌아왔다. 자파리는 속도를 올려 UFO 근처까지 갔는데 이 비행물체가 그야말로 휘황찬란했던 모양이다. 그에 따르면 그 물체는 붉은빛과 초록빛, 분홍빛, 파란빛 등이 섞인 채로 강렬하게 빛나고 있었다. 비행체가 뿜어내는 빛은 다이아몬드 모습을 하고 반짝거렸는데 빛이 너무 밝은 나머지 비행체의 구조가 보이지 않았다고 한다. 그리고 불꽃이 번쩍거리는 속도가 너무 빨라 마치 다양한 빛을 발하는 초대형 섬광등 같았다고 한다. 아마 디스코장(?) 같은 곳에서 정신없이 번쩍대는 그런 현란한 조명 불빛처럼 보였던 모양이다 (앞으로 이 다이아몬드형 비행물체는 흡사 본체 같은 역할을 하는 원(元) 비행체가 된다. 곧 보겠지만 적어도 3개의 비행체가 더 나타난다.)

파비즈 자파리 소령

F-4 팬텀 II 전투기

동에 번쩍 서에 번쩍, 신출귀몰한 UFO를 쫓아

자파리가 비행체에 가까이 가니 갑자기 이 비행체가 오른쪽으로 10도씩 몇 번에 걸쳐 점프했다고 한다. 비행술을 잘 모르는 우리는 이 이야기가 무엇을 뜻하는지 모른다. 그런데 자파리의 말을 들어보면 이것은 인간이 가진 기술력으로는 불가능한 일임이 틀림없다. 왜냐하면 10도의 각도로 점프하는 것은 한순간에 약 10km를 가는 것과 같다고 하니 말이다.

자파리는 덧붙이기를, "이 물체에 대해서는 '초' 단위로도 말할 수 없다, 왜냐하면 이 물체는 초보다 더 짧은 시간 단위로 움직이기 때문이다"라고 했다. UFO의 이런 움직임은 앞에서 이미 거론한 것이다. UFO가 물리적인 법칙에 구애받지 않고 자유자재로 비행한다는 것은 다른 예에서도 많이 관찰하지 않았는가.

자파리는 그때 지상 관제탑에 이 비행체가 레이더에 잡히는지 물었는데 어이없게도 레이더가 고장이 났다는 답이 돌아왔다. 그런데 다행히 뒤에 앉아 있는 부조종사로부터 전투기에 장착된 레이더에 비행체가 잡혔다는 보고를 받는다. 그에 따라 계산해보니 비행체는 전투기로부터 약 43km 정도 떨어져 있었고 크기는 공중급유기인 보잉 707 탱커(tanker)만 했다. 즉 707 탱커처럼 길이가 약 45m에 달하는 화물수송기 혹은 급유기 수준의 규모였다. 그러니까 인간이 만든 대형 비행기만 하다는 것인데 이런 비행체가 순식간에 10km씩 움직인다는 것은 인간의 기술로는 상상할

보잉 707 탱커 급유기(화살표)

수 없는 놀라운 일이라고 하겠다.

두려움에 미사일을 쏘기로, 그러나

이때 자파리는 이 비행체를 요격할 수 있는 절호의 기회가 왔다는 야무진 생각을 했다. 그런데 갑자기 그 큰 비행체에서 둥근 물체가 튀어나와 무서운 속도로 자파리 쪽으로 오기 시작하더란다. 그 둥근 물체는 흡사 미사일처럼 보였는데 어찌 보면 마치 달이 지평선 위로 올라오는 것 같았다고 한다. 자파리에게는 그 둥근 물체가 달처럼 보였던 모양이다.

그 둥근 물체가 자신의 전투기를 향해 날아오는 것을 본 순간 자파리는 큰 두려움을 느껴 미사일을 쏘기로 마음먹었다. 그의 전투기에는 레이더로 작동하는 미사일이 4개, 그리고 열추적 미사일이 4개 있었는데 이 달처럼 생긴 둥근 물체에 열이 있을 거로 생각해 그는 열추적 미사일인 AIM-9을 발사하기로 한다.

그런데 그 순간 그는 전투기 안에 장착된 무기 조정 계기판과 무전 등 모든 장치가 불통 되고 오작동하는 것을 발견했다. 계기판의 바늘들이 제멋대로 돌아가고 있었고 관제탑과의 통신도 두절되어 공포심을 느껴야 했다. 결국 자파리는 미사일 쏘는 일을 포기하고 말았다.

이런 일은 UFO를 만난 전투기들이 흔히 겪는 일이라고 했다. 가장 전형적인 전개 양상은 다음과 같다. 조종사가 UFO를 향해 미사일을 조준하고 쏠 준비를 마친 후 단추만 누르면 미사일이 발사되는 상황인데 그때 갑자기 전투기의 계기가 모두 먹통이 되어 미사일을 쏘지 못하게 되는 상황 말이다. 내가 지금까지 접한 사례 가운데 조종사가 미사일을 발사하는 데에 성공한 경우는 없었다.

이때 자파리는 부조종사에게, 저 둥근 물체가 우리 전투기를 향해 6.4km 내로 가까이 오면 그 물체가 폭발 지점 안으로 들어오는 것이라 그때는 탈출하지 않으면 안 된다고 소리쳤다. 자파리는 그렇게 소리치면서 변고가 생기는 것을 막기 위해 전투기의 기수를 4시 방향으로 틀었다.

순간 그 둥근 물체는 자파리의 전투기에 6.4km 내지 8km까지

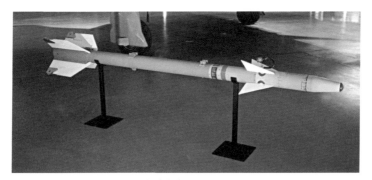

열추적 미사일 AIM-9(공대공)

가까이 와서 4시 방향에서 멈춰 섰다. 그런데 자파리가 1초 후에 보니 그새 사라지고 없더란다. 그러자 부조종사가 그 둥근 물체가 7시 방향에 있다고 전했다. 이 둥근 물체가 순식간에 4시 방향에서 7시 방향으로 이동한 것이다. 그 7시 방향에는 원래의 큰 다이아몬드형 비행체가 있었는데 거기서 나온 이 작은 둥근 물체는 천천히 그 원 비행체 밑으로 가서 합체하는 것이 보였다.

또 다른 비행체들의 출현, 귀환 명령이 번복되고

이 상황에 대해 관제탑에서 듣고 있던 유세피 장군은 자파리에게 귀환 명령을 내렸다. 명령받은 그는 돌아가려고 기지 쪽으로 기수를 돌렸다. 그런데 아까 그 둥근 물체가 또 나타나 그의 왼쪽에서 따라오고 있었다. 상사의 귀환 명령이 떨어졌으니 사정이 어찌 됐든 그는 그 물체를 뒤로 하고 기지에 가까이 왔다.

그런데 이번에는 오른쪽 앞에 또 다른 물체가 있는 것을 발견했다. 이 물체는 좀 전에 본 것처럼 둥글게 생긴 것이 아니라 길고 얇은 사각형처럼 생겼고 각 모서리와 중앙에 불이 있었다고 한다. 부조종사의 말로는 이 비행물체의 위에 돔이 보였고 그 안에는 희미한 빛이 있었다고 한다. 조금 전까지 목격한 원래의 다이아몬드형 비행체와도 다르고 거기서 나온 둥근 물체와도 다른 새로운 형태의 UFO가 나타난 것이다.

더욱 기이한 것은 그때 자파리가 왼쪽을 보니 최초로 목격했던 원래의 다이아몬드형 비행체가 있었고 거기에서 또 다른 밝은 물체가 나와 땅으로 내려가 착륙하는 것이 보였다는 사실이다. 자파리의 글을 보면 이 새로운 밝은 물체도 신기하기 짝이 없다. 자파리와 약 24km나 떨어져 있었는데도 땅의 모래가 보일 정도였다. 관제탑에 보고하니 그들도 보았다고 했다. 이것은 당연한 일이다. 이 물체가 엄청난 빛을 내면서 기지 근처의 땅에 내렸으니 관제탑에서도 그 모습을 육안으로 볼 수 있었을 것이다.

귀환 명령을 내렸던 유세피 장군은 자파리에게 착륙하지 말고 이 밝은 물체를 관찰하고 오라고 지시한다. 이에 자파리는 내렸던 착륙 장치를 도로 집어넣고 비행기를 돌렸다. 그런데 그 밝은 물체와의 거리가 6.5km에서 8km 정도에 이르자 또 전투기의 모든 계기가 먹통이 되려고 했다. 그가 관제탑에 이런 사실을 알리니 그냥 돌아오라는 지시가 내려졌다. 이때 그 밝은 물체가 착륙한 곳에서 응급 상황을 알리는 것 같은 심한 소음이 들렸다고 한다. 그러나 그 소리의 정체는 끝내 밝혀내지 못했다. 자파리가 귀환하여 착륙한 후 관제탑에 있는 요원에게 들어보니 원래의 그 큰 다이아몬드 비행체는 순식간에 사라졌다고 한다.

쏠 수 없던 게 행운이었소

날이 밝고 아침이 되어 자파리는 이 사건을 보고하기 위해 본부로 갔다. 그곳에는 장군들을 포함해 많은 사람이 와 있었다. 그중에 이란에 파견되어 있던 미국 공군 장교인 올린 무이 중령이 있었는데 그가 자파리와 나누었던 대화가 흥미롭다. 참고로 사건 당시 이란은 이슬람 혁명이 일어나기 전이라 친미 정권인 샤 황제의 정부가 들어서 있었다. 그 덕에 미군 장교가 이란에 파견 나와 있던 것이다. 자파리는 무이에게 '계기판이 작동하지 않아 미사일을 쏘지 못했다'라고 하자 무이는 '쏠 수 없던 게 행운이었소'라고 답했다고 한다. 미국 장교인 무이는 이미 UFO를 공격하지 말라는 미 공군의 수칙을 알고 있었던 모양이다. 미국에서는 초기에 UFO를 공격한 전투기들이 별로 좋지 못한 결말을 맞이해 미 공군의 수칙에 UFO를 만나더라도 공격하지 말라는 조항을 넣은 것으로 알려져 있다.

다음날 자파리는 부조종사와 함께 병원에 가서 피검사 등 여러 검사를 받았다. 다행히 이상이 없다는 소견이 나왔다. 그러고 나서 자파리는 헬리콥터를 타고 어제 그 밝은 물체가 착륙한 곳으로 가 보았는데 불이 났던 표시나 탄 자국, 얼룩 등이 전혀 보이지 않더 란다. 그리고 주변 사람들을 수소문하니 당시 그들도 그 응급 상황 같은 것을 알리는 소음을 들었고 그 소리는 며칠 지속되었다고 하 는데 이 소리의 정체는 끝내 알 수 없었다고 한다.

한편 과학자들은 자파리와 부조종사를 조사하고 기록으로 남 겼는데 그날 그들이 타고 출격한 팬텀 전투기 2대에서 방사능은 검출되지 않았다.

UFO 현상의 고전적 사건인 네 가지 이유

무이 중령은 이 사건을 정리하여 미국 국방정보원에 보냈고 이 것은 CIA나 백악관 등 관련 기관에 보내졌다. 그때 미국 측에서는 이 사건에 대해 '이 사건은 UFO를 진정으로 연구하려 할 때 필요 한 모든 (판단) 기준을 갖고 있는 고전이다'라는 재미있는 평가를 내린다.

미군 측 관계자는 어떤 점에서 이 사건을 UFO 현상의 고전이 라고 한 것일까? 이에 대해 미국 측 자료를 보면 다음과 같은 점을 적시하고 있다. 첫 번째는 다양한 장소에서 매우 많은 목격자가 있었다는 점, 두 번째는 물체가 레이더에 확인된 점, 세 번째는 당시에 그 UFO 근처에 있던 비행기 3대(민항기도 한 대 있었다고 함)의 계기판이 모두 불통이 된 점, 네 번째는 UFO가 보여준 믿을 수 없는 조종 능력 등이 그것이다.

바로 이런 것들이 UFO 현상의 고전, 즉 UFO와 인간의 전투기가 만나는 고전적인 모습인데 동시에 이것은 조종사나 공군만이 체험할 수 있는 UFO의 특징이라고 하겠다. 그 가운데에서도 UFO가 레이더에 확실하게 잡힌 것이나 비행기의 계기판이 모두 작동 불능이 된 것은 UFO가 실재한다는 것을 객관적으로 보여주는 중요한 현상이라는 점에서 크게 주목된다. 이런 증거들이 있기에 UFO의 출현이 객관적인 현상이라고 말할 수 있는 것이다. 다시 말해 인간이 잘못 본 환영이 아니라는 말이다.

자파리는 이 글에서 흥미롭게도 당시 샤 황제를 만났던 체험을 이야기하고 있다. 샤는 이 사건과 관련해 장군들을 소집해서 모임을 했다고 하는데 우선 황제가 이런 문제에 관심 있다는 것부터 흥미롭다. 이 자리에서 샤는 자파리의 의견을 물었는데 그때 자파리는 '이 비행체는 지구에서 만들어진 게 아니다. 왜냐하면 지구에는 이 같은 비행체를 자기 명령권 안에 둘 수 있는 사람이 없기 때문'이라고 답했다. 그때 샤는 그저 'yes'라고 말하면서 이런 보고가 처음이 아니라고 말했다고 한다. 이것으로 보면 당시 이란에는 이와 관련된 UFO 사건이 꽤 여러 개가 있었던 모양이다.

그의 후회, 사진기와 통신 시도

자파리는 사건 당시를 회고하며 두 가지 점에서 후회한다고 말했다. 먼저 사진기를 준비하지 못한 점이다. 사진기가 있었다면 생생한 UFO 모습을 찍을 수 있었을 텐데 그것을 하지 못했다는 것이다. 두 번째 후회는 그들과 통신하지 못한 것이라고 하는데 당시 자신은 너무 흥분해 그들과 통신하려는 생각을 하지 못했다고 전했다. 무전으로 '당신은 누구인가?' 혹은 '우리와 통신하자'라고 할 수 있었는데 그렇게 하지 못했다는 것이다.

자파리의 이런 후회는 충분히 이해된다. 앞에서도 밝혔지만 UFO를 만나면 사람들이 너무 당황하고 흥분한 나머지 제대로 대처하지 못한다고 하니 말이다. 그러나 의문도 생긴다. 인간 조종사가 UFO와 어떤 방법으로 교신하느냐는 것이다. 인간들의 비행기는 무선 통신의 주파수를 맞추면 교신할 수 있지만 UFO는 인간의 것과 같은 무전 시스템이 있는지 없는지도 모르는데 자파리는 어떻게 그들과 교신을 할 수 있을 것으로 생각했는지 궁금하다.

지금까지 나는 인간 조종사가 비행하면서 UFO와 교신했다는 이야기를 들어본 적이 없다. 이것이 성사되지 않은 데에는 여러 이유가 있겠지만 추측해보면 UFO 안에는 인간의 무전기 같은 것이 없을 뿐만 아니라 외계인들은 인간과 교신하는 데에 별 관심이 없어 그런 것 아닌지 모르겠다. 자파리는 아마도 그때까지 UFO의 실체에 대해 잘 몰랐던 것 같다. UFO를 인간 비행기의 연장쯤으로 생각해 교신해보려고 생각했으니 말이다.

갑자기 모든 계기가 먹통이 되어 결국 포기하게 돼

여기까지가 자파리가 직접 쓴 회고의 글을 토대로 이란 테헤란 상공에서 발생한 UFO 목격 사례를 요약한 것이다. 이 사건은 UFO와 인간의 전투기가 만나는 고전적인 모습을 보여주었다고 했다. 그 모습 가운데 가장 대표적인 것은 전투기가 UFO에 가까이 가면 전투기에 장착되어 있는 모든 계기가 작동을 멈춘다는 점이다. 버튼만 누르면 되는데 그 순간 갑자기 계기가 먹통이 되어 버튼을 아무리 눌러봐야 미사일이 발사되지 않는 것이 그 대표적인 예라고 했다. 혹은 미사일을 쏘려고 조준하면 UFO가 순간적으로 다른 곳으로 이동하기 때문에 도저히 조준할 수 없게 된다. 그래서 자파리의 경우처럼 미사일로 요격하고 싶어도 결국 조종사들이 발사를 포기하게 되는 것이다.

이 점은 다른 조종사들의 체험에서도 공통으로 발견되는데 그 이유에 대해 한참 앞에서 (소코로 사례를 다룰 때) 인용한 테드 오웬스는 이렇게 말한다. 즉, UFO는 그들 주위에 전자기장을 그물처럼 펼칠 수 있는데 그렇게 하면 그 전자기장 안에 있는 인간의 기계들은 모두 작동을 멈춘다고 한다.[55] 이 점은 이미 여러 사례에서 확인

---

55 Owens, 앞의 책, p. 158.

되었다.

　내가 이란 사례의 간추린 전모를 마무리하면서 이 이야기를 다시 꺼내는 이유는 바로 이어서 볼 사건, 즉 페루 상공에서 일어난 사건이 여기서 벗어나는 희유의 예이기 때문이다. 지금부터 볼 페루의 사례는 UFO 연구사에서 매우 독특한 사건으로 분류된다. 발포에 성공했기 때문인데 과연 어떤 일이 있었는지, 결과는 어떻게 되었는지 이제 그것을 보러 가자.

페루 상공에서 펼쳐진 UFO와의 근접전투

사건은 페루 상공에서 일어났다. 이 사건이 전 UFO 연구사에서 주목받는 이유는 인간이 UFO를 실제로 공격한 희귀한 사례이기 때문이다. 전투기가 UFO를 향해 기관포를 쏘는 데 성공한 것이다. 내가 UFO 사건을 다 뒤져본 것은 아니지만 그것이 미사일(로켓)이든 기관포(연속 발사 포탄)이든 간에 계획에 그치지 않고 실제 발포에 성공한 사례는 아주 드물다. 그래서 희유의 예라고 한 것이다.

이 일은 페루 공군에 소속된 오스카 S. 후에르타스 중위가 겪은 사건이다. 앞서 말한 대로 그가 회고하며 직접 쓴 글이 킨의 책에 실려 있는데[56] 내용이 생생할 뿐만 아니라 아주 자세해서 좋다. 그러면 오스카가 쓴 글을 토대로 이 역사적인 사건의 전모를 간략하게 살펴보자.

---

56   Kean, 앞의 책, 제10장, "Close Combat with a UFO(UFO와 발생한 근접전)".

오스카 후에르타스 중위와 수호이-2 (소련제)

오스카 후에르타스 중위와 수호이-2 (소련제)

일급 보안 지역 활주로 끝에 둥근 물체가 떠 있다

사건은 1980년 4월 11일 오전 7시 15분경부터 시작되었다. 주인공인 오스카는 당시 페루의 아레키파 지역에 있는 라 호야 공군기지에서 복무하고 있었다. 그는 23살로 약관의 나이였지만 8년간의 비행 경험이 있어 뛰어난 조종사로 알려져 있었다. 소련이 만든 최고 전투기인 수호이를 시험 비행했을 뿐만 아니라 공중전 기술도 갖추고 있어 최고의 조종사로 우대받고 있었다.

오스카는 이런 출중한 능력을 갖추고 있어 UFO로 추정되는 물체가 나타난 그 날, 누구보다도 먼저 그 물체를 추적하는 데 투입되었다. 그는 상부로부터 공항의 활주로 끝에 풍선 같은 둥근 물체가 떠 있으니 출격해서 그 물체를 제거하라는 명령을 받는다. 이 원형의 물체는 600m 상공에 있었고 그것까지의 거리는 5km이었는데 해를 반사해

라 호야 공군기지

빛나고 있었다고 한다.

이 공항은 군사 지역이기 때문에 일급 보안 지역이었다. 이런 보안 지역에 허가받지 않은 물체가 나타나면 일단은 보편적으로 통용되는 주파수를 보내 교신을 꾀하는데 이때 아무 답변이 없으면 무조건 추락시키는 것이 관례라고 한다. 특히 이 기지는 전 남미에서 소련의 무기체계를 갖춘 얼마 안 되는 주요 기지였기 때문에 항상 스파이 비행기에 의해 염탐될 가능성이 있어 조심의 조심을 하고 있었단다.

라 호야 공군기지 활주로(1980년 4월 11일 7:15)
노란 점(OVNI)이 UFO가 있던 자리

격추를 위해 출격한 오스카, 그리고 요격!

명령을 받은 오스카는 수호이-22기를 몰고 2,500m까지 올라가 그 풍선 같은 둥근 물체를 공격할 준비를 마쳤다(이하 계속해서 비행체가 아니라 '물체'라고 이르는 데는 이유가 있다). 이 전투기에는 구경 30㎜의 탄환을 연속으로 쏠 수 있는 기관포가 있어 먼저 그것으로 사격을 가했다. 총 64발을 쏘았다. 이렇게 쏘면 옥수수처럼 생긴 불의 벽이 형성된다고 하는데 그 위력이 대단해 64발 정도의 사격을 받으면 어떤 것도 남아나지 않는다고 한다. 나는 기관포 같은 무기에 대해서는 아는 바가 별로 없지만 지상에서 사용하는 기관단총도 위력이 대단한데 전투기에서 사용하는 기관포는 이보다 훨씬 강력할 터이니 옥수수에 빗댄 그의 표현을 이해할 수 있을 것 같다. 그런데 아마도 이 순간에 별생각(?) 없이 행한 이 행동이 지금까지 일어난 UFO 사건 가운데 가장 독특한 사례로 남으리라는 것을 오스카는 눈치채지 못했을 것이다. 아무 문제 없이 UFO를 향해 기관포를 발사하는 데 성공하고 가격까지 했으니 말이다.

《EXTRA》 신문의
1980년 La Joya UFO 사건 보도

이때 약간의 총알은 빗맞는 바람에 땅에 떨어졌지만 다른 총알들은 정확히 그 풍선 같은 둥근 물체를 맞혔다고 한다. 오스카는 이렇게 쏘아댔으니 물체가 찢어져서 가스가 나올 것으로 예상했다. 그러나 그의 기대와는 달리 아무 일도 생기지 않았다. 그에 따르면 흡사 그 큰 총알들이 물체에 의해 흡수된 것 같았다고 한다.

총알을 맞자 이 물체는 갑자기 아주 빠른 속도로 치솟아 올라 기지에서 사라졌다. 이 광경을 보고 오스카는 관제탑에 연락해 자신이 이 물체를 쫓아가서 격추하겠다고 전했다.

그제야 알게 돼, 풍선이 아닌 것을 알고 깜짝 놀라

그러자 놀라운 일들이 연속해서 발생했다. 오스카의 전투기는 그때 시속 950km로 그 물체를 쫓고 있었고 물체는 500m 앞에 있었다. 그런데 갑자기 그 물체가 정지하는 바람에 오스카는 오른쪽으로 기수를 틀어 사격할 수 있는 위치까지 갔다. 그때 물체와의 거리는 약 1km 정도였다.

그가 다시 사격하려고 조준하니 그 순간 그 물체는 갑자기 상승해 그의 공격을 피했다. 오스카는 이 같은 시도를 2번 더 했는데 그때마다 이 물체는 사격하기 몇 초 전에 상승하면서 오스카의 공격을 피했다. 이런 현상은 앞서 말한 대로 이상한 일이 아니다. 조준하면 UFO가 순간적으로 이동하여 발포를 못 하게 되는 것 말이다. 그렇게 서로 시소게임을 벌이다 보니 오스카는 19km 상공까지 올라가게 되었다. 그런데 그때 계기판에 연료 부족 경고가 떴다. 이것은 지금 연료가 다 떨어졌다는 것이 아니라 기지로 돌아갈 만큼만 연료가 남았다는 것을 뜻한다고 한다.

연료가 부족해지자 오스카는 더 이상 그 물체를 공격할 수 없었다. 기지로 돌아갈 수 있는 연료밖에 없으니 어쩔 수 없는 일이었을 것이다. 그는 공격 의도를 접고 대신 물체의 정체를 알기 위해 가까이 갔다. 그의 전투기에는 레이더는 없었지만 조준 장비(sighting equipment)가 있어 그 물체까지의 거리와 그 크기(지름)를 알 수 있었다.

오스카는 이 물체에 100m까지 가까이 갔다. 이때 그는 이 물체가 풍선이 아닌 것을 알고 깜짝 놀랐다. 그것은 지름이 10m쯤 되는 원반처럼 생겼고 윗면에는 크림색의 돔이 있었는데 꼭 전구를 반으로 잘라놓은 모습을 하고 있더란다. 바닥은 은색이었는데 철로 만들어진 것 같다고 했다. 그런데 이 비행체에는 인간이 만든 비행기라면 있어야 할 전형적인 부품인 날개나 제트 엔진, 배기관, 창문, 안테나 등이 없었다.

그는 그제야 이 풍선 같은 둥근 물체가 간첩질하는 기구나 물체가 아니라 UFO라는 것을 깨닫게 되었다. 그와 동시에 그는 자신이 끝장난 것 같아 두려움이 몰려왔다고 한다. 왜냐면 연료가 바닥 나 더 항행할 수도 없었을 뿐만 아니라 공격이나 탈출도 할 수 없는 상태가 되었기 때문이다. 결과적으로 보면 발포에는 성공했지만 격추는커녕 UFO에 아무런 영향을 주지 못했다.

그는 왜 몰랐을까? 알고서는 또 왜 그랬을까?

이렇게 UFO와 격렬한 조우를 마친 오스카는 연료 부족으로 어쩔 수 없이 기지로 돌아오게 된다. 그런데 조금 이해되지 않는 부분이 있어 그것을 보면서 귀환 과정을 살펴야겠다. 당시에 그가 UFO에 대해 충분한 지식이 없는 것 같은 인상을 주는 이야기들이 나오기 때문이다.

우선 그가 이 둥근 물체가 풍선이 아니라 UFO라는 것을 알게 된 시점이 너무 늦지 않았나 하는 생각이 든다. 오스카가 이 물체를 UFO라고 인식한 것은 기관포로 총격을 가한 시도가 실패로 끝난 후, 그 물체에 조금 더 가까이 가서 보고 난 다음이었다. 그는 그제야 그 물체가 UFO라는 것을 알게 되었다고 했다. 나는 오스카의 이 술회가 이해가 안 된다. 공군 조종사라면 UFO에 대한 지식이 있었을 텐데 이 물체를 처음 보았을 때 진즉에 이것이 UFO라는 생각을 왜 하지 못했는지 궁금하다. 만일 내가 오스카였다면 그 미확인 둥근 물체를 보자마자 가장 먼저 UFO가 아닌지 의심했을 것 같은데 그는 그렇게 하지 않았으니 이상한 것이다. 당시에 오스카는 UFO에 대해 명확한 지식이 없었던 걸까?

어떻든 오스카는 이 비행체와의 사이에서 겪은 충격에서 벗어나 기지로 돌아가기 시작했다. 그런데 여기서 오스카는 또 이해하지 못할 행동을 한다. 그는 술회하기를 자신은 이 사태가 두려웠지만 그것을 감추고 다른 전투기 조종사에게 무전으로 그 비행체를 공격하라고 전했다고 한다. 여기서도 우리는 당시 그가 UFO에 대해서 충분한 지식이 없었다는 것을 알 수 있다. UFO를 공격하면 위험하다는 것은 당시에 공군 조종사들이 상식적으로 알고 있었을 것 같은데 오스카는 이런 격외의 행보를 취했으니 말이다. 그가 그런 정보를 접하지 못했는지, 아니면 알면서도 다른 조종사에게 무모한 부탁을 했는지는 알 수 없지만 그는 다른 조종사를 위험한 처지로 몰아갈 뻔했다. 그러나 다행히도 다른 조종사들은 오스카의 이런 제의에 거부 의사를 보냈다. 그 이유는 UFO가 너무 높은 데에 있어서 접근하기가 어려웠기 때문이었다고 한다.

그는 기지로 돌아갈 때 연료가 부족해 부분적으로 미끄러지면서 비행했다고 적고 있는데 항공에 문외한인 나는 이것이 무엇을 뜻하는지 모른다. 그러나 굳이 추측해보면, 연료를 아끼기 위해 기류를 타면서 비행했다는 것 아닌지 모르겠다. 그러면서도 UFO에 의해 격추당하지 않기 위해 지그재그로 비행했다고 하는데 연료가 부족한 상태에서도 이런 비행이 가능한 모양이다. 그는 그렇게 UFO가 따라오지 않기를 바라면서 22분을 비행했다고 한다. 이설명에서도 그가 UFO에 대해 별로 지식이 없었다는 생각을 지울수 없다. 왜냐하면 그때까지 UFO가 인간의 전투기를 공격한 사례가 거의 없었기 때문이다. 만일 그가 이 정보를 알고 있었다면 공

```
                    DEPARTMENT OF DEFENSE  RECEIVED
                         JOINT CHIEFS OF STAFF
                          MESSAGE CENTER          JUN -3 1990

VZCZCMLT565                          ZYUW  DIA KTS-28        18134
MULT
ACTION
      DTA:
DISTR
      IADR(01) J5(02) J3:NMCC NIDS SECDEF(07) SECOEF: USDP(15)
      ATSD:AE(01) ASD:PA&E(01) ::DIA(20) NMIC
   -  CMC CC WASHINGTON DC
   -  CSAF WASHINGTON DC
   -  CNO WASHINGTON DC
   -  CSA WASHINGTON DC
   -  CIA WASHINGTON DC
   -  SEC.STATE WASHINGTON DC
   -  NSA WASH DC
      FILF
   (047)

      TRANSIT/1542115/154220T/R00152TOR15422#4
      OE RUESLMA #4888 1542115
      ZNY CCCCC
      R 0220527 JUN 90
      FM USDAO LIMA PERU
      TO RUEKJCS/DIA WASHDC
      INFO RULPALJ/USCINCSO QUARRY HTS PN
      RULRAFA/USAFSO HOWARD AFB PN
      BT
      SUBJ: IR 6 876 0146 90 (U)
      THIS IS AN INFO REPORT, NOT FINALLY EVAL INTEL
      1. (U) CTRY: PERU (PE).
      2. (U) TITLE (U) UFO SIGHTED IN PERU (U)
      3. (U) DATE OF INFO: 800510
      4. (U) ORIG: USDAO AIR LIMA PERU
      5. (U) REQ REFS: Z-013-PE030
      6. (U) SOURCE: 6 876 0138. OFFICER IN THE PERUVIAN AIR FORCE
      WHO OBSERVED THE EVENT AND IS IN A POSITION TO BE PARTY
      TO CONVERSATION CONCERNING THE EVENT. SOURCE HAS REPORTED
      RELIABLY IN THE PAST.
      7. _____ SUMMARY: SOURCE REPORTED THAT A UFO WAS SPOTTED
      ON TWO DIFFERENT OCCASIONS NEAR PERUVIAN AIR FORCE (FAP) BASE
      IN SOUTHERN PERU. THE FAP TRIED TO INTERCEPT AND DESTROY THE
      UFO, BUT WITHOUT SUCCESS.
```

라 호야 사건에 대한 미 국방부의 파일

포에 빠지지 않을 수도 있었을 것이다.

한편 그는 이렇게 비행하면서 빨리 기지에 돌아가 이 비행체에 대해 말하고 싶어 미칠 지경이었다고 한다. 특히 이 비행체에 추동 장치 같은 게 없는 것이 제일 신기했다고 한다. 이것도 UFO에 대해 약간의 지식만 있다면 알 수 있는 사실인데 그가 이런 것을 신기해했다는 것이 외려 신기하다.

　그가 착륙해서 격납고로 가니 정비하는 병사가 '중위님 사격을 하셨군요. 총탄 카트리지가 비었습니다'라고 말했다고 한다. 관계자들이 그에게 이 비행체에 대해 듣기 위해 모였는데 그는 이 비행체가 둥글고 쇠로 만들어졌다고 하면서 그간 정황을 이야기해주었다. 그리곤 이에 대한 이야기는 모두 비밀로 하자고 합의를 보았단다. 그런데 신기한 것은 이 UFO가 기지에 있는 레이더에는 끝내 잡히지 않았다는 것이다. 레이더병들이 분명히 육안으로 그 비행체를 보았음에도 말이다. 비행체는 나름의 스텔스 기능이 있었던 것이리라.

　어떻든 이 비행체는 오스카와 만났던 곳에서 2시간 이상 있다가 사라졌다고 하는데 해에 반사되어 이 비행체는 기지 안에 있는 모든 사람이 볼 수 있었다고 한다. 이상이 오스카가 쓴 글을 토대로 본 이 사건의 간추린 전모이다.

1971년, 코스타리카 상공에서 우연히 찍힌 UFO 사진

　이날 오스카가 본 비행체는 어떻게 생긴 비행체일까? 그의 설명을 보면 전형적인 접시형 UFO였던 것 같다. 그런데 창문이 보이지 않았다고 하니 밀폐형 비행접시였던 모양이다. 그가 본 비행접시가 구체적으로 어떻게 생겼을까 궁금해지는데 마침 이와 비

1971년 9월 4일 코스타리카에서 찍힌 UFO 사진
(왼쪽의 화살표 부분, 오른쪽은 확대)

슷한 사례가 있어 보고 가면 좋겠다.

이 사진은 1971년 9월 4일 코스타리카에서 찍힌 유명한 UFO 사진이다. 사진을 찍은 사람은 로아이자(Loaisa)라는 사진작가인데 이 UFO 사진은 그가 작정한 끝에 찍은 것이 아니다. 우연히 찍힌 것인데 사정은 이랬다.[57] 그는 모종의 프로젝트를 수행하는 과정에서 내셔널 지오그래픽 연구소의 의뢰를 받고 비행기를 타고 코트 호수의 3km 상공에서 사진 촬영을 하게 된다. 그때 UFO가 로아이자가 탄 비행기의 밑에서 주행하고 있었던 모양이다. 당시 그가 사용한 사진기는 지도를 만들 때 이용하는 특수한 사진기로 13초마다 자동으로 사진을 찍는 기능이 있었다고 한다.

그런데 필름을 현상해보니 유독 한 장의 사진에만 이상한 물체가 찍힌 것을 발견할 수 있었다. 이 물체는 신비롭게 보였는데 사

---

57 ´ "Ancient Aliens: Shocking UFO Photo Leaked to the Public"
https://www.youtube.com/watch?v=6oK5lOGrBh4

진에서 보는 바와 같이 원형으로 생겼고 빛이 나는 철제의 비행체였다. 그런데 재미있는 것은 이 사진 앞뒤의 프레임에는 이 물체가 찍히지 않았다는 것인데 그 비행체도 움직이고 로아이자가 탄 비행기도 움직이고 있었으니 이것은 충분히 가능한 일이다. 비행체의 크기를 계산해보니 지름이 160피트, 즉 48m 정도였다고 하니 꽤 큰 물체인 것을 알 수 있다.

이 사진을 접한 내셔널 지오그래픽 관계자들은 로아이자에게 함구할 것을 명해 그는 이 사진에 대해 발설할 수 없었다고 한다. UFO와 관계된 것은 무조건 쉬쉬하는 병이 도진 것이다. 그러나 세상에 비밀이란 없지 않은가. 이 사진은 1979년에 우연한 기회에 유출되면서 UFO 연구가들의 관심을 끌었다.

사진이 공개된 이후, 이 물체의 정체에 대해 많은 논란이 있었다. 그러나 마침내 이 물체는 진정한 의미에서 UFO, 즉 정체를 알 수 없는 비행체로 인정받게 된다. 이 사진은 UFO 연구자들 사이에서 UFO를 찍은 최고의 사진 가운데 하나로 손꼽힌다. 이렇게 선명하게 찍힌 UFO 사진은 흔하지 않기 때문이다. 이런 사진은 아주 드문 경우로 비행체의 모습이나 색깔을 확실하게 알 수 있어 좋다. 대부분의 경우 UFO 사진은 지상에서 찍은 것이다. 이때 UFO는 지상과 먼 거리에 있기 때문에 이 사진처럼 UFO의 모습이 선명하게 나오는 경우가 거의 없다. 그에 비해 이 사진은 UFO 위쪽에서 촬영된 것이라 UFO의 모습이 가감 없이 깨끗하게 나온 것이 특이하다고 하겠다. 특히 UFO의 윗면이 찍힌 것은 유례를 찾기 힘든 사례이다.

그가 본 UFO의 모양, 코스타리카 사진과 비교해보면

여기서 이 사진에 나온 UFO를 거론하는 이유는 이 비행체가 지금 우리가 보고 있는 페루 상공에 나타난 UFO와 모습이 비슷하기 때문이다. 즉 원형으로 생기고. 겉면이 은색을 띠고 있어 금속으로 만들어졌을 것으로 추정되는 등이 비슷한 점이라 하겠다. 또 창문이 없는 것도 공통점인데 그렇다고 차이점이 없는 것은 아니다. 오스카가 목격한 UFO에는 돔이 있었다고 했는데 이 사진에 나타난 UFO는 돔은 안 보이고 가운데 부분이 조금 돌출되어 있다. 이것을 돔으로 보아야 할지 모르겠는데 어떻든 이 모습은 오스카가 말한, 즉 전구를 반으로 잘라놓은 모습의 돔은 아닌 것 같다. 전체적으로 보면 코스타리카 상공에 나타난 UFO는 팽이를 거꾸로 놓은 것 같은 모습으로 보인다.

그렇지만 양국에 나타난 두 비행체의 모습은 아주 비슷하다. 그래서 중남미에는 1970년대에 주로 이렇게 생긴 UFO가 날아다닌 것 아닌가 하는 억측을 해보기도 한다. 물론 코스타리카는 중앙아메리카에 있는 국가이고 페루는 남아메리카에 있는 국가라 두 UFO가 나타난 지역은 수천 km 떨어져 있다. 지도를 보고 대충 계산해봐도 3천 km는 더 떨어져 있는 것 같다. 이처럼 거리가 먼데 이 UFO들이 유사한 종류에 속한다고 말할 수 있을까 하는 반문이 있을 수 있겠다. 그러나 UFO가 물리적인 거리와 관계없이 자신이 내키는 대로 마음대로 나다닐 수 있는 존재라고 한다면 거리는 그다지 문제가 되지 않겠다.

그러나 이러한 원반형의 UFO는 우리가 앞에서 다룬 다른 사건에 나타난 UFO와는 분명 다른 유형의 UFO이다. 미국 뉴멕시코주의 로즈웰 등에 나타난 UFO는 달걀(혹은 아보카도)형이었고 벨기에나 영국에 나타난 UFO는 삼각형이 대종을 이루었다. 반면 짐바브웨에 나타나 UFO는 원반형이었지만 분명히 창문이 있었다. 이렇게 보면 페루에 나타난 UFO와 코스타리카에 나타난 UFO는 거의 같은 종류에 속한다고 할 수 있지 않을까 싶다. 물론 이 대목에서 다음과 같은 강한 의문이 드는 것을 피할 수 없다. 도대체 UFO는 어떤 물체이기에 이다지도 다양하게 나타나느냐고 말이다. 여러 UFO 연구를 보면 이보다 훨씬 다양한 형태의 UFO가 존재한다는 것을 알 수 있다.[58] 이 문제는 조금 있다가 의문을 풀어보는 순서에서 다시 보기로 하자.

미사일은 안 되고 기관포는 되고?

페루 사례가 주목받는 이유는 따로 있다. 계속 강조하고 있듯

---

58 일례로 맹성렬의 『UFO 신드롬』(1995)이나 한국UFO연구협회의 『한국 상공의 UFO』 같은 책을 보면 다양한 형태의 UFO가 소개되어 있는 것을 알 수 있다.

제2부 인류사를 뒤엎은 UFO 사건 Best 7   417

이 미사일이 발사 직전에 무력화되는 경우는 종종 있었지만 이 사건처럼 조종사가 UFO를 향해 기관포를 발사한 경우는 좀처럼 발견할 수 없기 때문이다. 그래서 전 UFO 역사에서 유례를 찾아보기 힘든 희귀한 사례라고 한 것이다.

다른 예들을 보면 UFO를 공격하기 직전에 전투기의 계기가 모두 '다운'되는 관계로 미사일을 발사하지 못하거나 아니면 UFO가 요리조리 피해 다녀서 아예 공격할 수 있는 기회를 얻지 못했다. 그러다 가까스로 공격에 성공해봐야 UFO에 아무 영향도 미치지 못하고 무위로 끝나고 만다. 우리는 바로 이 마지막 대목을 주목할 필요가 있다. 전투기 조종사로서 이렇게 공격을 시도라도 해본 사람은 오스카 중위가 유일한 것으로 보이기 때문이다.

이 같은 엄청난 일을 한 오스카는 이 사건이 지닌 역사적인 상징성을 27년 동안 모르고 있었다. 그러다 그는 2007년에 킨의 주도로 미국 워싱턴에서 개최된 기자 회견에서 같은 일을 겪었던 조종사들을 만나게 된다. 물론 은퇴해서 만난 것이다. 이때 그는 이란 공군의 조종사 자파리를 비롯해 UFO와 조우한 조종사들을 만나게 되는데 그제야 UFO를 공격한 조종사는 자신이 유일하다는 사실을 알게 된다.

이 일을 어떻게 설명할 수 있을까? 그러니까 무슨 연유로 오스카는 발포에 성공할 수 있었느냐는 말이다. 전투기들의 무기 시스템을 잘 알지 못하는 내가 정확하게 답하는 일이 쉽지 않겠지만 추정은 해볼 수 있겠다. 지금의 능력으로 나름대로 답을 구해보고 나

2007년 National Press Club에 참석한 UFO 목격자와 연구자들
(레슬리 킨이 주최한 콘퍼런스, 미국)
(가운데 왼쪽에서 세 번째가 자파리, 자파리 오른쪽이 오스카, 맨 앞줄 왼쪽에서
두 번째가 페니스턴이며 맨 오른쪽이 포프이다.
두 번째 줄 오른쪽에서 두 번째 여성이 킨이다.)

중에 더 정확한 정보를 알게 될 때 수정하면 된다.

앞에서 조종사들이 UFO에 미사일을 쏘지 못하는 이유는 전투기 안에 있는 계기들이 모두 먹통이 되기 때문이라고 했다. 그리고 전투기의 계기들이 작동이 안 된 것은 아마도 UFO가 강한 전자기파를 그물처럼 쳐 놓았기 때문일 것이라는 오웬스의 주장을 인용했다. 이 전자기장은 UFO를 중심으로 일정한 거리까지 형성되는 모양이다. 그래서 전투기가 UFO 근처에 가면 계기가 먹통이 되는 것이리라. 이런 정보들을 토대로 추측해보면, 조종사들이 미사일을 쏘려고 하면 UFO에서 강력한 전자기파를 발사해 그 시도를 무력화하는 것 같다.

　그런데 미사일과는 달리 오스카의 기관포는 발사되었다. 사격이 가능했던 것이다. 이것은 어떻게 가능했을까? 내 개인적인 추측으로 이것은 기관포가 UFO가 설치한 전자기장의 영향을 받지 않았기 때문이 아닐까 한다. 그러니까 전투기의 기관포는 미사일과는 달리 수동식의 원리로 작동되기 때문에 전자기파에서 자유로울 수 있었던 것 같다는 것이다. 이런 추정에 힘을 실어주는 좋은 예가 있다. 한국에서 6.25 전쟁 중에 발생한 일로 곧 그 사례를 볼 터인데 이 사례에서는 전투기가 아닌 병사(미군)가 자신이 소지한 소총으로 지상에서 UFO를 향해 총알을 발사했다. 이 병사도 UFO와 가까운 거리에 있었지만 소총을 발사하는 데는 문제가 없었다. 이런 일이 가능했던 이유는 소총이나 기관포 같은 재래식 무기는 전자기파 같은 차원이 높은 매체의 영향을 받지 않기 때문인 것 같다.

　그런데 오스카가 이처럼 총이라는 다소 원시적인 무기로 UFO를 공격한 것도 신기하지만 진짜 기이한 것은 그다음이다. 그가 30mm 기관포라는 엄청난 무기로 수십 발의 총탄을 쏘았지만 UFO는 전혀 타격을 입지 않았다는 점 말이다. 그의 표현으로는 총알이 '흡수'된 것 같았다고 했는데 이것이 어떻게 가능한 일인지 그 정황을 추정조차 할 수 없다. 우리는 앞에서 지상에 추락한 UFO들의 잔해들을 검토해본 결과 이 비행체는 인간의 기술로는 만들 수 없는 금속류의 '물질'로 만들어졌다는 결론을 내릴 수 있었다. 즉, 로즈웰 사건 때 마르셀 소령이 회고한 것을 보면 이 비행체는 분명 물질로 만들어졌다고 하지 않았는가? 마르셀이 그 잔해를 자기 손으로 만지고 구부리고 했으니 말이다. 이처럼 UFO가 물질로 만들어졌다면 총격을 받았을 때 총알이 박히든지 아니면 적어도 튕겨 나와야 할 텐데 이 오스카의 예에서처럼 흡수될 수는 없는 일이다. 그래서 기이하다는 것이다.

이런 점에서 앞서 예고한 한국의 사례는 오스카 사건과 비슷한 면도 있고 다른 면도 있어 UFO 사에서 훌륭한 사례로 손꼽힌다. 이 한국 사례 역시 오스카의 경우처럼 UFO를 향해 총을 발사하는 데 성공했기 때문이다. 그런데 여기서는 오스카 때와는 달리 총알이 튕겨 나왔다는 증언이 있었다. 한국의 경우는 UFO와의 교전 장소가 공중 대 공중이 아니라 지상 대 공중이라는 점 등에서 상황이 조금 다르게 진행되었다. 그러나 발생 장소가 한국인지라 아무래도 우리의 흥미를 더 끈다. 그러면 이제 무대를 한반도로 옮겨보자.

6·25 전쟁 중 한국에서 발생한
UFO와의 교전

이 사건은 6.25 전쟁 중 한국에서 일어난 것이다. 방금 본 페루의 사례처럼 전투기가 공중에서 기관포를 발사해 UFO를 공격한 것은 아니지만 어떻든 UFO를 사격한 사례이기 때문에 매우 희귀한 사례로 꼽힌다. 미국 병사가 지상에서 공중에 떠 있는 UFO를 향해 소총을 발사한 것인데 더 흥미로운 것은 이 병사가 UFO로부터 정체를 알 수 없는 광선으로 응사 공격을 받았다는 사실이다. 한국에서 발생한 이번 사례는 바로 이 두 가지 점, 즉 총을 발사하고 응사를 받았다는 점이 매우 특이하기 때문에 UFO 연구사에서 언급되지 않으면 안 되는 중요한 사례로 간주된다.

사건은 1951년 4월, 6.25 전쟁이 한창일 때 철원의 철의 삼각지대라고 불리는 격전지에서 일어났다. 당시 중공군이 한국전에 개입해 철원 근처에 있었는데 이곳에서 미군과 중공군의 혈전이 끊임없이 계속됐다. 한국인들에게 철의 삼각지대라는 이름은 많이 들어본 곳이다. 주인공은 미 육군 제25사단 제2대대 이지 중대에

속한 프란시스 월 일병이다. 마침 이 사건을 다룬 좋은 영상 자료
가 유튜브에 있어 그것을 참고해 살펴보기로 한다.[59]

첫 번째 특이점: 총을 발사했다! 그리고 맞았다!

이 중대는 산 위에 있었는데 그날은 아랫마을에 있는 중공군에
게 야간 포격을 하려던 중이었다. 그런데 그때 여러 가지 빛깔로
찬란하게 빛나는 이상한 비행체가 산 위로 다가왔다. 이른바 UFO
로 추정될 수 있는 물체였는데 이 비행체는 너무 빨라 포격 경로에
들어왔는데도 포를 한 발도 맞지 않았다. 그뿐만 아니라 이 비행체
는 병사들에게 가까이 다가와 머리 위에 떠 있었는데 너무 밝아 병
사들은 그 크기조차 가늠할 수 없었다고 한다.

당시는 전시이기 때문에 정체를 알지 못하는 물체가 나타나면
무조건 발포하는 게 관행이라 중대장은 월에게 발포를 명했다. 그
에 따라 월은 UFO를 향해 총을 쏘았고 UFO는 총에 맞았다. 이때
월이 사용한 소총은 이른바 'M1 개런드'로 불리는 총이었을 터인
데 한국 군인들은 이 총을 '에무왕(M1의 일본식 발음)'이라고 부르기
도 했다. 나도 1970년대 초반 고교를 다닐 때 이 총을 본떠 만든
나무총으로 교련 훈련을 받은 기억이 난다.

59   ① "한국전쟁 당시 UFO를 발견하고 발포한 미군들에게 일어난 끔찍한 일"
  https://www.youtube.com/watch?v=PWqlPsLALr0
  ② "When Dozens of Korean War GIs Claimed a UFO Made Them Sick"
  https://www.history.com/news/korean-war-us-army-ufo-attack-illness`

월이 UFO를 발견한 철원지구의 모습

어떻든 이 대목은 이 사건의 첫 번째 특이점이 된다. 월이 UFO를 향해 총을 쏘고 그것이 UFO를 맞힌 것 말이다. 사태는 곧 두 번째 특이점, 즉 월 일행이 UFO로부터 응사를 받는 초유의 일로 이어지는데 여기서 잠깐 장면을 정지해 놓자. 짚고 넘어가야 할 중요한 문제가 있기 때문이다.

나는 바로 앞에서 페루 공군의 조종사였던 오스카의 증언에 의문을 던진 적이 있다. 그는 자신이 쏜 기관포 총알을 UFO가 흡수한 것 같다고 하면서 아무 일도 없었다고 했는데 나는 UFO도 물질이라 그럴 리 없을 것이라는 의문을 표했다. UFO의 물질성 혹은 물체성에 대해서는 앞에서 틈이 날 때마다 강조해 온 사안이다. 그런데 이번 사례를 보니 월의 증언은 오스카의 증언과 달랐다. UFO에 맞은 총알이 튕겨 나온 것으로 보이기 때문이다.

'딩' 하는 금속성 소리, UFO는 분명 물질이다!

위 각주에 쓴 첫 번째 영상 자료에는 월이 쏜 총알을 맞은 비행체에 어떤 일이 있었는지에 대한 언급이 없다. 그런데 두 번째 영상을 보면 월이 직접 자신의 총알을 맞은 UFO에 어떤 일이 있는지 증언하고 있다. 그에 따르면 총알이 UFO에 부딪혔을 때 '딩' 하는 금속성 소리가 났다고 한다.

나는 월의 이 증언이 신빙성이 있다고 본다. UFO는 분명 물질로 만들어졌기 때문에 총알이 발사되면 박히든지 튕겨 나가든지 해야 하기 때문이다. 그런데 마침 이 생각과 맥을 같이 하는 비슷한 사례가 있다. UFO의 물질성 여부를 이왕이면 좀 더 공고하게 검토하기 위해 그 사건을 간단하게 보고 가면 좋겠다.

이 사례는 《히스토리 채널》에서 만든 다큐멘터리 필름[60]에 나오는 것인데 증언들이 상당히 생생하다. 사건은 1980년 8월 8일 밤, 미국 뉴멕시코주에 있는 앨버커키 커틀랜드 공군기지에서 일어났다. 이 기지는 세 개의 산을 뚫어서 만든 터널을 무기고로 사용하고 있었는데 그 창고에는 핵무기가 저장되어 있었다고 한다. 바로 여기에 UFO가 나타난 것이다. UFO가 이곳에 나타난 이유는 그간 계속해서 봐 왔듯이 핵무기와 관련이 있을 것이다.

UFO의 출현으로 당시 기지가 발칵 뒤집혔다. 특기할 만한 것은 이 UFO에 대고 어떤 병사가 소총을 발사했다는 사실이다. 그

---

60 "한국전쟁 당시 실제 교전했던 미군과 UFO 전투 상황들"
 https://www.youtube.com/watch?v=TQGQFUnGJP8

다음의 증언도 중요하다. 총알이 금속에 부딪히는 소리가 났다고 하니 말이다. 총알이 UFO 표면에 맞은 소리가 난 것이다. 그 직후 UFO는 사라졌는데 그 이후의 일은 우리의 논지와 관계없으니 여기까지만 보기로 하자. 만일 총알이 부딪치는 소리가 난 것이 진실이라면 이 사례에서도 월이 묘사한 것처럼 총알이 UFO를 맞고 튕겨 나간 것으로 보아야 할 것이다.

우리는 이 미국 사례를 통해서도 UFO의 물체성을 다시 한번 확인할 수 있다. 그런데 그렇다고 의문이 가신 것은 아니다. 우선 그 병사와 UFO가 얼마나 가까웠길래 보잘것없는 소총으로 최첨단(?) 비행체인 UFO를 맞힐 수 있었는지 궁금하다. 그러나 이 다큐멘터리 필름에는 양자 간의 거리에 대해 아무 언급이 없으니 더는 알 수 없다.

그런데 이 미국 사례에서 UFO는 자신들에게 총을 발사한 병사에게 어떤 형태로든 응사하지 않고 그냥 사라졌다. 이제 곧 보겠지만 이것은 월의 사례와 다른 행보인데 UFO가 인간으로부터 공격받았음에도 불구하고 아무 대응 조치를 하지 않고 사라진 것은 무슨 이유일까? 자꾸만 의문이 생기지만 정확한 답을 알 수 있는 사안은 알다시피 극히 적다. 이런 생각을 품고 다시 우리의 주제로 돌아가자. 월은 UFO를 향해 총을 쏘았고 UFO는 그 총에 맞은 상황이었다.

두 번째 특이점: UFO의 응사를 받다! 공포영화 같아

이때 윌을 포함한 중대원에게 희귀한 일이 벌어졌다. 이 일은 그 많은 다른 UFO 조우 사건 때는 일어나지 않은 것이었다. 그래서 크게 주목된다. 미국 사병의 공격에 대항해 UFO에서 응사를 했다는 것이다. 총을 맞은 비행체는 불규칙하게 비행하면서 이상한 소리를 내더니 일정한 속도로 레이저 광선을 발사했다고 한다. 이 광선을 맞고 윌과 중대원들은 즉시 온몸에 뜨겁고 얼얼한 통증을 느꼈다. 그런데 흥미로운 것은 이때 그들의 손과 팔의 뼈가 다 보였다는 것이다.

그들이 쏜 광선은 엑스선이 가진 기능이 있었던 모양이다. 이 공격을 받고 병사들은 벙커로 도망갔다. 그런데 UFO가 따라와 머리 위를 맴돌았다고 한다. 그들은 그런 상황에서 극심한 공포와 통증을 느꼈을 뿐만 아니라 무기력감에 빠졌고 구토 증세를 보였다. 그와 동시에 심한 패배감도 들었다고 한다. 병사들이 이런 일을 겪는 중에 UFO는 벙커 위에 떠 있다가 45도 각도로 솟구치더니 사라져버렸다. 미군 병사들이 UFO에게 속수무책으로 된통 당한 것이다.

병사들의 증상으로 보건대 이들은 방사선에 노출된 것이 아닐까 한다. 인간이 방사선을 맞았을 때 나타나는 증상과 닮았기 때문이다. 그들은 전신이 마비된 것처럼 몸을 가누지 못했다. 메스꺼워 먹지도 마시지도 못했다고 한다. 기력을 잃은 병사들은 벙커 안에서 지원 병력을 사흘 동안이나 기다렸다. 지원 병력이 도착하고 그 곳에서 벗어났을 때는 걷기도 힘들 만큼 몸이 약해져 있었단다. 병 원에 가서 검사해보니 그들의 몸에서 백혈구 수치가 굉장히 높게 나왔다고 전한다.

1987년에 행해진 면담에서 월은 30여 년이 지난 지금까지도 두통과 피로, 방향감각 상실 등으로 고통받고 있어 신체 기능이 여 전히 비정상적이라고 토로했다. 그뿐만 아니라 심리적으로도 자신 이 겪은 일이 무엇인지 알 수 없어 큰 고통에 빠져 있다고 했다. 그 는 이 심정을 묘사하기를 공포영화를 본 것 같다고 했는데 그가 가 진 두려움은 사실 그런 영화를 본 것에 비견할 수 없을 것이다. 왜 냐면 공포영화는 말 그대로 영화이고 간접 체험인지라 아무리 무 서워도 얼마 되지 않아 잊어버리는데 이런 실제의 충격적인 직접 체험은 그 고통이 한평생을 가기 때문이다.

고장 덕에 목숨을 건져, UFO와의 교전 원칙 폐기

우리가 이 사례에서 얻어낼 수 있는 추론은 무엇일까? 그 가운 데 하나는 UFO는 여간해서 인간을 공격하지 않는데 만일 그런 일 이 일어난다면 그것은 인간이 먼저 공격했을 때에 한한다는 것이 다. 이와 관련해 앞의 각주(423페이지의 주59)에 있는 것 가운데 두 번째 영상에는 또 우리가 참고할 만한 이야깃거리가 있다. 이 사건 역시 6.25 전쟁 때 일어난 것이라 지나칠 수가 없다.

일은 이렇게 진행되었다. 1950년 9월 인천 근처에 북한군 트럭이 지나가고 있었다. 이것을 섬멸하고자 각각 1,800kg에 달하는 폭탄을 적재한 세 대의 미군 폭격기가 출격했다. 그런데 폭탄을 투하하기 직전 지름이 200m가 넘는 UFO 두 대가 시속 1,900km의 속도로 접근하는 게 아닌가.

이에 폭격기 한 대가 이 UFO를 공격하려 했으나 UFO를 공격하면 늘 그렇듯이 계기가 고장 나서 실패했다. 무전으로 도움을 요청했으나 통신이 두절됐다. 할 수 없이 두 대는 먼저 귀환하고 남은 한 대는 UFO를 따라갔다. 그러나 이 한 대도 연료 부족으로 귀환하게 된다. 부대로 돌아온 후 폭격기 조종사들은 장비가 고장 난 덕에 오히려 목숨을 건졌다는 말을 듣게 된다. 멋도 모르고 UFO를 공격하면 앞에서 본 윌 이병 일행처럼 험한 꼴을 당할 수도 있었기 때문이다.

1952년 3월, 《워싱턴 포스트》에서 인용한 미국 국방부의 발표에 따르면 북한에서는 이 시기에 미군과 UFO의 이 같은 공중전 사례가 24건이나 있었다고 한다. 관련 문건과 레이더 기록이 있으니 이것은 확실한 사례라고 하겠다. 단순한 UFO 목격 사례는 이보다 훨씬 많아 300여 건이 된다고 하는데 이것은 레이더 기록처럼 확실한 증거가 남아 있는 사례는 아닌 것 같다. 당시는 미국 정부가 자국의 전투기 조종사들에게 UFO와 싸우라고 종용했다고 하는데 그 결과 1952년부터 1958년까지 미 공군은 많은 전투기를 잃었다고 한다. 이렇게 피해가 심해지자 미 공군에서는 UFO와 교전하라는 원칙을 폐기했다고 한다.

이상이 위 영상 자료에 나온 설명인데 우선 미 공군이 UFO와 교전하다 많은 전투기를 잃었다는 것이 사실인지 아닌지 알 수 없다. 구체적인 정보가 하나도 제공되지 않았기 때문이다. 이것만으로는 미 공군의 어떤 조종사가 어떤 전투기를, 언제 어디서 몰다가 UFO에 의해 격추됐는지 전혀 알 수 없다. 또 이들이 어떤 식으로 UFO를 상대하다 격추됐는지, 또 얼마나 많은 수의 전투기가 격추됐는지 등등에 대해서도 알려진 바가 없다. 이것은 당시의 미 공군 자료를 입수해서 면밀하게 분석해봐야 알 수 있을 터인데 그런 자료는 공개되지 않는 것인지 아직 발견하지 못했다. 따라서 이 문제는 섣불리 판단하지 말고 앞으로의 연구를 기약해야겠다.

사정이 어찌 됐든 미 공군의 전투기들이 더 이상 UFO와 교전을 벌이지 않은 것은 사실인 것 같다. 이후에는 그런 사례가 잘 발견되지 않기 때문이다.

6.25 전쟁 때 왜? 한반도 상공에 많이 나타난 UFO

월의 사건을 정리하면서 또 의문이 생기는 것은 어쩔 수 없는 일이다. 이 의문은 6.25 전쟁 때 왜 이렇게 많은 UFO가 한반도 상공에 나타났는가 하는 것이다. 앞에서 참고한 첫 번째 영상에서는 이 문제에 대해 이런 추정을 내놓았다. 우리가 잘 아는 것처럼 맥아더 장군은 당시 중공군이 물밀듯 밀려오자 핵무기를 쓸 것을 강하게 제안했다. 그런데 당시 미국 대통령인 트루먼이 반대해 그 제안이 무산됐다.

그래서 이 영상에는 미군의 핵무기 사용에 외계인들이 강력한 경고를 준 것 아니냐는 의견이 나온다. 그 주장에 따르면 외계인들이 인간들에게 '우리의 무기가 너희들 것보다 훨씬 강력하니 핵무기 같은 너희의 무기를 쓰는 것에 신중해라'라고 경고를 주었다는 것이다. 이런 해석은 긍정도 부정도 할 수 없지만 개연성이 높은 것은 사실이다.

이때 UFO가 한반도 상공에 많이 나타난 이유에 대해 나는 조금 다른 생각을 해보았다. 즉 한반도라는 이 작은 땅덩어리에 전쟁으로 인해 엄청난 화력이 집중되니 무슨 일이 일어났는지 궁금해서 UFO들이 대거 나타난 것 아닌가 하고 말이다. 물론 이것 역시 추측일 뿐이다.

UFO와 조종사들의 조우와 교전,
그리고 몇 가지 추론

UFO 관련 질문들은 나름의 특징이 있는 것 같다. 질문 하나를 하면 또 다른 의문이 생기면서 궁금한 사항이 꼬리를 잇는데, 갈수록 답을 얻는 일이 더 힘들어진다는 것이다. 문제가 풀리기보다는 외려 미궁 속에 빠지는 느낌이다. 그러나 의문을 가지지 않을 수는 없다. 반복되는 얘기지만 이런 의문이 있어야 때가 됐을 때 적절한 해답을 찾을 수 있기 때문이다. 만일 의문이 없으면 해답이 나타났을 때도 알아채지 못하고 그냥 지나칠 수 있다. 따라서 이번 장에서도 계속해서 의문들을 제기하고 추론해볼 것이다. 그런데 이번에 볼 의문과 추론은 이번 장에서 다룬 이란과 페루, 그리고 한국에서 발생한 사건에만 한정된 사안이라기보다는 종합적인 이야기가 될 전망이다.

UFO, 왜 이렇게 다양한 모습으로 나타나는가?

가장 먼저 드는 의문은 앞서 페루 사건을 다루면서 기약했던 것으로 다양한 형태의 UFO에 관한 의문이다. 지금까지 목격된 UFO들의 모습을 보면 너무나 다양해 그 다양함을 어찌 이해할지 모르겠다. 물론 가장 흔한 형태는 앞의 사례에서 본 것처럼 원반형이나 삼각형, 달걀형 등이지만 이런 예에서 속하지 않는 UFO도 부지기수로 많다. 게다가 그 자리에서 자신의 형태를 바꾸는 경우도 있다고 하니 그 모습의 다양함은 혀를 내두를 지경이다.

이 주제와 관련해서 여러 가지 질문을 던질 수 있지만 요지는 이 다양함을 어떻게 이해할 수 있느냐의 문제로 모인다. 그러니까 내가 궁금한 것은 이 엄청나게 다양한 UFO들은 도대체 누가 보유하고 조종하느냐에 관한 것인데 이것을 좀 더 심화해서 질문해보면 다음과 같다. 이처럼 다양한 UFO에 대해 그것들이 모두 한 종족의 외계인이 소유한 것인지 아니면 다양한 외계인 종족이 있어 그 종족마다 갖고 있는 비행체가 다른 것인지를 물을 수 있겠다.

이에 대해 확실한 것은 알 수 없지만 추정해보면 후자 쪽일 것 같다. 다시 말해 UFO가 이토록 다양한 모습으로 나타나는 것은 여러 종족의 외계인이 있어 그들마다 각각 다른 형태의 UFO를 보유하고 있기 때문이 아닐까 한다. 이것을 인간계에 비유하면 전투기의 주요 생산국인 미국과 러시아가 각기 다른 전투기 모델을 갖고 있는 것과 비슷한 상황이라 하겠다.

사실 이 문제는 한참 앞에서도 언급한 것이다. 이와 관련해서 UFO 연구가 사이에 설왕설래하는 설이 있는데 그것은 외계인의 종류에 관한 것이다. 외계인의 종류에 관해 많은 연구를 한 스미스라는 학자에 따르면 수십 종류의 외계인 종족이 있다고 하는데 만일 그녀의 의견이 사실이라면 그들은 종족별로 자기들 나름의 운송 수단을 갖고 있어야 한다.[61] 그렇게 각기 다른 비행체를 보유하고 있으니 그 자연스러운 결과로 지구 상공에 매우 다양한 형태의 UFO가 나타나는 게 아닐까 한다. 미국 전투기가 다르고 러시아나 프랑스 전투기가 다른 것처럼 말이다.

그러나 여기에도 반론이 있을 수 있다. UFO가 다양하다는 것을 인정한다고 해도 우리가 아주 드물게나마 만나는 외계인은 대부분이 이른바 스몰 그레이라고 불리는 존재들이다. 사정이 이러하니 인간에게 목격되는 비행체는 다양할지 몰라도 결국 탑승자는 한 종류인 스몰 그레이뿐이지 않느냐는 반론이 가능하겠다. 이것은 우리가 앞에서 본 예에서도 명확히 알 수 있었다. 샌안토니오나 로즈웰, 그리고 짐바브웨에 착륙한 UFO는 서로 다르게 생겼지만 결국 거기서 나온 외계인은 모두 스몰 그레이의 모습을 띠고 있었으니 말이다.

앞에서 익히 본 것처럼 샌안토니오나 소코로 등에 떨어지거나 착륙한 UFO는 아보카도 형 혹은 달걀형의 UFO였고 짐바브웨에 착륙한 UFO는 원반형이었다. 그런데 거기에서 나온 외계인은 모

61　그러나 앞서 인용한 그녀의 책을 보면 운송 수단을 소유하지 않은 외계 종족도 나오는데 자세한 것은 더 연구해야 알 일이다.

두 스몰 그레이뿐이었다. 그렇다면 벨기에 나타난 삼각형 모양으로 생긴 UFO나 그 외 수없이 많은 지역에서 나타난 UFO에도 스몰 그레이들이 탑승하고 있었을 확률이 높다. 이렇게 되면 다양한 형태의 UFO들을 모두 스몰 그레이들이 조종하면서 다닌다고 해야 할 판인데 그렇게 결론 내리기에는 UFO들의 모습이 너무 다양하다. 그래서 이 UFO들이 한 종족인 스몰 그레이의 것이라고 보기는 어렵지 않을까 싶은데 이번에도 확실한 결론은 내리기 힘들다.

UFO가 인간 비행기를 만났을 때 취하는 태도

다음 의문은 이런 것이다. UFO가 인간의 비행기를 만났을 때 어떤 생각이나 의도를 갖는지가 궁금하다. 그들은 인간의 비행기를 어떻게 생각하며 또 어떤 식으로 응대할까? 이 문제를 어느 정도 알 수 있는 단서가 앞서 본 이란과 페루의 사건에서 발견되었다.

우리는 앞에서 UFO가 인간이 만든 비행기를 만났을 때 취하는 전형적인 태도를 관찰할 수 있었다. 대부분의 경우 UFO들은 인간의 비행기에 무관심한 것처럼 보인다. 왜냐하면 인간의 비행기를 만났을 때 그냥 옆을 지나가는 경우가 많았기 때문이다. 그들이 왜 나다니는지는 모르지만 인간의 비행기를 만났을 때 그들은 특정한 태도를 보이지 않았다.

개인적인 생각이지만 기술적으로 인간을 한참 앞선 그들에게 인간의 비행기는 매우 원시적으로 보일 것 같다. 만일 이것이 사실이라면 그들이 인간의 비행기에 관심을 가질 이유가 없다. 비유를 들어보자. 현대의 인류인 우리가 과거에 선조들이 쓰던 기물, 그중에서도 무기 같은 것을 보면 어떤 생각이 들까? 가령 활이나 창 같은 것은 우리에게 너무도 원시적이라 그 원리를 금세 알 수 있다. 세심하게 탐구하지 않아도 그 무기들이 작동하는 원리를 곧 파악할 수 있다. 따라서 우리는 그런 무기들에 대해 지속적인 관심을 두고 주시할 필요가 없다. 마찬가지로 외계인들도 인간이 만든 비행기나 자동차를 보면 금세 그 작동원리를 알아차리기 때문에 큰 관심을 보일 것 같지 않다.

그런가 하면 그들이 인간의 비행기에 호기심을 갖고 옆에서 같이 날면서 관찰한다는 주장도 있다. 인간의 비행기가 어떤 원리로 나는지, 또 어떤 장치들이 있는지 등이 궁금해서 관찰한다는 것인데 이 주장 역시 진위를 알 수 있는 결정적인 증거는 없다.

인간 전투기가 공격적으로 나올 때, 두 가지 대응은?

UFO는 이처럼 인간의 비행기에 관해 별 관심을 보이지 않는 것 같지만 전투기가 공격적으로 나오면 그때는 태도가 달라진다. 물론 이 경우에도 이란과 페루의 예에서 알 수 있는 것처럼 그들은 수세적인 태도만 보일 뿐 인간을 적극적으로 공격하지는 않았다.

이때 그들이 쓰는 대응 수법은 두 가지 정도가 될 것 같다. 즉 인간 비행기가 UFO를 공격하려고 했을 때 그들이 보이는 반응은 앞에서 본 것처럼 대체로 둘로 나뉜다는 것이다. 전투기의 여러 계기 장치를 원천적으로 무력화해서 미사일 같은 첨단 무기를 발사하지 못하게 하는 것이 그 첫 번째 수법이다. 두 번째 수법은 순간적으로 빠르게 이동해 요리조리 피함으로써 자신들을 공격할 수 있는 여지 자체를 주지 않는 것이다.

이 둘 중에서 UFO는 두 번째 방법, 즉 전투기를 피하는 쪽을 더 선호하는 것 같다. 그들은 인간의 상상을 뛰어넘는 방식으로 움직이기 때문에 전투기를 피하는 것은 그리 어려운 일이 아닐 것이다. 순식간에 다른 장소로 이동한다든가, 갑자기 사라진다든가, 혹은 지그재그로 움직인다거나 빠르게 비행하는 등 그들이 인간의 전투기를 따돌리기 위해 취하는 방법은 참으로 많다.

이런 예는 많이 보고되어 꽤 많이 알려져 있다. 그런데 이런 예를 접할 때마다 드는 의문이 있었다. 그것은 UFO에 탑승한 외계인들이 조종사가 언제 미사일을 쏘는지를 어떻게 알았을까에 대한 것이다. 사례들을 보면, 조종사가 미사일을 쏠 준비를 모두 마치고 이제 단추만 누르면 되는 상황인데 그때 갑자기 계기판이 무력화되는 경우가 많았다. 만일 이런 일이 외계인이 부린 수법 때문이라는 게 사실이라면 외계인들은 어떻게 전투기 조종사가 미사일을 쏘려는 시점을 정확히 파악했는지 여간 궁금한 게 아니다. 이것은 UFO가 인간의 비행기를 피하는 시점에도 적용된다. 전투기의 조종사가 UFO를 향해 조준하면 앞에서 말한 것처럼 UFO는 재빠르게 자리를 피하는데 이 시점을 UFO가 어떻게 알았는지 궁금하기 짝이 없다.

그들은 인간에게 우호적인가 적대적인가?

사정이 어떻든 UFO가 이렇게 인간의 공격을 피하는 이유는 무엇일까? 그것은 인간, 이 경우에는 조종사가 잘못 판단해 자신들을 공격하는 것을 사전에 막으려고 하는 것 아닌가 하는 생각이 든다. 다시 말해 조종사가 자신들을 공격할 빌미를 원천적으로 차단하는 것 같다는 것이다. 만일 이러한 판단이 맞는다면 이것을 통해서도 우리는 UFO가 인간에게 갖는 태도를 미루어 짐작할 수 있다.

이 추론은 앞서 벨기에 사례를 보면서도 언급한 것인데 그들은 인간에게 적어도 적대감은 없는 것으로 보인다. 아니 호의적인 감정을 갖고 있다고 보아도 될지 모르겠다. 호의적인 감정이 있으니 인간에게 피해가 되지 않게 알아서 피하는 것 아니겠는가? 만일 그들이 악의적인 감정이 있었다면 UFO들은 인간의 비행기를 만날 때마다 격추했을 것이다. 그런데 과문한 탓인지 몰라도 인간의 비행기가 UFO로부터 공격을 받고 격추되었다는 이야기는 들어본 적이 없다. 전투기 조종사든, 민항기 조종사든 비행 중 UFO를 목격한 사람이 그렇게 많은데도 그들이 UFO로부터 공격받았다고 고백한 사람은 없지 않은가?

전투기가 UFO를 공격하려 할 때 요리조리 피하는 것을 인간 세계의 일로 비유하면 이럴 것 같다. 어떤 무술 고수가 있다고 하자. 이 사람은 워낙 무술에 뛰어나 일반인은 단 한 방으로 제압할 수 있다. 싸움을 좀 한다는 사람도 이 무술 고수에게는 상대가 되지 못한다. 그런데 이 사람은 다른 사람과 있을 때 자신이 무술 고수라는 티를 전혀 내지 않는다. 진짜 무술 고수는 이런 법이다. 그런데 어쩌다 일반인이 싸움을 걸어왔다. 이럴 때 이 고수는 절대로 그 사람을 공격하지 않는다. 자신이 한 번만 가격해도 그에게는 치명타가 될 수 있기 때문이다. 그래서 그는 일반인이 공격할 때마다 피하기만 한다. 고수는 일반인의 동작을 다 읽을 수 있기 때문에 이런 일이 가능하다. 그러다 일반인이 제풀에 손이나 발을 잘못 놀리는 바람에 쓰러지게 만든다. 그렇게 되면 그 고수는 자기 손이나 발을 까딱하지 않아도 상대방을 제압할 수 있는 것이다.

나는 UFO와 인간이 바로 이런 처지에 있는 것 아닌가 하는 생각을 해본다. 그들이 보기에 인간이 지닌 기술 수준은 형편없을 것이다. 인간이 만든 비행기는 아직도 화석 연료에 의지해 물리적인 법칙 안에서만 움직이고 있으니 말이다. 그에 비해 그들의 비행체는 무슨 원리로 움직이는지는 잘 모르지만 화석 연료에 의존하지도 않을뿐더러 중력의 영향도 받지 않고 물리적인 법칙을 뛰어넘어 움직이고 있다. 그런 그들이 인간을 가만히 놓아두고 있으니 그들은 인간을 적대시하지 않는다는 추론이 가능하지 않겠는가?

또 한 가지 첨언하고 싶은 것은 납치에 관한 것이다. 그들은 인간을 납치해 그들의 우주선으로 데려가 여러 가지 실험을 한다고 알려져 있다. 이것의 진실 여부는 아직도 확실히 알 수 없지만 나는 사실 쪽으로 기울어 있다. 공부할수록 그런 느낌을 받는데 이 주제는 워낙 방대한 것이라 여기서 가볍게 다룰 수 없다. 그러나 지금까지 연구된 사례를 보면 피랍을 부정하는 쪽이 더 힘들 것 같다는 생각이다. 여기서는 일단 이것을 사실로 인정한다면, 이 납치 사건들을 통해서도 외계인들이 인간에게 적대감을 갖고 있지 않다는 것을 알 수 있다. 왜냐하면 그렇게 많은 사람이 납치되어 끌려갔지만 죽어서 돌아온 사람은 없는 것으로 보고되기 때문이다. 실험 중에는 그들이 검사한답시고 인간들을 여러 가지 방법으로 괴롭히지만 인간을 죽이는 적은 없는 것으로 알려져 있으니 그들이 인간을 적으로 보지 않는다는 것을 알 수 있다. 그러나 이 문제, 즉 UFO가 인간에게 우호적이냐 적대적이냐 하는 문제는 앞으로 UFO 피랍 등 관계 사건들을 광범위하게 연구해보아야 좀 더 확실한 답을 알 수 있을 것 같다. 인류의 UFO 연구는 이제 시작하는 단계라 갈 길이 먼데, 멀어도 한참 멀다.

인간과의 교전을 피하는 UFO, 그들은 공격적이지 않아

이 같은 여러 가지 추론을 종합해 보면 한 가지 확실한 것은 외계인들이 적어도 인간들에게 공격적이지 않다는 사실이다. 조금 구체적으로 말하면, UFO는 인간이 조종하는 비행기를 공격 대상으로 보는 것 같지 않다는 것이다. 그들이 인간의 비행기를 공격하려고 마음먹었으면 얼마든지 공격할 수 있는데도 그렇게 하지 않았다. 이런 예를 우리는 미군 병사인 월 이병에게서 명확하게 확인했다. UFO로부터 공격받은 미군 사병들이 순식간에 꼼짝하지 못했던 것을 보면 외계인들은 의도만 있다면 인간을 제압하는 것은 별일 아닌 것으로 보인다. 그런데도 그들이 먼저 인간의 비행기를 공격하지 않았으니 그들은 인간을 공격해서 격파해야 할 대상으로 보는 것 같지 않다.

모든 UFO 사례를 뒤져서 찾아본 것은 아니지만 내가 접한 UFO 사례 중에 인간이 UFO로부터 '먼저' 공격받은 사례는 없었다. 이 신출귀몰한 외계 존재들이 인간의 수준과는 비교도 안 되게 월등한 과학 기술을 갖고 있다는 것은 대부분의 사람이 공감하는 바다. 그들의 수준은 너무나 앞서 있어 인간들은 그들이 얼마나 앞섰는지조차 가늠하지 못한다. 그 앞섬이 적어도 수천 년, 길게 잡으면 수만 년이 되는 등 인간들은 정확한 수치를 알지 못한다. 그런 시각에서 보면 그들이 인간을 무력화해서 정복하는 것은 아무것도 아닐 텐데 지금까지 그렇게 하지 않는 것은 인류를 절멸시키거나 정복할 의지가 없다고 생각하는 것이 합리적인 추론일 것이다. 이 점은 중요한 사안이기 때문에 제3부에서 다시 볼 예정이다.

UFO 연구가 활발한 남미와
체계적인 연구가 필요한 대한민국

지금부터 볼 내용은 킨이 정리한 것으로 남미 제국에서 UFO 문제가 어떤 식으로 다루어지고 있는가에 대한 설명이다. 한국의 현실을 되짚어 보는 데에도 도움이 될 것 같은데 이 내용을 소개하면서 이 장을 정리할까 한다. 결론부터 말하면 남미 국가들은 예상과는 달리 연구소를 개설하는 등 UFO를 연구하는 데에 앞장서고 있다고 할 수 있다. 그런데 그들이 이런 행동을 보이는 것은 UFO에 대해 순수한 학술적인 호기심이 있어서라기보다 전투기들의 안전을 고려했기 때문으로 생각된다. UFO가 그 지역에 자주 출몰하니까 UFO와 교전이 있을 수 있다고 생각해 사전에 UFO에 대한 정보를 정리해 놓겠다는 심산이었으리라.

페루, UFO의 존재를 인정한 공군

그런 연구소로 가장 먼저 언급해야 할 것은 2001년에 페루 공군이 만든 OIFFA(Air Force Office for the Investigation of Anomalous Activity, 공군 이상異常 동태 조사연구소)이다. 이 연구소는 조종사가 전투기를 운항하는 도중 뜻하지 않게 UFO를 만나게 되었을 때 어떤 식으로 대처해야 안전한지 등에 대한 정보를 제공했다. 그러다 2003년 페루 공군은 UFO의 존재를 공식적으로 인정하게 된다. 이것은 페루 정부가 UFO를 인정한 것과 마찬가지인데 남미 국가들이 UFO 현상에 대해 '모르쇠'적인 태도가 아니라 이처럼 선선히 개방적인 자세를 취하는 게 놀랍다.

이 연구소의 창립자이자 첫 번째 대표인 홀리오 차모로 사령관은 바로 앞에서 보았던 오스카 중위의 UFO 조우 사건 당시 라 호야 공군기지에 있으면서 그 사건을 직접 목격한 인물이다. 그는 페루 정부가 이 연구소에 재정 지원을 해야 한다고 주장했는데 그 이유는 앞에서 말한 것과 같다. 즉, 이 같은 UFO 조우 사건이 너무 자주 일어나 위험을 초래하니 공군의 입장에서 심각하게 생각하지 않으면 안 된다는 것이다. 이것은 공군 책임자로서 당연히 보여야 할 태도라 하겠다. 공군에서 항공기와 조종사의 안전보다 더 중요한 것이 없기 때문이다.

흥미로운 것은, 차모로가 UFO 연구라면 한발 앞장서 있을 미국의 도움을 받고자 미 대사관에 연락을 취했다는 사실이다. 그런데 예상과 달리 그는 미국 대사관으로부터 아무런 답을 얻지 못했다고 한다. 미국 대사관이 이렇게 주재국의 정부가 요청한 사안을 무시해도 되는지 모르지만 미국 측의 입장을 이해하지 못할 바는 아니다. 앞에서 본 것처럼 미국 정부는 자국에 UFO 사건이 1940년대 중반부터 줄기차게 일어났는데도 2021년이 되기 전까지 일관되게 그 존재를 부인했다. 그런데 차모로가 미국 대사관에 도움 요청을 한 것은 2000년대 초반이다. 그러니 미국 대사관은 페루 정부의 요청을 들어줄 수 없었을 것이다. 자국 정부가 인정하지 않는 UFO에 대한 정보를 어떻게 타국 정부에게 넘겨줄 수 있겠는가?

UFO 현상을 적극적으로 연구하는 경향을 보인 것은 페루뿐만이 아니다. 다른 남미 국가도 예외가 아니었다. 예를 들자면 우루과이 공군은 수십 년 동안 UFO 조사를 활발하게 행했는데 2009년에는 아예 이 UFO 파일의 기밀을 해제해버렸다. 일반인들도 이 자료에 접근할 수 있게 한 것이다. 이때 우루과이 공군은 UFO의 존재를 인정했을 뿐만 아니라 자신들 입장에서는 이 UFO가 외계 기원일 가능성을 배제하지 않는다고 명확하게 밝혔다. 다시 말해 UFO는 확실히 존재하는데 이 비행체들이 어디서 오는지는 잘 모르겠지만 외계일 가능성도 있다는 것이다.

칠레, 정부는 연구소 개설하고 대학은 연구 과정 신설

　칠레도 항공기의 안전에 대해서 많은 관심을 갖고 있었고 이에 발맞추어 UFO 현상을 연구한 것으로 보인다. 칠레 정부는 UFO 연구를 위해 1997년에 민간항공과에서 연구소를 만든다. 정부 차원에서 UFO를 연구하기 시작한 것이다. 그런가 하면 UFO 연구에 열을 올렸던 사람 중의 한 사람인 베르뮤데즈 장군은 CEFAA(Committee for the Study of Anomalous Aeriel Phenomenon, 이상 공중현상 연구소)를 창립하고 운영하는데 나중에는 칠레 공군과도 협력하면서 지속해서 연구했다고 한다.

　내가 이 사람을 특별히 언급한 것은 그가 칠레의 수도인 산티아고에 있는 '과학 기술 대학'에 UFO를 연구하는 대학원 과정을 신설했기 때문이다. 이처럼 대학에 UFO 연구 과정을 설치하는 일은 다른 나라에서는 좀처럼 보기 힘든데 이것은 그만큼 칠레 정부가 UFO에 대해 큰 관심을 가졌기 때문일 것이다. 그런데 칠레 정부가 이런 식으로 연구를 하게 만든 데에는 그럴 만한 이유가 있었다.

　이것은 1988년에 일어난 사건으로 UFO가 인간의 비행기에 위협적일 수 있다는 것을 보여주는 유명한 사건 중의 하나다.[62] 사건은 칠레의 남반부에 있는 푸에르토 몬트에 위치한 태 푸 알 공항에서 발생했다. 이 공항의 활주로에 접근 중인 보잉 737의 조종사는 갑자기 초록빛과 빨간빛으로 휩싸인 큰 하얀 빛 덩어리를 만나게

62　이 사건은 다음의 책에 소개되어 있다. Kean, 앞의 책, pp. 194~195.

된다. 그 빛 덩어리가 비행기 정면으로 다가왔기 때문에 조종사는 그것을 피하기 위해 왼쪽으로 비행기를 틀어야 했다. 이 모습은 관제탑에서도 관찰되었기 때문에 이것을 두고 허구라고 말할 사람은 없었다. 이 사건이 생기자 칠레 공군 당국은 서둘러 UFO의 정체를 연구하는 일이 필요했다. 그래야 또 있을지도 모를 UFO와의 조우 사건 때 효과적으로 대비할 수 있기 때문이다.

브라질, UFO 사건의 온상으로 연구에 개방적인 정부

마지막으로 보고 싶은 나라는 브라질이다. 브라질은 영토가 커서 그런지 UFO 목격담 보고가 많이 나온다. 오죽하면 UFO 사건의 '온상(hotbed)'이라는 별명을 갖고 있겠는가? 그런 상황에서 브라질 정부나 공군은 UFO 연구에 매우 개방적이어서 UFO 사진 가운데 진실성을 인정받는 사진이 나오면 그것을 대중들에게 공개하는 것을 주저하지 않았다고 한다.

그 가운데 가장 대표적인 것이 트리단데 섬에 나타난 UFO 사진이다. 이 사건은 1958년 1월 16일에 일어난 것으로 해군 훈련함에서 많은 장교들이 목격한 UFO를 찍은 사진이다. 이 비행체는 형광등 색 같은 빛을 내는 원반 모양이었는데 달보다 밝게 보였다고 한다. 게다가 하늘을 가로지르더니 자신을 비스듬하게 세워 전체의 모습이 다 보였다고 한다. 이런 유의 목격담은 하도 많아 그리 신기한 것은 없다.

그러나 이 사건에 대해 브라질 정부가 취한 태도는 눈길을 끈다. 해군성 장관은 곧 이 사진을 '트리단데 사진'으로 명명하면서 진실한 사진으로 인정했다. 가짜로 조작한 사진이 아니라는 것이다. 그리고 브라질 대통령은 이 사진을 국민에게 공개하라고 명령했다. 브라질 정부가 이처럼 UFO에 대해 개방적인 터라 그들은 2000년대 말부터, 이전에 기밀로 분류되었던 UFO 파일을 공개하기 시작했다. 십 년에 한 번씩 공개할 예정이라고 하는데 우선 정부가 1950년대부터 1980년대까지 모았던 사진이나 문서, 보고서, 그림 등 4천 쪽 이상을 공개했다.

브라질의 UFO 연구에 관한 이야기는 얼마든지 더 말할 수 있지만 지금까지 본 목격담과 크게 다르지 않아 더 언급할 필요를 느끼지 못한다. 여기서 내가 남미 몇 나라의 UFO 사건을 간단하게나마 언급한 이유는 그 사건 자체를 보기 위함보다는 그 나라의 정

트리단데 UFO 사진

부나 공군이 UFO 사건을 대하는 태도를 소개하려는 것이었다. 이들의 태도가 한국 정부나 공군의 그것과 너무도 다르기 때문이다.

한마디로 말해 한국 정부나 공군은 UFO에 대해 아무것도 하지 않고 있는 것으로 보인다. 그들이 비밀리에 조사하고 연구했다면 우리가 모를 수 있겠지만 아직 한국 공군이 UFO 현상을 연구하는 연구소 같은 것을 만들었다는 이야기는 들어본 적이 없다. 또 민간 항공회사도 그런 일을 했다는 소식 역시 접할 수 없다.

한국, 호기심만 난무할 뿐 걸음마 수준

마침 한국 정부나 공군이 UFO를 대하는 태도를 가늠해 볼 수 있는 좋은 사례가 있어 여기서 소개한다.[63] 이 사례는 이란의 자파리가 본 것처럼 휘황찬란한 빛을 내뿜는 대형 비행체가 나타나 오묘한 행적을 보여준 UFO 사건인지라 이목을 끈다. 진즉에 소개하고 싶었는데 마땅한 자리를 찾지 못해 여기까지 왔다.

사건은 1980년 3월에 발생했는데 그 중심에는 임병선 대령(소장으로 전역)이 있었다. 당시 임 대령은 팀 스피릿 훈련을 하기 위해 팬텀기를 몰고 참여했다. 두 대가 출격했는데 한 비행기에 2명이 탑승했으니 4명이 공중으로 올라간 셈이다.

당시 대구에서 강릉으로 가던 중 임 대령 일행은 4.5km 상공

---

63 2019년 3월 11일에 방송된 JTBC의 『이규원의 스포트라이트』를 참조했음

에서 붉고 푸른빛이 나는 괴비행체를 발견했다. 기지에 보고하자 '추적하라'라는 명령이 떨어져 두 팬텀기는 이 비행체를 쫓아가서 앞뒤를 막았다. 그러자 비행체는 불과 몇 초 사이에 9.9km까지 수직으로 상승하더란다. 이는 충분히 예측되는 행보이다. 그때 임 대령 일행이 탄 두 대의 전투기는 7.5km 상공에 있었는데 즉각 추격

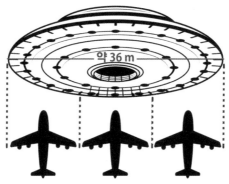

회고하는 임병선 대령과 비행체의 크기 자료 화면

하여 그 비행체로부터 200m밖에 떨어지지 않은 아주 가까운 거리까지 접근해 주위를 돌며 관찰했다.

UFO를 공중에서 이렇게 가까운 거리에서 접하는 경우는 그리 흔한 일은 아니다. 임 대령이 그 거리에서 보니 이 비행체는 자신들의 팬텀기보다 3배 정도 컸다고 한다. 지름은 약 36m(아파트 10층 높이)에 달했다. 생김새는 원반 형태로 둥그런 모양이었는데 아래위로 불꽃을 분출하고 있었다. 자세히 보니 그 불꽃은 산소 용접할 때 나는 색깔을 띠고 있었다고 한다.

이런 양자 간의 대치 상태는 10여 분 정도 계속되었다. 임 대령은 그 비행체를 향해 먼저 위협 사격을 가해볼까 생각하다가 연료가 부족해 그냥 철수했다고 한다. 당시 사격할 마음이 있었다는 것을 보면 임 대령은 UFO 교전 규칙을 알지 못했던 모양이다. UFO를 만나도 공격하지 말라는 미 공군의 수칙을 몰랐을 수 있다는 이야기이다.

임 대령은 이처럼 연료 부족으로 철수하는데 그러면서 전투기

한국 공군의 팬텀기 두 대가 UFO 주위를 선회하고 있는 모습(추정도)

백미러로 보니 이 비행체는 동해 쪽으로 빠져나갔다고 한다. 나중에 확인해보니 역시나 비행체는 레이더에 전혀 탐지되지 않았다. 부대에 귀환한 후 상부에 보고하니 본부에서는 '(자신들은) 분석할 능력이 없다'라는 허무한 답이 왔다. 그래서 임 대령은 평소에 알고 지내던 미군 조종사를 통해 미 공군에 보고하게 되는데 보름 후에 그들로부터 '이런 보고는 그동안 500건 이상 있었고 그것은 아마 UFO일 것이다'라는 답변이 왔다고 한다.

임 대령의 이 이야기는 여기서 끝나는데 여기서 내가 문제 삼고 싶은 것은 앞서 운을 뗀 한국 공군의 태도이다. 임 대령의 보고에 대해 분석할 능력이 없다고 잘라 말한 처사 말이다. 이 태도야말로 한국 공군의 현주소를 말하는 것이리라. 한국 공군도 UFO에 대한 정보를 알고 있었을 것이다. UFO를 목격한 조종사들의 보고가 있었을 테니 모를 리가 없다. 그러나 그들은 적어도 임 대령의 보고가 있을 때까지는 조종사들이 겪은 UFO 사례를 수집하고 자료를 모은다거나 UFO 현상을 체계적으로 분석한다거나 하는 등등의 연구를 하지 않았던 것 같다. 따라서 임 대령의 체험을 해석할 수 있는 능력이 없었을 것이다. 그저 쉬쉬하면서 모르쇠로 일관했을 확률이 높다.

이것이 1980년의 일이라 벌써 수십 년의 세월이 지났으니 지금은 조금은 달라졌을 수 있겠지만 과문한 탓인지 몰라도 아직은 한국 공군의 태도에 변화가 있다는 것을 숙지하지 못했다. 아마도 큰 변화가 없을 것 같은데 이는 앞에서 본 페루나 브라질 같은 나라에서 공군이나 정부가 앞장서서 적극적으로 UFO 현상을 연구하는 것과 큰 대조를 이룬다. 한국은 공군이든 정부든 예나 지금이나 UFO 현상에 대해 너무도 철저하게 무관심해서 문제다. 그런데 이러한 사정은 민간에서도 마찬가지다. 학계에서도 UFO에 관한 연구는 거의 없는 형편이다. 물론 UFO 연구협회나 UFO 연구학회 같은 것이 있지만 연구자가 없으니 한국의 UFO 연구는 걸음마 수준에서 한 걸음도 전진하지 못하고 있는 실정이다.

현재 한국의 UFO 연구 수준은 자료 수집 정도에 그쳐 있는 느낌이다. 그저 사건이나 현상을 나열하고 정리하여 단순하게 상황을 중계하고 있을 뿐이다. 연구가 가장 많이 되어 있는 미국의 방대한 자료도 제대로 검토하지 않는 것 같다. 전국의 도서관 어디에도 UFO 관련 양서가 당최 없지 않은가.

UFO 현상은 대단히 복잡한 것이라 다각도로 접근해야 한다. 이 현상은 물질적인 차원뿐만 아니라 심리적인 차원, 더 나아가서 영적인 차원으로까지 확장되기 때문에 통합 학문적으로 접근하지 않으면 현상의 본질을 알아낼 수 없다. 그런 까닭에 앞에서 본 것처럼 칠레 같은 나라에서는 아예 대학원 과정에 UFO 연구과를 신설한 것이리라. 칠레 같은 나라는 경제적으로 보면 한국보다 많이 떨어지는 나라인데도 이런 과감한 시도를 하는데 한국에서는 UFO 현상에 대해 일반적인 호기심만 난무할 뿐 그 이상의 일은 정부나 민간 차원 어디에서도 벌어지지 않고 있다. 이런 경향이 나아지기를 바라는데 앞으로 어찌 변할지 관심과 기대를 가지고 두고 보려고 한다. 이것으로 이 장을 마무리하기로 한다.

2부를 정리하며

　실로 긴 이야기를 마쳤다. 지금까지 본 사례들은 내가 수십 년 간 관심을 두고 공부한 UFO 현상 가운데 최고의 사건으로 생각되는 것을 7가지로 추린 것이다. 소회를 밝히자면 이번에 이렇게 7가지 사건을 추리고 설명하는 과정에서 나는 많은 것을 배웠다는 것을 가장 먼저 말하고 싶다. 그리고 이렇게 마지막 사례까지 정리하고 소개하는 일이 마무리되고 나니 무척이나 홀가분하고 기쁘다.

　본문에서 다룬 7가지 사건은 단연코 세계적인 최고의 사건으로서 하나 같이 진귀하다. 내가 이렇게 추려낼 수 있던 것은 UFO를 목격하고 그것을 용기 내어 세상에 증언한 목격자들과 그들의 이야기를 선입견 없이 들어주고 탐구한 열정적인 사람들이 있었기에 가능한 일이었다. 그분들이 인류의 발전에 이바지한 공로가 여간 큰 게 아니라 감사의 마음을 가지지 않을 수 없다.

　내게 가장 인상 깊은 사건을 꼽으라고 한다면 당연히 1위가 1945년의 트리니티 사건이고 2위가 1994년의 짐바브웨 에이리얼 초등학교 사건이라고 하겠다. 이유는 간단하다. 두 사건은 인간과 UFO의 조우 사건 가운데 최고이기 때문이다. 특히 내가 제일로 꼽는 트리니티 사건은 사건 발생 70년이 지나도록 세상에 노출되지 않은 덕분에 오염이나 왜곡이 없었다. 2011년에 발굴되어 10여 년의 탐구 끝에 2021년에 단행본(해리스와 발레의 공저)이 나오면서 처음으로 세상에 널리 알려진 사건이기 때문이다. 그런 원석과도 같은 최고의 사건을 내가 국내에 처음 소개하게 되어 더욱 남다르게 느껴진다. 그런가 하면 짐바브웨 사건은 외계인이 대낮에 자발적으로 인간 앞에 나타났고 인류에게 중요 메시지를 전했다는 점에서 타의 추종을 불허하는 최고의 사건으로 꼽을 만하다.

이제 내게 남은 작업은 지금까지 본 사건들을 집대성해서 독자들이 궁금해할 만한 사안들을 총정리하는 일이다. 지금까지는 간헐적으로 의문을 제기하고 열심히 추론해 왔는데 그것을 일목요연하게 모아서 정리해보고자 한다. 부득이 반복이 있겠지만 의미 있는 시간이 될 것으로 생각한다. 그러면 제3부, 이름하여 'UFO와 외계인의 정체 탐구 FAQ'를 시작해 보자.

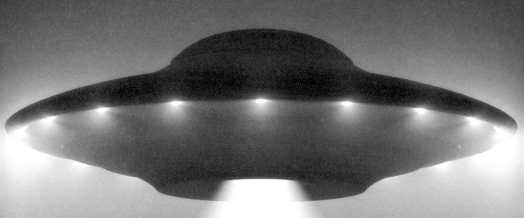

제3부
UFO와 외계인의 정체 탐구
FAQ

UFO 사건은 무엇을 시사하는가?
- UFO와 외계인의 정체에 대한 총정리 -

이제 마지막 순서가 되었다. 여기서는 앞서 예고했듯이 우리가 다룬 사건들이 무엇을 시사하는지를 정리해보려고 한다. UFO 역사를 통틀어 가장 주목할 만한 7가지 사건에 대한 일별을 마쳤으니 그동안 부분적으로 다룬 문제들을 통합해서 결론 격으로 요약 정리해보자는 것이다.

UFO 사건과 관련해서 독자들이 가장 궁금해하는 것은 다음과 같은 것이 아닐까 한다. 예를 들어 'UFO는 존재하는가'와 같은 질문 말이다. 이번 장에서는 이 같은 가장 기본적인 의문에 대해, 앞에서 다룬 사례에서 밝혀진 것을 바탕으로 답해볼 예정이다.

이 마지막 작업을 통해 확실히 아는 것과 알지 못하는 것을 명확하게 구분해보았으면 한다. UFO에 관한 이야기는 허황한 것이 많고 선입견이 많이 개입되어 있어 정보 왜곡이 심하다. 독자들은 금세 눈치를 챘겠지만 UFO에 대해서는 아는 것보다 모르는 것이 훨씬 더 많다. 의문은 계속해서 생기는데 그에 대한 답은 알 수 없

는 경우가 부지기수였다. 그럼에도 불구하고 의문점을 다양하게
제시하는 것은 문제의식을 느끼고 있어야 UFO 사건을 제대로 이
해할 수 있다고 믿기 때문이다. 다시 말해 그런 태도를 지녀야 '아
는 것'과 '모르는 것'을 명확하게 구분할 수 있다는 것이다. 이런
생각을 염두에 두고 앞의 사례에서 이야기했던 것을 통합해서 정
리하는 것으로 이 책을 마무리하겠다.

FAQ (1)
'UFO'라는 비행물체에 관한 질문

UFO를 말하다

Q) UFO는 존재하는가?

A) 그렇다. 당연히 존재한다.

UFO와 관련해서 사람들이 가장 먼저 묻고 싶은 질문은 'UFO는 정말 존재하는가'일 것이다. 이 질문에 대해 나는 '그렇다'라고 자신 있게 말할 수 있다. 이 생각만큼은 확실하다. UFO의 존재는 이 책에 나온 모든 사건이 명확하게 증명하고 있다. 샌안토니오나 소코로, 에이리얼 초등학교 등에 착륙하거나 추락한 것은 분명 UFO, 즉 정체를 알 수 없는 비행체이다. 다른 것으로는 이 비행체를 설명할 방법이 없다. 그리고 특히 이 세 가지 사건의 목격자들은 UFO만 본 것이 아니라 탑승자까지 목도했으니 이는 빼도 박도 못하는 증거가 된다.

물론 이것마저 부정하는 사람이 있을 수 있다. 그런 사람과는 더 이상 대화를 하지 않는 편이 나을 것이다. 이 책에서 다룬 사건들 이외에도 UFO 목격 사례는 수천수만 건이 되어 UFO가 실재하지 않는다고 말하면 외려 핀잔을 받을 지경이다.

게다가 이제는 각국의 정부들도 UFO를 부정하거나 은폐하지 않는다. 이런 추세에 끝까지 저항하면서 UFO의 실재를 부정했던 미국 정부도 떠밀리는 것처럼 되어 2021년에 UFO를 공식적으로 인정했으니 UFO 현상을 연구했던 나라들은 모두 의견의 일치를 본 셈이다. 미국이 태도를 바꾼 것은 로즈웰 사건 이후 60여 년이 지난 후의 일이니 이 작은 태도 하나 바꾸는 데에 얼마나 많은 시간이 걸렸는지 알 수 있다. 미국 정부가 오랜 시간 동안 UFO를 부정 혹은 무시 일관 정책으로 간 이유에 대해서는 본문에서 이미 밝혔으니 재론할 필요 없겠다.

미국 정부마저 UFO의 존재를 인정함으로써 인류의 UFO 연구는 한 단계 진보한 것이 된다. 더디지만 인류는 이렇게 조금씩 UFO와 외계인을 향해 나아가고 있다. 이처럼 인류가 외계 존재들에 대해 더 많은 정보를 취득하고 성숙한 태도를 지니게 되면 언젠가는 그들과 공식적인 만남이 가능할지도 모를 일이다.

Q) UFO는 어디서 오는 것인가?
A) 확실히는 모른다.

그다음으로 많이 하는 질문은 UFO가 어디서 왔느냐이다. 이 대목에서 사람들이 많이 착각하는 것이 있다. 대표적인 착각은

UFO가 무조건 다른 행성에서 왔다고 믿는 것이다. 이때 사람들이 많이 인용하는 문구가 있다. 즉, '이 많은 별 중에 지구에만 인간 같은 지성체가 살고 있다고 생각하지 않는다'라는 것 말이다. 다른 행성에도 지적인 존재가 살고 있다고 믿는 것인데 이런 생각을 받아들인 사람들은 UFO가 이 많은 행성 중에서 날아온다고 생각하는 것이다.

아울러 UFO를 직접 목격했던 사람들은 UFO는 인간이 만든 비행체가 아니라는 주장을 많이 한다. UFO가 움직이는 행태가 도저히 인간이 지닌 기술로는 흉내 낼 수 없는 수준에 있기 때문이다. 이에 대해서는 앞에서 여러 번 설명했다. 이런 두 가지 지식에 기초해서 사람들은 UFO가 인간이 지닌 것보다 월등히 앞선 기술을 가진 행성에서 왔다고 믿는 것 같다.

그러나 이 같은 생각을 가지고 UFO의 기원이 외계(extraterrestrial)라고 믿는 것은 논리의 비약이라고 할 수 있다. 우리에게는 UFO가 어떤 외계에서 왔는지, 그것을 알 수 있는 정보가 하나도 없기 때문이다. 물론 UFO의 외계기원설은 매우 유력한 가설이기는 하다. 그러나 그렇게 믿을 만한 객관적인 근거가 없으니 그 설이 맞는다고 할 수는 없다. 내 개인적인 생각으로 사람들이 자신들이 지구라는 행성에 살고 있으니까 외계인들도 다른 행성에 살 것이라고 미루어 추론하는 것 같다. 이것은 인간이 갖고 있는 인식의 틀(frame)을 외계인과 UFO에게 덧씌우는 것이다.

UFO가 다른 '행성'에서 왔을 수도 있다. 그러나 이 가설에 못

지않게 그들이 다른 '차원'에서 왔을 가능성도 크다. 이것은 이른 바 UFO의 '상위차원 기원설'인데 그들이 인간보다 적어도 한 차원 높은 곳에 존재한다는 주장이다(굳이 선택하자면 나는 이 가설을 지지하는 편이다). 구체적으로 말하면, 인간이 3차원 세계에 산다고 한다면 그들은 4차원 이상의 세계에 산다는 것이다. 이렇게 주장하는 근거로 가장 많이 등장하는 것이 UFO의 출몰 형태이다. UFO가 나타나는 행태 가운데 가장 이해하기 곤란한 것이 갑자기 나타났다가 사라졌다가 하는 일을 반복하는 것이다. 이것은 차원이 높은 존재가 자신보다 차원이 낮은 존재를 대상으로 할 수 있는 일이다. 그러니까 UFO는 인간보다 한 차원 이상 높은 데에 있기 때문에 이처럼 갑자기 나타났다가 사라지는 일을 자유자재로 할 수 있다는 것이다. 그들이 자기들 차원에 있을 때는 인간이 볼 수 없지만 인간계에 나타나면 인간에게는 그들이 갑자기 나타난 것처럼 보인다. 그러다 다시 자기 차원으로 돌아가면 인간의 눈에는 갑자기 사라진 것처럼 보이게 된다. 이 같은 귀신같은 UFO의 출몰 모습은 차원의 이동을 가지고 설명해야 이해할 수 있을 것이다.

이 현상을 설명하기 위해 나는 종종 영혼과 육신과의 관계를 비유로 들곤 했다. 이것은 영혼의 존재를 인정하는 입장에서 하는 주장이지만 근사체험자들, 즉 의학적으로 사망했다가 깨어난 사람들의 생생한 증언에서 나온 것이기 때문에 충분히 믿을 만하다. 이 체험자들은 증언하기를, 자신이 육신을 벗고 영혼 상태가 되었을 때 이 물질계에서 벌어지는 일을 다 보고 들을 수 있었다고 한다.

가령 그 현장이 병원의 수술실이라면 영혼 상태가 된 그들은 그곳에서 의사와 간호사가 하는 일이나 대화를 모두 보고 들을 수 있었다. 그래서 기적적으로 깨어난 후에 그들이 그때 본 바를 이야기하면 의사나 간호사들이 깜짝 놀란다. 그런데 물질계에 있는 의사나 간호사는 이 사람의 영혼을 보지 못할 뿐만 아니라 어떤 형태로든 감지하지 못한다. 이것은 영혼이 존재하는 차원이 육체의 차원보다 한 단계 높기 때문에 벌어지는 현상이다. 쉽게 말해 위(상위 차원)에서는 밑(하위 차원)이 다 보이는데 밑에서는 위가 보이지 않는 것이다.

이런 차원의 구조가 인간과 외계인 사이에도 적용될 수 있을까 하고 생각해본 것이다. 그런데 이 생각에도 문제가 있다. 앞에서 본 것처럼 영혼과 육신의 관계에서는, 영혼은 '에너지' 차원이고 육신은 '물질'의 차원인 관계로 그 분리가 명확하지만 UFO의 차원과 인간의 세계는 이 같은 구분이 적용되지 않을 수 있기 때문이다. 우리가 소코로 UFO 사건이나 랜들샴 숲 UFO 사건에서 확인한 것처럼 UFO는 분명 물질로 되어 있다. 다시 말해 UFO는 인간의 영혼처럼 에너지로 되어 있는 것이 아니라 확실한 물질이라는 것이다. UFO가 물질이라면 UFO는 인간계와 같은 차원에 속하는 게 된다. 이처럼 UFO는 우리 인간과 같은 차원에 속하는데 어떻게 차원을 달리하는 존재처럼 우리 눈앞에 갑자기 나타났다가 사라질 수 있는지 그것을 잘 모르겠다.

의문은 끊이지 않는다. UFO가 다른 차원에서 왔다는 설은 받아들인다고 해도 그 차원이 어떤 속성을 갖고 있는지에 대해서는 알려진 바가 없다. UFO가 속한 차원이 도대체 어떤 원리로 돌아가고 있는지 알 수 없다는 것이다. 물론 UFO에 끌려갔다 온 피랍자들이 부분적으로 증언하지만 그것을 전적으로 믿을 수는 없는 일이다.

UFO가 어디서 오는 것인지 그 기원설에는 또 다른 설도 있다. 그들이 반드시 다른 행성이나 다른 차원처럼 외계에서 오는 것만은 아니라는 것이다. UFO 가운데에는 외계뿐만 아니라 지구의 내부나 바다에서 온 것들도 있다는 주장이 있다. 예를 들어 외계인들 가운데 일부는 베트남의 어떤 동굴 속이나 남극의 빙하 안에 있는 큰 공간에서 살고 있다는 주장이 있다.[64]

이런 설들은 선뜻 받아들이기에 찜찜한 구석이 있지만 UFO가 바닷속에서 출현하는 경우는 실제로 많이 목격되었다. 그리고 그들은 바다와 공중을 자유롭게 나다닌다. 따라서 UFO는 바닷속도 자유자재로 왕래하고 머물 수 있는 것으로 파악되는데 이것이 사실이라면 그들이 바다에 근거지를 만들어 놓았을 수도 있다.

이렇게 UFO의 기원에 대해 자유롭게 상상해보지만 어떤 것 하나 명확하게 잡히는 것이 없다. 이것이 UFO 연구의 한계인데 그래도 우리는 계속해서 의문을 던지면서 전진하는 것이 올바른 방향일 것이다.

---

64 "Ancient Aliens: Top 10 Alien Encounters of 2022"
   https://www.youtube.com/watch?v=zNZHTlRFD6E

Q) UFO는 무엇으로 어떻게 만들어졌을까?

A) 물질로 만들어진 것 같은데 단정할 수는 없다.

다음 문제는 UFO가 무엇으로 만들어졌는가에 대한 것이다. 이것도 앞에서 많이 거론한 주제인데 UFO를 말할 때 가장 주의해야 하는 것은, 인간이 세상을 바라볼 때 사용하는 '물질 - 비물질'이라는 이원론적 범주로 파악하면 안 된다는 것이다. 인간이 사는 물질계에서는 모든 것이 물질 아니면 비물질(에너지 등)로 되어 있는데 이 같은 이원론적 매트릭스(dualistic matrix)가 UFO에는 통하지 않는다.

우선 앞에서 UFO는 분명히 물질로 만들어졌다고 했다. 수많은 사람이 UFO의 외관을 목격했고 그 표면을 직접 접촉해 본 사람도 있었으며 그 잔해를 만져 본 사람도 있었다. 이들의 증언을 통해 우리는 UFO가 분명히 물질로 만들어졌다는 것을 알 수 있었다. 그런데 증언을 세심하게 들어보면 UFO를 구성하는 물질은 인간계의 물질과 달랐다. 로즈웰 사건의 마르셀 소령이나 트리니티 사건의 호세 등이 증언한 것을 상기해보면 UFO에서 나온, 금속처럼 생긴 물질은 아무리 접으려 해도 접히지 않았으며 약간 접히더라도 바로 원래의 상태로 되돌아왔다고 한다. 또 그 물질을 만지거나 내리치면 강한 척력으로 밀어낸다고도 했다. 우리는 이런 물질이 도대체 어떤 것인지, 어떻게 만들어진 것인지 알지 못한다. 다만 인간의 기술로는 만들지 못하는 물질이라는 것만 알 뿐이다.

그런데 UFO가 아무리 어떠한 물질로 만들어졌다고 해도 그것이 날아다니다가 형태가 변한다거나 심지어 여러 개로 나뉘는 것은 설명하기 어렵다. 형태가 변하는 것까지는 가능할 수 있을지 모르지만 UFO가 여러 개로 나뉘었다가 다시 합쳐지는 현상은 정말로 이해하기 힘들다. 우리가 아는 물질은 그렇게 더 작은 부분으로 부드럽게 나누어지고 또 합쳐질 수 없기 때문이다.

더불어 또 이해하기 힘든 것은 UFO의 종류가 너무 많다는 것이다. 앞에서 간간이 설명한 대로 가장 흔한 원반형부터 원구형, 삼각형, 사각형, 사다리꼴, 시가형, 럭비공 형 등등 그 숫자를 정확히 알 수 없을 정도로 종류가 많다. 이 같은 상황도 만일 UFO가 물질로 만들어졌다면 가능하지 않을 것이라는 생각이 든다. 만일 UFO가 물질로 만들어졌다면 일정한 형태에서 벗어나지 못할 가능성이 크기 때문이다. 예를 들어 인간이 만든 비행기는 그것이 여객기든 전투기든 기본적인 형태는 비슷하다. 동체와 날개 등이 없는 비행기는 없기 때문이다. 그에 비해 UFO들은 그런 형식과 관계없이 형태가 다양하게 나타나니 물질로만 만들어졌다고 단정하기는 어려울 것 같다.

UFO는 '정신적 비행체'이다?

그래서 여기서 나오는 가설이 UFO를 '정신적 비행체'로 보는 시각이다. 이 정신적 비행체라는 개념은 아주 낯선 것이라 독자들이 선뜻 이해하기가 쉽지 않을 것이다. 비행체이기는 한데 그게 정신적인 것이라고 하니 말이다. 물질이면 물질이지 어떻게 그게 정신적인 것이 될 수 있을까? 이에 대해 나와 이전 책(『외계지성체의 방문과 인류종말의 문제에 관하여』)을 공저한 지영해 교수는 UFO는 단순히 물질이 아니라 유기생물학적인 재질(bio - organic entity)로 되어 있다는 설을 소개했다. 그는 더 나아가서 외계인들의 고도로 발달한 기술 수준에서는 비행체의 운행이 기계적인 과정을 통하는 것이 아닐 수도 있다는 솔깃한 추정을 내놓았다. 그리고 만일 외계인들이 강력한 의식 혹은 정신을 갖고 있다면 그들의 의식으로 물질로 이루어진 비행체를 움직일 수 있지 않을까 하는 가정을 제시했다.[65]

나도 이 설에 어느 정도 동의하는데 그 이유 가운데 하나로 이 UFO에는 그것을 날게 하는 추동 장치나 날개 같은 것이 없다는 점을 들고 싶다. 이것은 UFO를 근거리에서 본 조종사들이 한결같이 주장하는 것이다. 그 조종사들은 비행 장비가 없는 UFO를 항상 신기하게 생각했다. 자기들 비행기는 엔진과 날개가 있어 날 수 있는데 이 UFO라는 비행체는 원형이나 삼각형, 사각형처럼 단순한 생긴 물체인데 그것들이 제멋대로, 그것도 인간이 상상할 수 없는 빠른 속도로 날아다니니 말이다.

독자들은 이것을 프리스비에 비유해서 생각해보면 이해하기가 쉽지 않을까 한다. 프리스비는 생긴 게 UFO와 닮은 구석이 있어 이것을 예로 들어보는 것이다. 프리스비는 우리가 던져야 움직

---

65   최준식 외, 앞의 책, pp. 76~77.

이고 힘이 다하면 바로 떨어진다. 또 움직이는 궤적도 매우 단순하다. 인간이 던진 방향으로만 움직이니 말이다. 그런데 이런 물체가 날아가다가 갑자기 사라지는가 하면 또 순식간에 방향을 바꾸어 다른 쪽으로 날기도 하고 공중에 가만히 떠 있는가 하면 그러다가 말할 수 없이 빠른 속도로 사라진다면 이것을 어떻게 이해할 수 있을까? 사정이 이렇다면 우리는 이런 비행체는 물리적인 것을 넘어선 초물리적인 원리로 움직일 것이라고 추정할 수 있을 것이다. 그런데 초물리적인 원리라면 그것은 정신과 연관될 수 있으니 UFO의 움직임에는 정신적인 면이 관여되어 있지 않을까 하는 생각을 해보는 것이다.

앞에서 본 것처럼 UFO가 다양한 형태로 나타나는 것도 이 이론으로 설명할 수 있지 않을까? UFO는 정신적 비행체이기 때문에 탑승자의 의도에 따라 그 형태가 변할 수 있지 않을까 하는 생각을 해보는 것이다. 그들이 왜, 그리고 언제 어떤 상황에서 UFO의 형태를 바꾸는지는 모르지만 이 비행체의 조종을 맡은 존재, 즉 외계인이 자신의 의식으로 비행체의 형태를 바꾸겠다고 생각하면 그 의도대로 이루어지지 않을까 하는 생각을 해본다. 아울러 하나의 UFO가 여러 개로 나뉘는 것도 마찬가지 원리를 대입하여 설명할 수 있지 않을까 싶다. 이 모든 것이 그 비행체를 운행하는 외계인들의 의식이 변화하는 데에 따른 것이라는 말이다.

UFO는 외계인의 의식으로 만든 초물질적 '의념체'?

이렇게 보면 UFO의 조종은 외계인들의 의식과 연관되어 있다고 할 수 있는데 마침 이런 주장에 동조하면서 힘을 실어주는 주장이 있어 그것을 소개해본다. 이 내용은 앞에서 인용한 테드 오웬스가 어떤 사람과 함께 일문일답한 것에 나온다. 오웬스는 여기서 자신이 알고 있는 정보는 자신이 알고 있던 것이 아니라 그가 접촉하고 있는 외계인들로부터 받은 것이라고 하면서 이렇게 말하고 있다. 생생함을 살리기 위해 원문을 번역해 그대로 적어본다.[66]

질문: 그(외계인)들은 비행선을 어떻게 만드나요? 공장에서 만드나요? 당신에 따르면 어떤 것은 지구 크기 만하다고 했는데 그렇게 큰 비행접시는 어떻게 만드나요?

오웬스: 그들은 우리 인간처럼 물질을 만들어내지 않습니다. 내가 그들에게서 알아낸 바에 따르면 그들은 기계나 공장을 사용하지 않습니다. 그들은 정신적 파워(mental power), 즉 의식으로 비행선을 만듭니다.

질문: 만일 그들이 마음이나 의식으로 물체를 움직일 수 있는 힘을 갖고 있다면 이 같은 놀랄만한 의식의 힘으로 비행선

---

66 Owens, 앞의 책, pp. 161~162.

을 만들었을 것 같군요.

오웬스: 맞아요. 내가 확신하건대 그들은 너트나 볼트를 조립
　　　하는 일은 하지 않습니다.

　이 문답은 UFO에 대한 매우 흥미로운 견해를 제시하고 있다.
UFO가 어떻게 제작되었는지에 대해 좋은 정보를 제공하고 있기
때문이다. 물론 오웬스가 말하는 사례가 전체 UFO를 대표한다고
볼 수는 없을 것이다. 오웬스가 말하는 것은 그가 접촉하고 있다는
외계인들이 비행체를 만드는 방식일 뿐이다. 그의 이야기를 들어
보면, UFO의 제조 과정은 인간이 공장이나 연구소에서 엄청나게
많은 부품을 가지고 조립하고 용접하는 따위의 장면과 관계가 없
는 것 같다.
　그러나 또 다른 의문이 솟아오르는 것을 막을 길이 없다. 그들
은 도대체 어떻게 의식으로 비행체를 만든다는 것일까? 그 구체적
인 방법은 알 방법이 없다. 상상의 나래를 펴서 억측해본다면, 의
식을 활용해서 반(半)물질 혹은 초물질 같은 것을 만들어 그것으로
그들만의 방식으로 비행체를 만드는 것은 아닐까? 만일 그렇다면
이 UFO 비행체는 물질을 넘어 존재하는 '의념체'로 만들어진 것
이니 외계인들은 그들의 의식으로 조종할 수 있지 않을까 하는 생
각을 해본다.
　상상하는 김에 한 걸음 더 나아가서 이런 식으로 생각해보면

어떨까? 즉 UFO의 조종자, 즉 외계인이 자신의 의념으로 비행체를 지그재그로 모는 것을 상상하거나 혹은 갑자기 공중으로 솟구치는 것을 상상한다면, 아니면 사라지거나 모양을 바꾸는 것을 강력하게 상상한다면 이 같은 생각에 종속되어 있는 '비행체(UFO)'가 그 생각이 전달하는 힘에 따라 그대로 움직인다고 말이다. 물론 이것은 내 개인적인 상상에 불과하다. 여러 설을 참고하여 하나의 가능성으로 생각해본 것이다.

Q) UFO가 정말 미 공군기지에 보관되어 있을까?
A) 아마도 그럴 것이다. 거의 100%에 가깝다.

이번에는 'UFO(그리고 외계인)가 정말로 미국의 공군기지에 보관되어 있을까'라는 재미있는 질문을 하고 그 답을 구해보자. UFO의 기지 보관설은 이른바 내부 폭로자라고 불리는 밥 라자르부터 시작해서 최근(2023년)에 미국 의회에서 청문회를 한 공군 장교 출신인 그러시까지 줄기차게 제기해 오던 것이다. 이 주장 가운데 가장 대표적인 것은 말할 것도 없이 추락한 UFO가 이른바 51기지에 보관되어 있다는 것이다.

나는 이전에는 이런 소문들을 전혀 믿지 않았다. 그때는 UFO 현상에 대해 몇 권의 책을 읽었을 뿐 아직 전문적인(?) 공부를 시작하기 전이라 이런 소문을 받아들일 수 없었다. UFO에 대한 정보가 충분하지 않았던 것이다. 게다가 당시는 UFO가 존재하느냐 마느냐를 두고도 설왕설래하던 때인데 비행체와 외계인이 미군 기지에 보관되어 있다는 주장은 황당해서 별 관심을 두지 않았다. 그래서 당시 나는 '그건 너무 나간 이야기이다, 아직 UFO의 정체도 모르는데 그게 미국의 어떤 기지에 보관되어 있다는 주장은 SF 영화나 만화 영화에서나 나올 법한 이야기다'라고 치부하고 더 이상 관심을 표명하지 않았다.

그런데 나는 최근 UFO의 기지 보관설에 대한 생각이 바뀌었다. 앞에서 말한 것처럼 나도 처음에는 UFO에 대한 정보가 충분하지 않은 탓에 UFO 현상 자체에 대해서도 긴가민가했었다. 그런데 본격적인 공부를 시작하면서 몇 권의 전문서를 주의 깊게 읽어본 후에 UFO의 존재에 대한 나의 태도가 완전히 긍정적으로 바뀌었다. 독자들도 나와 비슷할 것이라고 생각하는데 만일 UFO 현상에 대해 열린 마음을 가진 사람이 이 책을 읽는다면 UFO가 존재한다는 것을 확신할 수 있을 것이다. 이 책에는 UFO의 존재를 부정할 수 없는 증거가 확실하게 제시되어 있기 때문이다.

이러한 내 태도의 변화는 한참 앞에서 소개한 하이네크 박사가 거친 과정과 비슷하다고 하겠다. 그는 UFO를 조사하기 시작했을 당시에는 철저한 회의론자였다. UFO 현상에 대해 전반적으로 부정적인 태도를 보이고 있었던 것이다. 이것은 자연과학도로서 충분히 가질 수 있는 태도라고 생각한다. UFO가 자연의 물리법칙을 어기고 다녔으니 그런 현상을 인정할 수 없었던 것이다. 그랬던 그는 UFO를 연구하고 현장에 가서 직접 자기 눈으로 목격하면서 태도가 완전히 바뀐다. UFO의 실재를 긍정하게 된 것이다.

그래도 UFO에 관한 한 나는 하이네크보다 한 걸음 더 나아가 있었다. 그는 UFO의 존재도 믿지 않았지만 나는 UFO 현상에 대해 긴가민가하면서도 UFO는 존재할 것이라는 믿음을 갖고 연구를 시작했기 때문이다. 그러나 UFO의 기지 보관설은 다른 문제였다. 이에 대해서는 명확한 증거를 발견하지 못해 선뜻 믿을 수 없었다. 그러나 최근 들어 이 설에 대한 견해도 완전히 바뀌었다. 이렇게 바뀌는 데에 결정적인 전환점이 된 것은 맨 앞에서 소개한 트리니티 UFO 추락 사건을 알게 된 다음이었다.

신뢰할 수 있는 트리니티 사건의 목격자 증언

이 사건에서 어린 목격자인 호세는 그의 친구인 레미와 함께 틀림없이 어떤 UFO가 추락한 것을 목격했고 그 비행체를 만져 보기도 하고 그 안에도 들어가 보았다. 그뿐만 아니라 7~8일에 걸친 작업 끝에 이 비행체가 큰 트레일러에 실려 어디론가 운반되던 전 과정을 옆에서 지켜보고 증언했다. 이렇게 UFO가 추락하고 실려 간 과정을 일차 목격자가 직접 목도한 것은 이 경우밖에 없다고 했다. 그래서 나는 이 사건을 두고 UFO 연구사에서 어떤 사건보다 중요한 자료라고 강조했다.

로즈웰 사건도 UFO가 추락하고 그 비행체를 미군이 어디론가 견인해 갔다는 점에서 이 사건과 내용이 비슷하지만 그 전 과정을 직접 목격하고 증언한 사람이 없다. 그 때문에 증거로서의 가치 면에서 볼 때 로즈웰 사건은 트리니티 사건보다 떨어진다. 트리니티 사건에서 호세는 이때 추락한 UFO가 미군에게 실려 가는 모습을 정확히 목도했다. 사정이 그렇다면 그때 실려 간 UFO가 어딘가에 보관되었을 가능성은 100%에 가깝다고 해야 할 것이다. 이렇게 실려 간 트리니티 사건의 UFO는 미 공군기지 어딘가에 보관되었을 것이 거의 틀림없다. 그게 지금까지 보존되어 있는지 어떤지는 잘 모르지만 말이다.

이와 비슷한 사건이 또 있다. 다음의 설명은 《히스토리 채널》에서 방영된 다큐멘터리 영상[67]에서 추출한 것인데 이 내용이 사실이라면 이것도 UFO 기지 보관설을 지지하는 훌륭한 증거라고 하겠다. 1953년 5월 19일 새벽 5시경에 네바다주 유카 평원에서 핵실험이 행해진다. 그런데 이때 UFO가 나타나 라스베이거스 쪽으로 비행하다가 신속으로 사라졌다. 이틀 후 미국 정부는 40명이나 되는 과학자를 모아 유카 평원에서 약 280km 떨어진 킹맨이라는 도시 근처로 데려갔다. 도착한 그곳에는 직경이 12m가 되는 원반형 UFO가 있었는데 형체는 전혀 손상되지 않았다고 한다. 그와 함께 네 명의 외계인도 있었는데 이들과 함께 이 비행체는 모두 예의 51 기지로 이송되었다고 한다. 이 내용이 사실이라면 이것도 UFO의 기지 보관설을 강력하게 지지하는 것이라고 할 수 있겠다.

---

67   "ALIENS ARE WORKING WITH THE U.S. GOVERNMENT?!"
      https://www.youtube.com/watch?v=crhDdmJnQIw&t=3s

그곳에서 외계인이 인간에게 기술을 전수하고 있다고?

그런데 이때 종종 제기되는 주장이 있다. 그것은 이렇게 이송된 외계인들이 인간들에게 새로운 비행 기술을 가르쳐준다는 주장으로 그 가운데 대표적인 것이 이른바 역설계 기술(reverse engineer technology)이다. 역설계 기술이란 포획한 UFO를 분해해서 그 제작 원리를 알아내 그와 같은 비행체를 만드는 기술을 말한다. 이에 대한 증언은 앞에서 본 대로 2023년에 미 의회에서 증언한 그러시에게서도 나왔다. 그런데 이러한 주장은 그냥 믿기에는 미심쩍은 부분이 있다. 사실 가장 먼저 의문을 제기해야 할 것은 이렇게 잡아간 외계인이 실제로 기지 안에 살고 있는가에 대한 것일 텐데 그것은 뒤에서 외계인을 다룰 때 보기로 한다.

역설계 기술에 관해 내가 던지고 싶은 질문은 과연 이 기술을 인간이 활용할 수 있느냐는 것이다. 상식적으로 생각해보면 이 기술은 같은 차원의 물체에만 적용할 수 있는 것이라 이것을 인간이 만든 비행기에 적용하는 것은 무리일 것 같다. 독자들의 이해를 돕기 위해 예를 들어 설명해보자. 1980년대에 북한 공군 조종사가 미그기를 몰고 남한으로 온 적이 있었다. 이때 한국 공군과 미국 공군은 크게 기뻐했는데 그것은 이 미그기를 역설계하여 그것이 갖고 있는 여러 작동원리를 알아낼 수 있는 절호의 기회였기 때문이다. 미국 공군이 아무리 미그기에 대한 정보를 많이 갖고 있어도 이처럼 실물을 분해해서 확실한 여러 가지 정보를 알아내는 것에는 비할 수 없다. 이렇게 미그기를 역설계해 보면 그에 따라 한국이나 미국의 전투기가 어떤 방식으로 미그기에 대항하면 효과적일지가 명확하게 나오기 때문이다.

그런데 이것은 소련 전투기나 미국 전투기가 같은 차원에 있기 때문에 가능한 일이다. 같은 물질계 차원에 속한 전투기라서 서로의 기술을 교환할 수 있는 것이다. 예를 들어 만일 미그기가 미국의 팬텀기보다 우수한 점이 있으면 그것을 미국 전투기에 적용해서 미그기보다 나은 전투기를 만드는 일이 가능하게 된다.

그런데 UFO의 경우는 어떤가? 재차 언급하지 않아도 UFO는 인간이 만든 비행기와 차원이 다르다. UFO가 지닌 기술은 기술이라고 말할 수 없을 정도이다. 그들이 구사하는 비행 기술은 인간이 사는 물질계를 뛰어넘는 상위차원에서만 가능한 것으로 보이기 때문이다. 그래서 그들은 갑자기 나타났다 사라지기도 하고 순식간에 믿을 수 없는 속도로 날아가는 등 인간이 사는 물질계를 제 마음대로 휘젓고 나다녔다. 이처럼 UFO는 그들이 사는 세계에 맞게 설계되어 있을 텐데 그 기술을 한참 차원이 낮은 인간계에 적용하는 일이 가능하겠는가?

좋은 예가 될지 모르지만 이렇게도 생각해보자. 전기도 없고, 전자 기술도 전혀 발달하지 않은 조선시대에 최첨단 컴퓨터가 떨어졌다고 가정해보자. 그러면 어떤 일이 벌어질까? 우리 시대의 최첨단 컴퓨터가 그들에게는 아무짝에도 쓸모없는 물건에 불과하지 않겠는가. 전기조차 없으니 아예 작동하고 말고가 없을 것이다. 이런 환경에서는 컴퓨터를 아무리 역설계해봐야 어떤 기술도 알아낼 수 없을 것이고 그 자연스러운 결과로 그 기계는 조선시대에는 쓸모없는 기계로 전락할 것이다. UFO와 우리의 상황도 이와 비슷하지 않을까 싶다.

앞에서 우리는 UFO가 외계인들의 의식으로 만들어졌을 것이라는 주장을 소개했다. 만일 이것이 사실이라면 더더욱이 우리에게는 외계인들의 기술을 활용할 수 있는 기회가 적어진다. 오웬스는 말하길, 그가 접촉한다는 외계인의 비행체는 볼트와 너트로 만들어지지 않았다고 했다. 그에 비해 인간이 만든 비행기나 우주선은 철저하게 볼트와 너트로 만들어졌다. 그러면 볼트나 너트가 없는 UFO에서 어떤 원리를 차용하여 인간의 비행체에 적용할 수 있겠는가? 그것은 원천적으로 불가능한 일이 아닐까? 그런가 하면 어떤 UFO 연구가는 이 비행체 안에 반중력 장치가 있다느니, 혹은 화석 원료나 원자력을 사용하지 않고도 에너지를 추출하는 장치가 있다느니 하면서 이것을 활용하면 우리도 외계인이 타고 다니는 비행체를 만들 수 있다고 주장한다. 이런 주장들은 근거가 미약해서 수용하기 힘들다. 앞으로 더 연구해봐야 할 주제일 것이다.

달 뒷면에 UFO 기지가 있다고?

UFO에 대한 FAQ를 마치기 전에 또 자주 제기되고 있는 작은 의문을 살펴보자. 사람들은 별 근거 없이 UFO 외계 기지설을 주장하는데 그 중의 대표적인 것이 달 뒷면에 있다는 UFO 기지설 같은 것이다. 이 질문 역시 그 진위를 알 수 있게 해주는 확실한 증거는 없다. 인간의 경우에는 비행기가 있으면 당연히 그 비행기가 머무를 수 있는 기지가 필요하니 UFO도 그렇지 않을까 생각하는 것이리라. 그러나 이것은 UFO를 인간의 눈으로 보기 때문에 생긴 질문이 아닐까 한다. UFO의 목격 사례를 보면 크기가 어마어마한 것들이 적지 않게 나오는데 어떤 것은 축구장 몇 배나 되는 경우도 있었다. 이런 UFO는 모선(母船)일 가능성이 있는데 앞에서 언급한 오웬스는 이에 대해 믿기 힘든 주장을 했다. 자신이 접촉하는 외계인들이 거주하는 모선은 그 크기가 지구 만하다는 것이다. 그리고 그런 모선 서너 개가 우주 공간에 떠 있다고 했다. 이 주장의 진위는 알 수 없다. 다만 참고로만 생각한다면 UFO의 모선은 인간이 상상하는 것과는 비교도 안 되게 큰 경우가 있는 모양이다.

만일 모선이 이렇게 크다면 모든 것을 모선에서 해결할 수 있을 텐데 지상에 무슨 기지가 필요하겠는가 하는 반문이 가능하다. 예를 들어 앞에서 보았던 여러 사건에 나타난 작은 UFO들은 기지에 착륙할 필요 없이 모선에 정박하면 되지 않겠는가. 그러나 이 작은 UFO들이 모선과 어떻게 도킹하는지와 같은 세세한 사정에 대해서는 알려진 바가 없다. 아니 더 근본적으로 우리는 이 작은 UFO들과 모선과의 관계조차 알지 못한다. 이것들이 흡사 『스타트렉』이나 『스타워즈』 같은 영화에 나오는 것처럼 모선을 들락날락하는지, 아니면 이 작은 UFO를 필요할 때만 만들어서 쓰고 다 쓰고 나면 소멸시키는지 하는 등등에 대해서 알 수 있는 자료가 없다. 이처럼 UFO에 관한 이야기는 끝없는 의문으로 이어지는데 이 점이 또 이 연구의 특징이라고 하겠다.

FAQ (2)
'외계인', 그들은 누구인가에 관한 질문

외계인을 말하다

우리는 이 책의 종점으로 향하고 있다. 이제 마지막으로 가장 중요한 사안이라고 할 수 있는 이른바 외계인으로 불리는 존재에 대해 알아보려고 한다. 우리가 인간이기에 제일 궁금한 것은 당연히 우리의 상대가 되는 외계인이다. 그들은 인류가 일찍이 경험하지 못한 매우 특별한 종이라고 할 수 있다. 지구상에는 수많은 인종이 있어 별의별 인종을 다 경험해봤지만 이 외계인이라는 존재는 도무지 그 정체를 알 수 없기 때문이다. 인간처럼 생긴 것 같은데 다른 점이 더 많은 것 같다. 지금까지 인류가 갖고 있던 개념으로는 이 외계인이 당최 파악이 안 된다. 그런 의미에서 외계인은 'U.B.', 즉 Unidentified Being으로 말 그대로 정체를 알 수 없는 존재라고 할 수 있겠다. 그들은 인간은 아닌데 그렇다고 동물일 리는 없다. 우리가 생물을 이해할 때 갖는 범주로는 도무지 이해가 안 되는 존재다. 영어로 하면 'catergorized'가 안 된다는 것이다.

　그런데 인류는 이제 이 외계인을 직면해야 하는 때가 온 것 같다. 지금 당장은 아니더라도 앞으로 곧 닥쳐올 미래에는 외계인들과 교통하며 지구와 우주에 대해 같이 이야기하고 협력해야 할 것이라는 생각이다. 그것은 인류의 발전을 위해서도 이로운 일이고 외계인들에게도 도움되는 일이 아닐까 한다. 지금까지는 인간들이 무지해서 외계인에 대해 관심이 적거나 혹은 없어서 외계인들이 어떤 존재인지 몰랐다. 그러나 지금은 인류도 많이 달라졌다. 그동안 인류는 UFO와 더불어 이 외계인에 관해 나름대로 많은 연구를 했다. 물론 아직도 연구가 부족하지만 이전과 비교해보면 상당히 진보한 것은 틀림없다. 이 연구가 더 진척되고 사람들이 외계인의 존재에 대해 마음으로 받아들일 준비가 되면 외계인들은 자신들의 정체를 드러내고 인간들과 공공연하게 소통할 것이라고 믿는다. 이 가정을 받아들인다면 우리는 외계인들을 더 잘 알아야 하는데 이 주제도 UFO와 관련된 다른 주제처럼 확실한 것은 드물고 의문으로 남는 것이 많다. 이 장에서도 많은 의문이 쌓일 텐데 그런 한계를 직시하고 차근차근 외계인의 정체를 알아 보자.

Q) 외계인은 존재하는가?
A) 그렇다. 당연히 존재한다.

　이 질문은 하나 마나 한 것이다. 왜냐하면 앞장에서 이미 UFO의 존재를 인정했기 때문이다. UFO를 인정했다면 자동으로 그 비행체에 탑승한 존재들을 인정하지 않을 수 없다. UFO 비행체들은 외계인이 조종하고 있는 것으로 비행체 대부분에는 분명 외계인으로 추정되는 존재들이 탑승해 있었기 때문이다.

그렇기는 해도 우리가 외계인을 직접 본 것은 아니기에 과거에는 그들을 인정하는 데에 주저하는 모습을 보였다. 그러나 근자에 UFO학(Ufology)이 심도 있게 연구되면서 그 조사 결과를 통해 우리는 외계인이 실존한다는 것을 알게 되었다. 내 경우에 외계인의 존재를 확실하게 인정하게 된 계기를 마련해 준 사건은 예의 트리니티 사건과 에이리얼 초등학교 사건이었다. 물론 소코로 사건도 있지만 선명도 면에서 앞의 두 사건이 뛰어나기 때문에 이 두 사건만을 거론한 것이다.

우선 트리니티 사건에서 목격자인 호세의 말을 직접 들어보면, 추락한 UFO 옆에 3명의 외계인이 혼비백산(魂飛魄散)해서 '찍찍거리며' 우왕좌왕했다는 그의 증언은 결코 거짓이라고 할 수 없을 것이다. 나는 약 80세가 된 그가 UFO의 추락지점에 직접 가서 증언하는 것을 영상으로 보았는데 그가 거짓말한다는 인상은 전혀 받지 못했다. 그뿐만 아니라 호세를 비롯해 그 사건과 관련된 사람들을 '혹독하게' 면담한 자크 발레와 파올라 해리스의 저서에 나오는 설명을 읽어보면 목격자들의 증언을 의심할 만한 어떤 단서도 찾지 못한다.

에이리얼 초등학교 사건도 마찬가지다. 60명이 넘는 어린이들이 착륙한 UFO에서 걸어 나온 외계인을 목격하고 그들과 텔레파시로 의사소통한 것은 우리로 하여금 이 외계인을 인정하지 않으면 안 되게 만든다. 비판론자들이 말하는 것처럼 그들이 전부 환영을 보았다든가 최면을 당했다고 여기기보다는 그들이 실제로 외계인을 목격했다고 인정하는 것이 더 합리적이지 않겠는가?

이 선명한 두 사건 이외에도 수없이 많은 외계인 목격담이 있는데 이렇게 두 사건만 놓고 보아도 우리는 확실하게 외계인이 존재한다고 인정할 수 있을 것이다. 논리적으로 보면 적어도 이 두 사건에서 외계인이 분명 존재했으니 외계인이 존재하지 않는다고 말하는 것은 합당하지 않다고 할 수 있다.

외계인이 존재한다는 데에 찬성하는 표를 던질 수밖에 없는 요인은 또 있다. 그것은 지구촌 곳곳에서 목격된 외계인들의 모습이 거의 똑같다는 것이다. UFO에 관심 있는 사람치고 이 모습을 보지 않았거나 그 소문을 듣지 않은 사람은 아마 없을 것이다. 이들의 모습은 이미 여러 번 설명했는데 그 대표적인 모습을 보면 1m 안팎의 키에 호리호리한 몸매와 긴 팔, 그리고 무엇보다 삼각형처럼 생긴 머리에 볍씨처럼 치켜 있는 검은 눈을 지녔다.

지구 어디에서 외계인을 목격했든 간에 목격자들은 한결같이 이렇게 생긴 외계인을 보았다고 증언했다. 일례로 에이리얼 초등학교 학생이 그린 외계인과 다른 지역에서 목격된 외계인들은 모두 조금 전에 묘사한 것과 거의 같다. 만일 목격자들이 외계인을 만난 게 모두 환상에 불과하다면 이처럼 모든 목격자가 묘사하는 외계인이 같은 모습으로 나타나는 것을 어떻게 설명할 수 있을까?

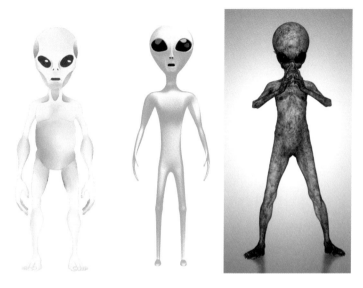

전형적인 외계인(스몰 그레이)의 모습

따라서 정황상 우리는 외계인이 확실히 존재한다고 생각하는 것이 합리적이라고 할 수 있다. 자세하게 언급하지 않았지만 피랍 체험을 한 사람들도 한결같이 이렇게 생긴 외계인들을 묘사하고 있었다.

그다음에 나올 수 있는 질문은 '외계인들은 어디서 왔는가'인데 이것은 앞에서 UFO를 볼 때 이미 이야기했다. 외계인들은 그들이 타고 온 UFO와 같은 운명을 지녔기 때문이다. UFO가 지구에서 기원한 것이 아니었으니 그들도 지구에서 비롯된 존재가 아닌 것은 확실하다. 그러나 그렇다고 해서 UFO가 그랬듯이 외계인들이 다른 행성이나 다른 차원에서 왔다고 추정할 수 있는 명확한 근거 역시 없다. 그렇다고 부정할 만한 근거도 없지만 말이다. 그들이 다른 행성이나 다른 차원에서 올 수도 있을 것이고 우리가 알지 못하는 또 다른 기원처를 갖고 있을 수도 있다. 이에 대해서는 정보가 부족하니 가타부타 말할 처지가 아니다. 다만 모를 뿐이고 그래서 "UB"인 것이다.

Q) 추락한 UFO에 타고 있던 외계인은 어디로 갔나?
A) 아마도 미국의 공군기지 등에 이송됐을 것이다.

다음으로 볼 질문은 UFO와 함께 추락한 외계인들에 관한 것으로 그다지 비중 있는 것은 아니다. 확실한 대답이 나올 수 있는 것이 아니니 간단하게 볼 수밖에 없다. 여기서도 우리가 답을 알 수 있는 것이 있고 그렇지 않은 것이 있다.

앞서 언급한 대로 풍문에 따르면 추락한 UFO에 타고 있던 외계인들은 모두 미국의 공군기지로 이송되었고 이 가운데 몇몇은 미국 기술자들을 도와 UFO를 역설계하는 일을 하고 있다고 했다. 이 내용은 앞에서 거론했던 킹맨 사건에도 나온다. 당시 이 킹맨이라는 곳에서는 UFO와 더불어 네 명의 외계인이 산 채로 발견됐는데 이들은 모두 51 기지로 이송되었다고 했다. 그 가운데 J-rod라고 불리는 외계인은 그곳에 거주하면서 UFO를 역설계하는 것을 돕고 있다는데 그와 같이 일한 장교도 있고 그의 건강을 보살핀 사람도 있었다고 한다. 그 사람들에 따르면 51 기지에는 이 외계인들을 위한 특별한 방이 있다고 한다.

이런 소문을 어디까지 믿을 수 있을지 생각해보는데 신임이 가는 것보다는 의문이 더 많이 생긴다. 우선 비교적 확실한 것을 꼽는다면 비행체가 추락한 데에서 발견된 외계인들은, 만일 그들이 생포되었다면 분명히 공군기지로 이송되었을 것이라는 점이다. 이때 수거한 UFO를 기지로 이송했다고 하니 같이 있던 외계인들도 같은 편에 보냈으리라는 것은 당연한 것 아니겠는가? 이 현장에는 살아 있는 상태로 발견된 외계인과 죽은 외계인이 있었는데 전자의 확실한 사례는 트리니티 사건에서 호세가 발견한 경우이고 후자는 로즈웰 사건에서 하우트가 증언한 사례에 나온다. 그런데 호세의 경우 그가 세 명의 외계인을 보았다고 했지만 그들의 행방에 대한 증언은 없었다. 그래서 우리는 그 외계인들의 행방을 알지 못하는데, 나는 그들이 UFO와 함께 공군기지로 이송되었거나 아니면 다른 UFO가 와서 실어 갔거나 둘 중의 하나일 것으로 추정했다.

이처럼 트리니티 사건은 추정만 한 것에 비해 로즈웰 현장에서 발견된 외계인들의 경우는 시체의 상태로 앞에서 말한 인근 비행장으로 이송된 것이 사실로 보인다. 그런데 우리가 추정하는 것은 여기까지다. 이 외계인들이 기지로 갔다면 지금까지 해당 기지 안에 산 채로 혹은 시신으로 보존되어 있는지, 아니면 처음부터 생존 여부와 관계없이 어떤 식으로든 처리되어 보관되어 있는지, 아니면 소멸되어 지금은 아예 남아 있지 않은지 등등은 미군 당국이나 관계자들이 함구하고 있으니 우리는 알 수 없다.

앞에서 어떤 사람들은, UFO 추락 현장에서 사로잡힌 외계인들이 공군기지에 거주하면서 미국 공군을 도와주고 있다고 했는데 이 주장에는 많은 의문이 생긴다. 가장 먼저 드는 의문은 만일 그것이 사실이라면 과연 외계인들이 이 지구라는 판연히 다른 환경에서 살 수 있을까 하는 것이다. 그것도 밀폐된 지하에서 말이다. 그들은 도대체 어떤 식으로 먹고 자고 하면서 생존을 이어나갈까? 또 미국인들과는 어떻게 의사소통을 할까? 텔레파시를 통해서 소통한다고 하지만 텔레파시만으로 그 어려운 공학 용어들이 서로에게 전달될까 하는 등등의 의문이 계속해서 생긴다. 혹시 그들은 자기들이 온 곳, 즉 모선 혹은 '집'으로 돌아가고 싶은 생각을 하지 않았을까? 그렇다면 동료들에게 텔레파시로 연락해 자기들을 데리러 오라고 하지 않았을까? 그들의 수준으로는 이런 일이 어렵지 않을 것 같은데 왜 이런 일에 대해서는 아무런 이야기가 없을까? 하다못해 뜬소문이라도 있을 것 같은데 이상하게도 이에 대해서는 일절 아무 말이 없다.

독자들의 이해를 위해 비유를 또 들어보자. 이 외계인의 상황은 현대인이 어떤 사고를 당해 청동기 시대쯤에 속하는 어느 부족 사회에 떨어진 것에 비유할 수 있을 것이다. 외계인이 볼 때 인간 사회는 기술적으로 한참을 떨어져 있을 테니 이렇게 비유해본 것이다. 이럴 때 현대인은 청동기 사람들에게 무슨 일을 할 수 있을까? 그들처럼 동굴이나 움막에 살면서 그들에게 21세기의 첨단 기술을 가르칠까? 아니면 아무 일도 못 하고 움막에만 있으면서 집에 돌아가고 싶다는 생각만 할까?

　이런 여러 생각이 드는데 내 생각에 현대인은 청동기 시대에 적응해서 살 수 있을 것 같지 않다. 이 예측이 맞는다면 현대인이 청동기 사람들과 협력해 기술을 전수하는 등등의 일은 하지 않을 것 같다. 이 때문에 나는 외계인들이 공군기지의 지하에 비밀리에 살면서 지구인들과 기술적으로 협업하고 있다는 주장은 믿지 않는다. 너무나 지구인의 시각에서만 생각하는 것 같기 때문이다. 그런데 이런 주장을 하는 사람들이 늘어나고 있어 무시하면 안 되겠다는 생각도 든다. 이런 사람 가운데에는 미국의 전직 고위 관료나 장교들이 포함되어 있는데 이들은 일종의 내부 고발자 같은 사람이다. 이런 사람들이 늘어난다는 것은 그만큼 그들의 주장에 무게가 실리는 것이니 앞으로 이 주제를 심도있게 탐구해봐야겠다는 충동이 강하게 일어난다.

　이외에도 많은 의문이 있지만 명확한 답을 얻을 수 있는 것이 아니니 예서 그치기로 하자. 이번에 우리가 확실히 알 수 있었던 것은 분명히 외계인들이, 사로잡힌 채든 시체의 형태로든, 공군기지 등으로 이송되었다는 것이다. 그러나 그 후의 사정을 알 수 있게 해주는 확실한 자료는 지금까지 공개된 것이 없다.

　그런데 외계인들의 사체가 비밀의 장소에 보관되어 있다는 유력한 증언이 있어 소개해볼까 한다. 이것은 초능력자로 이름이 높았던 유리 겔러가 2024년에 호주 출신의 언론인인 로스 쿨타르트와 행한 면담에서 밝힌 것이다.[68] 그는 약 50년 전쯤에 독일 출신의 저명한 로켓 과학자인 폰 브라운(W. von Braun)을 그의 사무실에서 만나 진귀한 경험을 한다. 이 사무실은 나사 소속의 "Goddard Space Flight Center"로 추정되는데 워싱턴의 남쪽에 있다고 한다. 여기서 브라운은 겔러에게 일단 UFO의 잔해인 금속 파편을 보여주었다. 겔러는 그것을 만져보고 그것이 지구의 것이 아니라 UFO에서 기인한 것이라는 견해를 밝혔다.

압권은 그다음이다. 브라운은 겔러를 차에 태워 다른 건물로 갔는데 그곳에서 그들은 3, 4층을 내려가 어떤 방으로 들어갔다. 그런데 그 방은 온도가 매우 낮아 그들은 남극에서나 입는 방한복을 입고 들어갔다고 한다. 거기서 겔러는 놀랄 만한 것을 발견하게 된다. 냉장이 아주 잘 된 유리관에 보관되어 있는 외계인 사체를 목격한 것이다. 그 사체는 비행체에서 마구 추출한 것처럼 심하게 훼손되어 있었다고 한다. 그는 이 이야기를 하면서 당시 자신이 그것을 보고 얼마나 놀랐는지 몰랐다고 술회했다.

나는 이와 같은 그의 증언이 믿을 만하다고 생각한다. 국제적인 명성을 갖고 있는 그가 저명한 언론인과 하는 대담에서 거짓말을 할 리가 없기 때문이다. 나는 그동안 이 같은 비밀 기지에 보관되어 있는 외계인의 사체를 보았다는 사람들의 증언을 몇 차례 접해보았는데 그 가운데 결정적으로 신임이 가는 경우는 없었다. 그

68 https://www.youtube.com/watch?v=iHO65Et-Uew
"How the CIA worked with psychics on 'Project Stargate' | Reality Check with Ross Coulthart"

러나 겔러의 증언은 매우 구체적이고 상대가 브라운이라는 점에서 믿지 않을 수 없었다. 이때 사회자가 겔러에게 외계 비행체는 보지 못 했느냐고 물어보자 자신은 단지 브라운이 보여준 금속 파편만 보았을 뿐이라고 대답한 점도 그의 증언이 진실이라는 데에 힘을 실어준다. 만일 그가 자신의 발언을 조작할 요량이었다면 비행체도 보았다고 거짓으로 증언할 가능성이 큰데 그는 자신이 본 대로만 이야기했으니 그의 말에 신임이 더 가는 것이다.

Q) 외계인은 여러 종류일까?
A) 아마도 그럴 것이다.

이번 질문은 외계인의 종류에 관한 것이다. 우리는 외계인 하면 떠올리는 얼굴이 있는데 그것은 스몰 그레이로 불리는 존재로 이 존재에 대해서는 조금 전에도 봤고 많이 설명했다. 이런 까닭에 우리는 외계인은 그렇게 생긴 종밖에 없다고 생각할 수 있는데 연구가들에 따르면 그렇지 않은 모양이다.

이 주제에 조금이라도 지식이 있는 사람은 외계인은 스몰 그레이만 있는 것이 아니고 다른 종류도 있다는 이야기를 들어본 적이 있을 것이다. 이것은 이른바 외계인들에게 납치당한 사람들의 증언에서 나온 정보이다. 피랍자들에 따르면 자신들이 납치될 때는 주위에 스몰 그레이만 있었는데 UFO에 탑승하고 보니 다른 종류의 외계인도 있었다고 한다. 이때 가장 많이 등장하는 외계인이 이 스몰 그레이보다 더 큰 '라지 그레이'와 인간처럼 생긴 '휴머노이

드', 그리고 파충류의 얼굴을 한 '렙틸리안' 등등인데 이런 설명은 검증할 길이 없어 그 진실은 알 방도가 없다.

이 주제를 심도 있게 파헤친 사람은 앞에서도 여러 번 언급한 엔젤라 스미스이다. 그녀는 앞에서 인용한 『Voices from the Cosmos(우주로부터의 소리)』라는 책에서 30종류가 넘는 외계인들을 소개하고 있다. 그뿐만 아니라 다른 저서인 『Diary of an Abduction(피랍 일기)』에서는 그녀가 13년 동안(1986년~1999년) 외계인들과 접촉한 내용을 일기 형식으로 상세히 적고 있다.

스미스는 그렇고 그런 연구자가 아니다. 심리학으로 박사학위도 받았으며 특히 원격 투시(remote viewing)라는 초능력 분야에서는 상당한 전문가로 인정받는 사람이다. 그런 사람이 주장했기에 그가 외계인의 종류에 대해서 말한 내용을 아예 무시할 수는 없다. 그러나 그렇다고 해서 선뜻 받아들이기에는 주저되는 면이 많다.

또 연구자에 따라 이 외계인의 종류에 대한 주장은 다른 점이 많아 어느 설이 정확하다고 말할 수 있는 처지가 아니다. 이 분야는 객관적이고 학술적인 시각으로 접근할 수 있는 분야가 아닌지라 어떤 의견을 내놓기조차 어렵다. 그러나 여기서도 한 가지 확실한 것은 스몰 그레이로 부르는 외계인이 존재하는 것은 엄연한 사실이라는 점이다. 그렇지만 하나의 가능성으로 이 스몰 그레이 외에도 다른 종류 혹은 다른 종족의 외계인이 있을 것이라는 추정은 가능하겠다.

Q) 외계인은 선한 존재인가 악한 존재인가?

A) 선하거나 적어도 중립적인 듯하다.

다음 문제는 외계인의 성정에 관한 질문이다. 우리가 외계인에 대해 가장 궁금한 것 중의 하나가 바로 이것이 아닐까 한다. 외계인의 본성이 선한가, 악한가 하는 문제 말이다. 이렇게 말하면서 시작부터 마음에 조금 걸리는 것이 있는데 그것은 지구인의 시각으로 외계인을 바라보아서는 안 된다는 것이다. 일단 우리는 외계인이 인간과 같은 선악 개념을 갖고 있는지 없는지부터 알지 못한다. 그러니 그들에게 인간이 지닌 선악관을 적용하면 안 되지 않을까 하는 생각이 든다. 그렇지만 우리는 인간이니 인간의 시각으로 접근하는 것은 어쩔 수 없는 일이리라.

이런 한계를 인지하고 외계인의 성정을 판단해보자. 일단 그들은 선한 존재로 보인다. 이렇게 추정할 때 등장하는 이론이 있다. 만일 그들이 악한 존재였다면 지금처럼 초고도의 문명을 발전시킬 수 없었을 것이라는 설이 그것이다. 이 설에 따르면, 만일 그들이 인간처럼 공격적이고 이기적이며 무지에 빠진 존재라면 그들은 서로 싸우다 상대방을 멸망시킨다거나 혹은 스스로 멸망하는 일을 반복하다가 살아남지 못했을 것이다. 혹시 살아남았다 하더라도 지금과 같은 매우 발전된 문명을 이룩하지 못했을 것이라는 것이 그 주장의 핵심이다. 이 점은 매우 일리 있는 해석이라고 생각한다.

인간의 경우를 보면 그 대강의 사정을 알 수 있다. 인류는 지금

생태계 위기나 핵무기 경쟁, 자연재해, 인구 문제 등으로 절멸의 문턱에 도달해 있다. 특히 지금 지구 온난화 때문에 겪고 있는 위기는 너무도 심각해서 앞으로 어떤 급변 사태가 있을지 모르는 형국이 되었다. 내 개인적인 생각으로 앞으로 수많은 인간이 희생될 조짐이 보이는데 이것은 모두 인간이 탐욕스럽고 어리석기 때문이다. 인간이 선하고 지혜로웠다면 이런 일을 겪지 않았을 것이다.

이것을 외계인에게 적용해보면, 그들은 이런 문제를 겪지 않았거나 아니면 그 같은 환란을 슬기롭게 극복한 것으로 보인다. 이것은 그들이 선하고 지혜롭기 때문에 가능한 일이지 그 반대였다면 절대 가능하지 않았을 일이다. 그들은 인간과 달리 영적으로 큰 진보를 이루었기 때문에 지금의 발전을 이룩한 것으로 보인다. 영적으로 뛰어나다는 것은 선하지 않으면 이룩할 수 있는 일이 아니다. 그래서 외계인은 선한 존재로 보인다는 것이다.

이번에는 인간과 관계해서 외계인이 어떤 성정을 보이는가를 살펴보자. 한마디로 말해 이들은 성정이 선하기 때문에 인간에게도 선한 존재, 즉 호의적인 존재로 나타나는 것 같다. 아니면 이보다 한 걸음 물러서서 그들은 인간에게 적어도 중립적인 태도를 취하고 있는 것 아닌가 하는 생각도 든다. 이것을 다른 식으로 말하면 그들은 인간에게 무관심하다는 것이다. 이처럼 외계인은 선하거나 아니면 중립적이라고 할 수 있는데 여기서 우리가 내릴 수 있는 잠정적인 결론 하나는 외계인은 인간에게 적대적이지(hostile) 않다는 것이다. 이것을 뒷받침할 만한 여러 근거에 대해 하나씩 살펴보자.

선한 존재일 가능성

우선 그들이 선한 존재인 것 같다고 추론할 수 있는 것은 다음과 같은 이유에서다. 만일 그들이 악한 존재였다면 지구를 점령하여 식민지로 만들고 인간을 노예처럼 부리는 것이 그다지 어려운 일일 것 같지 않은데 그들은 그렇게 하지 않았다. 나는 그들이 마음만 먹으면 인간들을 무기력하게 만드는 일이 어렵지 않을 것으로 생각한다. 이런 추정은 우리가 지금까지 살펴보았던 여러 상황에서 끌어낼 수 있다. 예를 들어 그들이 핵무기가 잔뜩 저장되어 있는 무기고에 나타나 순간적으로 모든 핵폭탄을 쓸 수 없는 상태로 만드는 것이나 전투기 조종사가 미사일을 발사하려고 할 때 계기들을 먹통으로 만들어버리는 것을 통해 그들의 실력을 알 수 있지 않은가? 또 그들을 향해 총을 쏘았던 미국 병사들에게 광선을 발사해 그들을 손쉽게 제압한 사건도 있지 않은가? 이런 사례에서 우리는 그들의 막강한 '파워'를 느낀다. 이렇게 보면 그들은 인간이 사는 이 지구의 모든 것을 언제든지 자기 마음대로 할 수 있을 것 같은데 그렇게 하지 않으니 그들은 선한 존재가 아니냐는 것이다.

그런데 이런 시각과는 달리 외계인들이 인간에게 무관심하다고 볼 수도 있다고 했다. 다시 말해 그들은 인간계의 일에 개입하려는 의사가 없고 그 결과 이 지구 문명을 그냥 방치하고 있다는 것이다. 그들의 뇌리에는 인간을 돕는다는 생각은 없고 단지 관찰만 하고 있다고 할 수 있을 것이다. 그런 면에서 앞에서 이들이 인간에게 중립적인 태도를 보인다고 말한 것이다. 이 견해도 일리가 있는 것이, 외계인들이 지구의 일에 적극적으로 개입하는 것처럼 보이지는 않기 때문이다. 그들이 인간사에 적극적이었다면 인간 앞에 나타나 무슨 일이라도 해야 할 텐데 그들은 거의 공중에만 떠 있고 인간이 다가가면 쏜살같이 도망가니 이렇게 생각할 수도 있겠다.

그런가 하면 외계인들이 선하다, 악하다 혹은 중립적이다라고 일률적으로 말하는 것은 외계인의 다양한 종류를 무시한 판단이라는 시각도 있다. 앞에서 본 것처럼 만일 외계인의 종류가 다양하다면 이들의 성정이나 태도가 모두 같다고 볼 수는 없지 않느냐는 것이다. 그러니까 어떤 외계인은 성정이 선해 인간들에게 호의적인 태도를 보이지만 어떤 외계인은 성정이 중립적이라 인간에게 하등의 감정을 가지지 않을 수도 있다는 것이다. 이 견해는 앞에서 인용한 스미스의 책(2014)에 나오는데 이 책에서 거론하고 있는 다양한 외계인들은 그 성정이 모두 달라 인간들에게 다양한 태도를 보인다. 그러나 이런 생각은 외계인이 여러 종류가 있다는 것을 사실로 받아들일 때만 가능한 것이다.

스몰 그레이의 경우

우리는 현재 시점에서 외계인들이 얼마나 다양하게 존재하는

지 알 수 없다고 했다. 따라서 그들의 성정 역시 일률적으로 말할 수 없다고 한 것인데 그래도 우리는 인류가 그동안 접해 왔던 외계인, 즉 스몰 그레이에 대해서는 말할 수 있을 것 같다. 앞에서 나는 이 외계인들은 인간들에게 선한 감정을 갖고 있을 것이라고 주장했다. 이것은 몇 가지 사례를 통해 알 수 있을 것 같다.

먼저 우리가 검토한 사례를 보자. 대표적인 예가 에이리얼 초등학교 사건이다. 여기에 나타난 스몰 그레이들이 행한 일 중에 대표적인 것은 아이들의 마음에 황폐한 지구 환경을 보여주는 것이었다. 이것은 앞으로 올 재앙을 보여주면서 인간들의 각성을 추구하는 의도로 행한 일일 텐데 만일 이 외계인들이 인간에게 호의적인 생각을 갖지 않았다면 이런 일을 하지 않았을 것이다. 만일 이들이 인간에게 무관심했다면 굳이 지상에 착륙해서 아이들에게 다가가 메시지를 전하는 수고를 하지 않았을 것 같다. 또 전투기와 UFO와의 교전 사례에서도 외계인들은 인간들에게 공격적이지 않은 것을 알 수 있었다.

같은 상황은 외계인들에게 납치된 사람들의 증언을 통해서도 알 수 있다. 물론 이 견해는 피랍 체험이 사실이라고 가정할 때만 받아들일 수 있는 것이다. 납치되었다는 사람들이 UFO에 탑승해서 겪는 일 가운데에는 황폐해진 지구 환경을 이미지로 보는 일이 포함되어 있다. 핵 재앙으로 쑥밭이 된 지구 모습이라든가 오염되어 생명체가 살지 못하는 자연의 모습, 또 지진, 홍수, 화재 등이

창궐한 지구를 보여준다고 한다.[69]

어떤 경우에는 외계인들이 피랍자에게 이 같은 미래의 사태를 대비해 모종의 일을 해야 한다고 요구하는 경우도 있다. 이 이야기를 통해서도 이 외계인들이 인간을 긍휼히 생각한다는 것을 알 수 있지 않을까 싶다. 흡사 못된 짓만 일삼았던 철없는 아이들을 옳은 길로 인도하기 위해 노력하는 것 같다.

아름다운 지구별을 향한 관심

이런 맥락에서 나는 앞에서 외계인들이 우리에게 자꾸 나타나는 이유가 바로 이 같은 경고를 하기 위함이라고 했다. 인간도 마찬가지이지만 외계인들이 보기에 이 지구라는 행성은 대단히 아름다운 행성일 것이다. 내 개인적인 생각에 그칠지 모르지만 아마도 외계인들이 보기에 이 지구는 기적적으로 생겨난, 동시에 다른 행성과는 비교도 안 되게 아름답고, 그리고 다양한 생명들이 사는 활력 있는 행성으로 비쳐질 것 같다. 이렇게 추정할 수 있는 것은 아폴로 우주선의 조종사들이 달에 가서 찍은 사진 덕분이다. 그곳에서 바라본 지구는 파란 대기와 하얀 구름으로 덮인 그야말로 신비롭기 짝이 없는 아름다운 별이었다. 인간이 지구에만 있을 때는 지구의 그런 원경을 볼 수 없었는데 우주여행을 해보니 지구가 얼

---

69 Mack(1994), 『Abduction』, Sciribners, p.40.

마나 경이로운 곳인가를 알게 된 것이다.

태양계의 다른 행성과 비교해봐도 이 사정을 알 수 있다. 수성에서 해왕성에 이르는 지구의 형제 별과 그 위성 가운데 지구처럼 아름다운 별이 어디 있는가? 모두 뜨겁지 않으면 차가워 생명이 발을 붙이지 못하는 별이고 그 모습도 지구의 아름다운 모습과는 비교가 되지 않는다.

이러한 사정은 우주선을 타고 마음대로 우주를 떠다니는 외계인들이 훨씬 더 잘 알 것 같다. 그들은 여러 별을 비교해볼 수 있었을 테니 말이다. 그들이 보기에도 이 지구는 대단히 특이한 곳이고 그 실존 자체가 경이롭고 신비로운 것이라 계속 잘 보존되었으면 하는 바람을 갖고 있지 않을까 하는 생각을 가져본다. 그런데 역사를 보면 최근까지 이 지구는 그나마 잘 보존됐는데 20세기가 되면서 인간의 손에 의해 망가지기 시작해 이제는 속수무책이 되었다. 이것을 본 외계인들이 화들짝 놀라 인간의 일에 부쩍 큰 관심을 갖게 된 것 아닐까 한다. 그래서 작금의 상황을 조사하고 상황이 어떤가를 알아보기 위해 자꾸 인간계에 나타나는 것 아니냐는 것이다. 그 때문인지 20세기 후반이 되면서 UFO의 목격 건수가 급증했다.

그런데 외계인들이 이렇게 자주 나타나기는 하지만 적극적으로 인간계의 일에 개입하는 것은 피하는 것으로 보인다. 대신 인간과 외계인이 섞인 혼혈종, 즉 이른바 하이브리드(hybrid)를 만들어 인간계의 일에 개입한다는 설 등 많은 설이 있는데 이번 책에서는 그 같은 주제는 다루지 않는다고 했다. 결론적으로 말해 외계인과

그들이 조종하는 UFO가 인간에게 나타나는 데에는 이런 모종의
이유가 있지 않을까 싶다.

Q) 외계인은 왜 속 시원하게 우리 앞에 안 나타나는가?
A) 아직 때가 안 된 듯하고 차원이 너무 달라서?

사람들과 UFO와 외계인에 관해 대화하다 보면 반드시 나오는
질문이 있다. 외계인이 정말로 존재한다면 왜 우리 앞에 나타나지
않느냐는 것이다. 노상 공중에만 떠 있으면서 나타날 듯 변죽만 울
리지 말고 속 시원하게 나타나서 인간의 궁금증을 다 풀어주면 되
지 않느냐는 것이다.

이 질문도 외계인에게 직접 들어야 정확한 답을 얻을 수 있겠
지만 지금은 그렇게 할 수 없으니 추정해보는 수밖에 없다. 내가
생각하기에 외계인들이 인간들 앞에 나타나지 않는 가장 큰 이유
는 앞에서 말한 것처럼 인류가 아직 그들을 만날 준비가 되어 있지
않기 때문인 것 같다. 어떻게 준비가 안 되었다는 것일까? 인류는
외계인이 너무 생소해 그들을 보면 백이면 백 엄청난 공포를 느낀
다고 한다. 이것은 여러 가지 정황으로 예측할 수 있다. 그 대표적
인 예가 한참 앞에서 인용한 휘틀리 스트리버의 외계인 조우 사건
이다.

스트리버는 UFO 연구 분야에서는 정상을 달리는 사람이다. 그
런 그도 외계인을 직접 만나자 화들짝 놀라고 말았다고 했다. 잠깐
다시 상기해보면, 그는 UFO가 자주 출현하는 '핫스팟'으로 불리는

뉴욕주의 허드슨 벨리에 작은 집을 샀는데 거기서 1985년 12월 어느 날 밤 스몰 그레이를 만나는 체험을 한다. 그때 그는 너무나 놀란 나머지 소리를 질렀는데 그것을 본 외계인이 '당신이 소리치는 것을 그만두게 하려면 우리가 무엇을 하면 되겠나'라고 전했다고 했다. 이 체험이 사실이라면 시사하는 바가 크다. UFO 현상에 대해 개방적인 스트리버조차도 외계인을 직접 목격하면 저렇게 놀라는데 UFO에 대해 아무 지식이 없는 사람들이 외계인을 만난다면 어떻겠는가? 이것은 안 보아도 '비디오'다. 말할 수 없이 큰 경악에 빠질 것이기 때문이다. 사람들이 이런 반응을 보이니 외계인들은 인간들 앞에 나서고 싶어도 그럴 수 없는 것 아닐까 한다.

비슷한 일은 에이리얼 초등학교에서도 일어났다. 착륙한 UFO에서 외계인이 나오자 아이들은 그야말로 엄청난 패닉에 빠지지 않았는가? 그리고 그때 아이들은 외계인들의 눈에서 엄청난 공포를 느꼈다고 했다. 어떤 아이는 그 눈이 사악하다고까지 했으니 그 힘이 얼마나 강렬한지 알 수 있다.

휘틀리 스트리버와 그의 책

그런데 이 같은 일이 UFO 피랍자들에게서도 발견된다.[70] 이들은 자신의 침실에서, 혹은 UFO 내부에서 외계인들의 눈을 바라보면 알 수 없는 힘에 압도되고 사지가 마비되어 꼼짝도 못 했다고 증언하고 있다. 물론 이 체험에는 이처럼 부정적인 사례만 있는 것은 아니다. 어떤 피랍자는 그 체험 속에서 영적인 것을 느끼고 진화되는 느낌을 받았다는 경우도 있었다. 그러나 사람들은 대부분의 경우 외계인을 처음 만났을 때 큰 충격을 받는 것 같았다. 이런 시각에서 보면 스필버그 감독의 영화 『E.T.』는 번지수를 잘못 짚었다고 할 수 있다. 아무리 선입견이 없는 아이들일지라도 외계인은 인간에게는 너무나 생소하고 이질적이라 호의적인 태도를 보이는 일이 쉽지 않을 테니 말이다.

우리 인간은 자신의 인식 구조에 들어 있지 않은 대상을 만나면 당황해하고 큰 공포와 함께 충격에 빠지는 법이다. 그리고 그 자리에서 가능한 한 빨리 탈출하고 싶어 한다. 좋은 예가 될지 모르겠지만 우리가 한밤중에 귀신으로 간주되는 존재를 만났다고 상상해보자. 우리가 귀신을 무서워하는 이유는 그것이 우리의 인식 구조 안에 들어와 있지 않아 정체를 파악할 수 없기 때문이다. 사태가 파악되지 않을 때 우리는 두려움과 전율을 느낀다. 이럴 때 우리는 이 무서움을 극복하고자 소리를 지르고 발광을 한다. 그런데 인류 대부분은 UFO나 외계인에 대해 거의 정보를 가지고 있지 않다고 했다. 우리 인류는 외계인들이 너무 생소해 그들을 어떻게

---

70 Mack, 앞의 책, pp. 80~81.

이해해야 할지 또 그들을 만났을 때 무엇을 해야 할지 등등에 대해 준비된 것이 하나도 없다.

나도 UFO에 관한 책을 많이 읽고 책도 펴냈지만 외계인이 정말 나타난다면 나 역시 공황에 빠질 것 같다. 아무리 책에서 외계인에 대한 설명을 많이 접했어도 실제로 만나면 그것은 완전히 다른 이야기가 될 것이다. 게다가 이들은 주로 아주 어두운 밤에 나타나니 공포감이 더 클 것이 틀림없다. 이런 사정을 외계인들이 모를 리가 없다. 그러니 그들은 인간들 앞에 나타나지 않는 것이리라. 아니, 나타나고 싶어도 나타날 수 없을 것이다.

외계인들이 인간계에 잘 나타나지 않는 그다음 이유는 추정컨대 차원의 문제가 아닐까 한다. 인간이 속한 물질적인 차원과 외계인이 속한 초(para)물질적인 차원이 너무 다르기 때문에 교통하기가 어렵다. 이것을 에너지의 진동수로 비교해보면, 인간이 사는 세계는 물질계이기 때문에 진동수가 매우 느리다. 반면 외계인이 속한 세계는 물질을 초월한 세계이기 때문에 진동수가 인간계의 그것보다 훨씬 빠르다. 따라서 외계인이 인간이 사는 물질계에 나타나려면 그들의 진동수를 인간계의 그것에 근접하게 대폭 내려야 한다. 그런데 이 일이 쉬운 것이 아니기 때문에 이들이 인간계에 자주 출몰하지 못하는 것 같다.

이것을 전압기를 가지고 비유해보자. 우리 인간이 천 볼트의 전류가 흐르는 전압기라고 가정하고 만일 여기에 만 볼트가 흐르는 외계인의 전류가 연결되면 어떤 일이 벌어질까? 외계인은 에너지의 진동수가 인간의 그것보다 월등하게 높기 때문에 이렇게 상상해본 것이다. 이 경우 결과는 뻔하다. 전압기는 만 볼트를 견디지 못하고 터져버릴 것이다. 이런 사정을 안다면 인간에게 가까이 오고 싶은 외계인은 자신의 진동수를 낮추어야 하는데 이 작업이 불가능한 것은 아니지만 상당히 어려운 일이라고 했다. 그러니 외계인들은 꼭 필요한 때가 아니면 인간계에 나타나는 일을 자제하는 것이 아닐까 한다. 외계인에 관련된 일은 확실한 답을 얻지 못하는 경우가 다반사라 이번에도 추정에만 그치니 답답한 심정이다.

외계인에 관한 기본적인 궁금증은 지금까지의 설명으로 얼마간은 풀렸을 것으로 믿는다. 물론 캘수록 의문 사항이 외려 더 많아졌지만 말이다. 이제 이 마지막 장을 닫으려 하는데 우리가 다루지 못한 주제가 있어 아무래도 그것까지 간략하게나마 다루고 우리의 여정을 마무리하면 좋겠다. 사실 이 주제는 또 다른 초대형 주제라 단행본 이상의 연구서가 필요하기에 여기서는 소개 정도만 하고 답을 구해볼 것이다. 그것은 다름 아닌 중간, 중간에 나왔던 UFO 피랍설이다.

Q) 외계인은 인간을 정말로 납치하는가?

A) 황당한 이야기지만 그럴 수도 있다.

인간의 UFO 피랍설은 UFO 관련 주제 가운데 가장 황당한 이야기라고 할 수 있다. UFO에 대해 잘 모르는 사람이 UFO에 관한 이야기들을 접하면 대부분 황당해하는데 이 주제는 그 황당의 도가 한계를 넘어선 느낌이다. 세간에는 UFO가 하늘에 떠다니는 것조차 받아들이지 못하는 사람이 많은데 외계인이 인간을 납치해 우주선으로 데려갔다는 이야기는 너무 나간 이야기일 것이다. 이 이야기는 공상과학 소설이나 영화에 나와도 현실성이 없다고 사람들이 손사래를 치면서 곧바로 외면할 것 같다.

그도 그럴 것이 이 이야기는 그야말로 황당무계의 원단이기 때문이다. 앞에서 잠깐씩 나왔던 내용을 다시 보면, 피랍자는 침실에서 자고 있거나, 밤중에 한적한 길을 운전하면서 가고 있는데 갑자기 말할 수 없이 환한 빛을 만난다. 침실에서 납치되는 경우는 더 황당하니 그것을 보자. 왜냐하면 외계 존재들, 즉 스몰 그레이들이 창이나 벽을 투과해 방 안으로 들어온다고 하니 말이다. 피랍자도 이들에 이끌려 창이나 벽을 투과해 공중에 뜬 채로 UFO 안으로 들어간다. 그다음에 정신 차리고 보면 웬 탁자 같은 데에 누워 있는 자신을 발견하는데 여기서 예의 생체 실험이 진행된다. 바늘 같은 것으로 몸의 여기저기를 찌르는데 이들이 많이 하는 일은 인간으로부터 정자나 난자를 빼내는 일이다. 이것은 외계인과 인간을 섞어서 '하이브리드'라는 혼혈종을 만들기 위해 하는 일이라고 한다. 사실 이보다 더 복잡하고 다양하게 진행되지만 자세한 것은 너무 번거로우니 생략하기로 한다. 그렇게 실험을 당하다가 다시 눈을 떠보면 침대로 돌아와 있는 자신을 발견한다. 그리고 다음날을 맞이하는데 악몽을 꾼 것 같다는 느낌만 있을 뿐 전날 밤의 기억은 전혀 나지 않는다.

이상이 아주 간단하게 본 인간의 UFO 피랍설의 내용인데 이 이야기는 어디 한 군데 정상적인 구석이 보이지 않는다. 그래서 그런지 이 이야기는 사람들이 UFO를 미성숙한 사람들이나 좋아하는 치기 어린 이야기 혹은 황당한 일로 여기는 데에 결정적인 역할을 한다.

나도 UFO를 공부하던 초기에는 이 인간 피랍설을 가능하면 언급하지 않으려 했다. 그런데 이 이야기를 완전히 내쳐 버릴 수는 없었다. 이유는 간단하다. 이 체험을 한 사람이 수백 수천 명이 되는데 그들이 증언하는 바가 큰 얼개는 동일했기 때문이다. 외계인에 의해 납치되고 우주선에서 생체 실험당하고 돌아와서 다 잊어버리는 식의 큰 얼개는 피랍자 대부분에게서 공통으로 발견되는 내용이었다. 그런데 피랍자들은 이 체험을 하기 전에는 대부분 이 분야에 대해 지식이 전혀 없던 사람들이었다. 그런데도 그들의 입에서 나오는 이야기가 비슷하니 놀라지 않을 수 없었다. 지금까지 연구된 것을 보면 피랍자들은 인종이나 국적을 불문하고 같은 내용을 토해냈으며 그들은 서로 완전하게 모르는 사이라 정보를 교환할 수 있는 처지도 아니었다. 따라서 이렇게 많은 사람이 비슷한 증언을 하고 있다면 그 증언이 모두 허구일 수는 없지 않겠는가 하는 생각을 하게 되었다.

그런 결론에 도달하긴 했지만 이 이야기에는 기상천외한 내용이 많은 관계로 관련 책들을 구해 탐독하고 있는 지금도 나는 여전히 반신반의하는 어정쩡한 태도를 유지하고 있다. 예를 들어 어떤 피랍자는 UFO 안에 있는 어떤 방에서 인간과 외계인 사이에 생긴 혼종 아기 수십 명이 인큐베이터 같은 것 안에 있는 것을 목격했다고 증언하는데 이 황당한 이야기를 어떻게 믿을 수 있겠는가? 믿지 못할 이야기는 더 있다. 로저 레이어(Roger Leir) 박사 같은 사람이 주장하는 것이 그렇다. 그는 외계인들이 인간을 납치해 그 몸속에 칩 같은 것을 박아 놓고 그것을 통해 인간을 '모니터링'을 한다고 주장한다. 그는 여기서 그치지 않고 그 칩을 수술로 제거해주는 일도 했다. 그는 그 전 과정을 『The Aliens and the Scalpel(외계인과 매스)』이라는 저서에서 상세히 밝히고 있는데 이 책은 이 방면에서 상당히 인정받고 있다. 여기서 그는 외계인 납치는 기정사실이고 칩의 장착도 진실이라는 것을 매우 과학적으로 주장하고 있다. 이런 사람들의 진지한 연구 태도를 보면 이 사건이 실제로 일어난 것 아닌가 하는 생각이 들기도 한다.

내가 이 피랍 문제에 대해 여전히 판단을 유보하고 있는 또 하나의 이유는 아직 이 주제에 대해 심도 있게 연구해보지 않았기 때문이다. 앞에서 말했듯이 이 주제에 대해서는 지금까지 상당히 많은 연구가 이루어졌다. 이 경우에도 물론 미국에서 가장 많은 연구가 이루어졌는데 존 맥이나 데이비드 제이컵스, 버드 홉킨스, 휘틀리 스트리버 등이 대표적인 학자라 하겠다. 이 중에서도 앞에서 인용한 맥 교수의 책(1994)이나 그의 『Passport to Cosmos(우주로 가는 여권)』(1999), 데이비드 제이컵스의 『Secret Life(비밀스러운 삶)』(1993), 그리고 버드 홉킨스의 『Intruders(침입자들)』(1987)와 스트리버의 책(1987) 등이 대표적인 연구서인데 이외에도 많은 연구서가 있다. 차차 이런 책들을 토대로 피랍 주제를 폭넓게 검토해야 할 것이다. 인간의 UFO 피랍설과 같은 거대한 주제를 다루려면 연구할 거리가 많아 내가 이 주제를 심도 있게 거론하려면 앞으로 많은 시간이 필요할 것이다.

책을 마치며

– 외계인과 같이 사는 최초의 시대를 맞이하여 –

마침내 마칠 때가 됐다. 여기까지 오니 UFO와 외계인의 정체를 탐구하는 기본적인 작업이 끝난 느낌이다. 이 주제와 관계해서 연구해야 할 과제가 무궁무진한데 그보다 더 중요한 주제가 있어 그것을 전하는 것으로 마치는 글을 열고 싶다.

이 책에서 제시한 것을 따라오다 보면 독자들은 중요한 사실을 깨닫게 될 것이다. 우리 인류는 현재 역사상 가장 중요한 시기를 맞이하고 있다는 게 그것이다. 지금 인류는 과거에 겪었던 여러 변화와는 차원이 다른 중차대한 전환점에 서 있다. 그것은 서문에서 말한 것처럼 인류가 UFO와 외계인의 존재를 공식적으로 인정함으로써 새로운 시기를 맞이하게 됐기 때문이다. 인류는 역사상 최초로 외계인과 같이 사는, 그리고 같이 살아야 하는 시대에 돌입한 것이다.

물론 우리는 아직도 외계인들이 누구이고 어디서 오는지, 어떤 사회에 살고 있는지, 과학 기술적으로 어떤 문명을 갖고 있는지 등등에 대해 아는 바가 거의 없다. 온갖 추정만 난무할 뿐이다. 그러나 확실한 것은 UFO와 외계인은 존재하고 인간보다 훨씬 고등한 과학 기술을 소유하고 있다는 사실이다. 이것은 UFO에 대해 조금이라도 알고 있는 사람이라면 인정할 수밖에 없는 사안이다. 이것은 이제 인간은 인간보다 월등한 존재들과 더불어 살고 있다는 것을 깨달아야 한다는 것을 의미한다. 앞에서는 인류가 외계인과 같이 사는 시대가 도래했다고 했는데 이제는 한 걸음 더 나아가 역사상 최초로 인간보다 뛰어난 존재와 같이 살아야 한다는 사실을 인정해야 한다는 것이다.

이전에는 우리가 지닌 정보와 능력이 부족한 탓에 이 지구에는 지성이 있는 존재로서 인간만이 있을 것으로 생각했다. 그런데 금세기에 들어와 외계인의 존재를 확신하면서 이제 이런 세계관에서 벗어날 때가 되었다. 즉 인간중심의 세계관에서 벗어나 인간보다 차원이 높은 문명을 가진 외계인이 있다는 것을 염두에 두고 우주 안에서 인간이 차지하는 위치를 재정립해야 한다는 것이다. 그런데 이 과업은 이른 시일 안에 이룰 수 있는 것이 아니다. 아직 인간들의 준비가 덜 되어 있기 때문이다.

이 같은 철학적인 작업은 천천히 진행해도 된다. 그러나 지금 당장 시급한 문제가 있다. 그냥 급한 것이 아니라 응급의 처지에 있는 문제가 있다. 이것은 충분히 예상할 수 있는 것 같이 지구 온난화로 대표되는 생태계 위기 문제다. 이 문제에 대해서는 내가 이전 책(2015)에서 상세하게 다루었다.

인류가 지금 처한 상황을 가장 잘 표현한 말은 원불교를 세운 소태산이 남긴 가르침이 아닐까 한다. 그는 어리석은 사람을 비유하면서 그들은 장마 뒤에 새로 생긴 물웅덩이 안에 사는 올챙이와 같다고 했다. 이 올챙이들은 웅덩이의 물이 마르면 모두 죽음을 맞이할 텐데 그에 대해 준비하지 않고 살고 있으니 어리석다는 것이다. 내가 보기에 지금 인류가 바로 이런 상황에 처해 있다. 인류는 앞으로 지구가 더 뜨거워지면 물이 말라 죽을 수밖에 없는 올챙이처럼 지구에서 사는 일이 어려워질 것이기 때문이다. 이것은 수십 년 내로 도래할 재앙인데 아직도 인류는 근본적인 대책을 세우지 못하고 우왕좌왕하고 있다.

이를 두고 안토니오 구테흐스 유엔 사무총장은 아주 적확한 진단을 내렸다. 그는 '세계는 지금 집단 자살로 향하는 급행열차를 타고 있다'라고 포효했다. 전 인류가 같이 파국으로 치닫고 있다는 것이다. 나는 이 표현도 약하다고 본다. 그래서 이 말에 덧붙이고 싶은 게 있다. 이 급행열차는 그냥 빠르게 가는 열차가 아니라 앞으로 속도가 더 빨라질 뿐만 아니라 멈출 수도 없는 열차라고 말이다. 이 열차는 다른 열차처럼 속도를 늦추거나 역마다 정차해 쉬면서 숨을 고를 수 있는 그런 열차가 아니다. 좌고우면하지 않고 끝이 어딘지 모르고 달리기만 하는 그런 열차이다. 좋은 예가 있다. 만화로 시작했지만 영화로도 나왔던 『설국 열차』(2013)가 그것이다. 기상 이변으로 뜻하지 않게 빙하기를 맞이한 인류가 마지막 피난처로 열차를 만들어 그것을 타고 쉬지 않고 달리는 그 모습이 지금 인류가 처한 상황을 적나라하게 표현하고 있는 것 같기만 하다. 그러면 이런 열차를 타고 달리고 있는 우리는 도대체 무엇을 어떻게 해야 할까?

개인적인 생각에 불과할 수 있지만 나는 인류가 이번 위기를 혼자 힘으로 극복할 수 있을 것 같지 않다. 와도 너무 왔기 때문이다. 이 위기는 지구의 탄소 소비량을 현격히 줄여야 극복할 수 있는데 인류 사회의 모든 체제가 이런 일이 가능하게 짜여 있지 않다. 인류의 정치 체제나 경제 체제, 산업 체제 등이 인류가 이 문제를 극복하는 일을 불가능하게 만들었다. 인류는 스스로 만든 함정에 빠져 그곳에서 헤어나지 못하는 것이다. 혹자는 과학의 힘을 빌려 이 위기를 극복할 수 있다고 주장하는데 그런 노력이 파국의 시간을 조금 뒤로 미룰 수는 있어도 근본적인 해결을 가져올 수는 없다. 이 때문에 허다한 외계인들이 여러 방법을 통해 그동안 인류에게 경고한 것이리라. 이에 대해서는 본문에서 충분히 설명했다.

그래서 다소 엉뚱하지만 외계인이라면 이 인류의 위기를 극복할 수 있는 방안을 갖고 있는 것 아닐까 하는 발상을 해본다. 그들이 여러 경로를 통해 우리에게 이 위기를 경고한 것은 그들 나름의 해결책도 갖고 있기 때문이 아닐까 하는 억측을 해보는 것이다. 이

것이 황당한 억측이라고 할 수도 있지만 지금은 그런 것을 따질 여유가 없다. 인류가 이번 위기를 타개해 나아가려면 무슨 일이든 해야 하기 때문이다. 그런데 본문에서 인용한 테드 오웬스에 따르면 그가 접촉하는 외계인들은 인간이 준비되면 언제든지 도울 준비가 되어 있다고 했다. 이 말이 사실이라면 그들이 우리를 돕지 못하는 것은 그들의 문제가 아니라 준비가 안 된 우리 인간의 문제가 된다.

그러면 우리 인류는 어떤 준비를 해야 그들로부터 도움을 받을 수 있을까? 이 점에 대해서 오웬스는 본문에서도 인용한 책, 즉 『How to Contact the Space People』(2012)에서 그 방법에 대해 적고 있다. 역시 본문에서 만났던 미쉬로브도 자신의 책 『The PK Man』(2000)에서 우리가 어떤 식의 수행을 해야 외계인을 만날 수 있는 체질로 바꿀 수 있는지에 대해 구체적으로 논하고 있다. 이들이 주장한 것은 내용이 장대하기 때문에 따로 단행본을 써야 할 정도다. 이 작업은 후일로 미루기로 하는데 이런 사람들의 주장이 사실인지 아닌지 판단이 서지 않지만 적어도 인간이 원천적으로 바뀌어야 한다는 것은 확실하다. 동시에 이 일을 수행하는 데에 외계인들의 도움이 절실하다는 생각이 강하게 든다. 만일 이 생각에 동의한다면 그 구체적인 방법에 대해 함께 숙고해야겠다는 것으로 결론을 대신해야겠다.

에필로그

　먼 길을 왔다. 또 말도 많이 뱉어냈다. 아직 공부가 부족하지만 그동안 공부했던 것을 원 없이 풀어냈다. 그런데 또 할 말이 남는다. 그만큼 이 UFO라는 주제는 광활하기 짝이 없다. 또 이 공부를 하면서 생각이 자꾸 바뀌니 하고 싶은 말이 더 생기는 것이다.

　이 책을 쓰기 전에 나는 이 많은 UFO 관련 사건이 이렇게 정리될 줄 몰랐다. 그동안 나는 책으로든, 영상으로든 숱하게 UFO 목격 사건을 접했는데 사건들이 너무 다양해 종잡을 수 없었다. 그러나 읽다 보면 질서가 잡히는 법. 언제인가부터 무의식적으로 이 책에 수록된 사건들이 무작위로 떠올랐고 조금 손질을 하니 지금처럼 7가지 부류의 사건으로 정리가 되었다. 본문을 읽어 본 독자들은 잘 알겠지만 이 7가지 사건은 인류에게 일어난 UFO 사건 가운데 가장 대표적인 사건이라고 할 수 있다. 그리고 사건마다 개성이 뚜렷해서 이 사건들만 잘 숙지한다면 UFO라는 격외적(格外的)이고 요해(了解)하기 힘든 주제를 어느 정도 이해할 수 있으리라 믿는다. 이렇게 보니 이 책은 UFO에 대한 개론서 역할도 할 수 있을 것이라는 생각이 든다.

　이 책의 원고를 점진적으로 완성해가면서 혹시나 이 책과 비슷한 콘셉트를 가진 책이 있는지 궁금해졌다. 그래서 UFO와 관련된 국내외의 책을 광범위하게 다시 찾아보았다. 그런데 국내외라고 했지만 국내의 연구는 일천해 그다지 참고할 만한 책이 없었다. 따라서 나는 영어로 쓰인 책을 위주로 찾아보았는데 여기서도 나처럼 인류가 체험한 UFO 조우 사건을 7가지 사건으로 정리한 책은 발견할 수 없었다. 물론 관련서를 다 검토한 것은 아니다. 사정이 그럴 수밖에 없는 것이 국내에는 관련 서적들이 턱없이 부족하기 때문이다. 그럼에도 불구하고 UFO 연구사에서 주목받는 책들은 어느 정도 보았다. 이런 책 가운데에 국내에 없는 책은 아마존 같은 사이트에 들어가 부분적인 내용이나 목차를 통해 대강의 내용을 파악해보았다. 이렇게 나름대로 뒤져 봤는데 이 책에서 제시한 콘셉트에 따라 쓰인 책은 좀처럼 발견할 수 없었다.

　그런 의미에서 이 책이 세계 유일의 책이 되지 않을까 싶은데 내가 이렇게 자신과 자만이 섞인 태도로 말하는 데에는 나름의 이유가 있다. 그것은 무엇보다도 내가 이번 책에 '트리니티 UFO 사건'을 포함했기 때문이다. 본문에서 누누이 강조했지만 이 사건은 다른 어떤 UFO 사건보다 위대한 사건인데 대중에게 알려진 것은 극히 최근의 일이라고 했다. UFO학의 대가인 자크 발레와 이탈리아 출신의 여기자 파올라 해리스가 2021년에 『트리니티』라는 책을 같이 써서 공표했으니 말이다. 그 때문에 이 사건은 미국을 위시해서 전 세계적으로도 그다지 잘 알려지지 않은 상태로 있다. 그래서 UFO 연구가들은 자신의 책에서 이 사건을 심도 있게 다룰 수 없었을 것이다. 내가 보기에 이 사건은 UFO 전 역사에서 탑 (Top) 3에 들어갈 만한 어마어마한 사건이다. 그런 사건을 내가 이번 책에서 심도 있게 다루고 있으니 내 책이 세계적으로도 보기 드문 책이 되지 않을까 하는 생각이 드는 것이다. 이 사건 외에도 소코로 UFO 사건도 대단히 뛰어난 사건인데 국내에 이 사건을 파헤친 책이 없는 것은 당연하지만 미국에서도 수준 있는 연구는 잘 발견되지 않는다. 또 사례의 비중 면에서 트리니티 사건에 필적하는 짐바브웨 UFO 사건도 내 책처럼 상세하게 다룬 연구서도 내 눈에는 잘 보이지 않는다. 그래서 이런 '어마무시'한 UFO 사건을 한데 묶어 펴낸 책은 내 책밖에 없는 것 아닌가 하는 어림짐작을 해보는 것이다.

*　　　*　　　*

"저는 당연히 외계인이 있다고 생각해요. 이 광활한 우주에 인간과 다른 존재가 살고 있는 행성이 있는 것은 당연한 것 아닌가요? 이 넓은 우주에 인간만이 존재한다는 것은 공간의 낭비 아닌가요?"

이것은 UFO 현상에 대해 관심이 있는 사람들이 흔히 하는 말이다. 이 가운데 특히 마지막 문장은 저명한 천문학자인 칼 세이건

이 말한 '이 드넓은 우주에 지적 생명체가 인간뿐이라면 이는 엄청난 공간의 낭비일 것'이라는 문구를 흉내 내서 한 것 같다. 물론 UFO 이야기를 꺼내면 질색하는 사람이 훨씬 더 많지만 UFO 현상에 그나마 호의적인 사람들은 선심 쓰는 것처럼, 혹은 자신이 진취적인 사람이라는 것을 보여주려는 듯 위와 같은 태도를 취하는 경우가 있다. 그러나 위의 견해는 매우 피상적이라고 할 수 있다. 단도직입적으로 말해 이 견해를 가진 사람은 UFO 현상을 그저 물리적인 차원에서만 이해한 것이라고 할 수 있다. 나는 UFO 현상을 공부하면 공부할수록 그 현상이 그렇게 단순한 것이 아니라는 것을 절감했다. 문제는 UFO 현상이 단순한 게 아니라는 것은 알겠는데 '그럼 UFO 현상이 대관절 무엇이냐?' 하고 물으면 대답할 말이 그다지 떠오르지 않는다는 것이다. 공부할수록 더 묘연(妙然)해지기 때문이다.

나는 대학을 은퇴하고(2021년) 학교 재직 시절에는 할 수 없었던 UFO 공부를 본격적으로 시작했다. 재직 시절에는 내가 속해 있던 학과가 한국학과이었던지라 아무래도 한국 문화에 집중해서 연구했기 때문에 내 전공인 종교학과 그 인근 주제는 심도 있게 파헤치지 못했다. 그러다 은퇴하고 UFO 공부에 매진해보니 곧 이 주제가 내가 정말로 연구하고 싶은 분야였다는 것을 아는 데에 그리 많은 시간이 걸리지 않았다. 이 책의 원고를 쓸 때 원고를 쓰는 시간 외에 보는 책이라고는 UFO 관계서가 전부였다. 그동안 보지 못했던 책을 원 없이 읽기 시작한 것이다. 그런데 이 책들은 글자도 작고 영어로 된 책이라 진도가 빨리 나가지 않았다. 그러나 내용이 재미있으니 빨려 들어가지 않을 수 없었다. 이렇게 되면서 나는 오로지 UFO 현상에 빠져들어 갔다.

　UFO 현상을 이전과 달리 들이 파 보니 조금 전에 말한 것처럼 UFO 현상이 '무지막지'하게 거대한 주제라는 것을 절감할 수 있었다. 사람들은 UFO 현상을 그저 UFO가 공중에 나타나고 사라지는 정도로 생각하기 쉬운데 실상은 그게 아니었다. UFO가 나타나고 사라지는 것은 UFO를 물리적인 차원에서 이해하는 것이다. 이처럼 UFO 현상을 물리적 차원에서 이해하는 것은 당연하다. UFO는 분명 물질로 이루어졌기 때문이다. 그런데 UFO 현상이 그렇게 간단하지 않았다. 여기에 물리적 차원을 넘어서는 초(para)물리적인 차원이 들어가기 때문이다.

　초물리적인 차원은 UFO들의 운항 양태가 물리적 법칙을 넘어서기 때문에 포함된 것이다. 그렇지 않은가? UFO들은 믿을 수 없는 속도를 내는가 하면 혹은 예각으로 갑자기 꺾는 비행을 하고 또 지그재그로 움직이는 등 물리적인 법칙으로는 설명되지 않는 움직임을 보인다. 이 점은 본문에서 상세하게 설명했다. 그래서 초물리적이라고 표현한 것인데 이 초물리적 차원은 또 다차원(multi-dimensional) 혹은 간차원(inter-dimensional)으로 연결된다. 나는 본문에서 UFO들이 갑자기 나타났다가 사라지는 것은 이들이 차원을 넘나들기 때문에 가능한 일일 것이라고 주장했다. 그러니까 이들은 여러 차원 사이를 마음대로 나다닌다는 것인데 이것을 통해 그들은 차원 사이(간차원)를 마음대로 횡행할 수 있는 다차원적인 존재인 것으로 이해된다.

UFO 현상의 불가사의함은 여기서 끝나지 않는다. UFO 현상은 물리적 혹은 초물리적 현상에 그치지 않고 여기에 정신 혹은 의식적 차원이 개입되기 때문이다. UFO를 조종하고 있는 외계 존재들은 분명히 인간처럼 의식 혹은 지성을 가진 존재로 보인다. 그런데 이 존재들은 단지 의식을 가진 것에 그치지 않고 초(para)의식적인 능력을 가진 것 같다. 이것은 외계 존재들을 만났다고 주장하는 사람들이 이구동성으로 주장하는 이야기이다. 그러한 사례를 이 책에서 골라본다면 짐바브웨에 나타난 외계 존재를 직접 만난 아이들을 들 수 있다. 이 아이들이 외계 존재들에 의해 정신적으로 압도당한 것이 그러한 모습을 보여준다.

그뿐만 아니라 외계 존재들에 의해 납치되어 UFO 안에서 외계 존재들을 만났다고 주장하는 피랍자들도 같은 사정을 토로하고 있다. 이번 책에서 피랍 현상은 다루지 않았지만 피랍자들의 증언은 참고할 만한 것이 있다. 그들은 외계 존재들과 소통한 체험을 통해 그 존재들이 인간의 의식을 넘어서는 초의식적인 속성을 갖고 있다고 증언하고 있다. 일부 피랍자들에 따르면 외계 존재들은 영적으로 인간과는 비교도 할 수 없을 정도로 뛰어난 존재라고 한다. 피랍자들이 이렇게 느끼는 이유는, 그들이 외계 존재들에 의해 심리적으로, 또 영적으로 완전히 압도되는 체험을 하기 때문이다.

이 주제는 앞에서 말한 것처럼 하버드 대학에 재직했던 존 맥 교수가 심층적으로 연구했는데 그 내용이 광활하고 깊어 다른 단행본을 써서 심도 있게 다루어야 할 것이다.

위에서 본 주장들은 모두 UFO 현상이란, 기존의 사고방식, 즉 물질(matter)과 정신(mind)을 엄격하게 구분하는 이분법적인 시각으로는 이해할 수 없다는 것을 절실히 깨닫게 해준다. 게다가 여기에 초의식적인, 혹은 영적인 차원까지 개입되면 UFO 현상의 깊이는 현재 인간이 지니고 있는 '상식적인' 패러다임으로는 이해불가능한 것이 된다.

나는 UFO 현상을 연구하면서 우리가 그동안 인간과 자연, 우주에 가졌던 가장 근원적인 의문들이 모두 이 안에 있다는 강렬한 느낌을 갖게 되었다. 근원적인 질문이란 '물질이란 무엇인가?', '정신(의식)이란 무엇인가?', '인간이란 무엇인가?' 등등과 같은 가장 기초적인 의문을 말하는데 이런 것들이 UFO 현상 안에 이전과는 다른 형태로 응축되어 있다는 사실을 알게 된 것이다. 그런 점에서 UFO 연구는 앞으로 인류가 자신을 연구하는 데에 대단히 중요한 시사점을 제공할 것이라고 믿는다. 이 같은 주장을 받아들인다면 지금 인류는 그들의 역사에서 커다란 전환점에 서 있다는 것을 알 수 있다. 인간에 대한 기존의 시각, 즉 전통적인 인간관을 전폭적으로 혁신해야 하기 때문이다.

어떻게 혁신해야 할까? 인류는 그동안 이 우주에 지성(intelligence)을 지닌 존재는 인류뿐이라는 생각을 갖고 있었다. 그런데 이 같은 인간중심의 세계관이 심각하게 도전받게 되었다. 지금까지 인류는 자신이 생명 진화의 정점에 있다고 믿어 그 이상의 존재를 인정하지 않았다. 그런데 21세기를 맞이해 여러 면에서 인간과는 비교도 안 되는 진화를 성취한 외계인의 존재를 인정할 수밖에 없게 되니 종래의 인간관을 수정하지 않으면 안 되는 것이다. 인간의 존재론(ontology)이 송두리째 뒤바뀌어야 하는 엄청난 전환점에 선 것이다. 사정이 이러하니 이제 인류는 대우주의 생명 진화 단계 혹은 사슬에서 인간이 어떤 위치에 처하게 되는가에 대해 다시 성찰해야 한다.

UFO 연구는 바로 이런 새롭고도 엄청난 변화를 도출하는 계기가 될 수 있다는 의미에서 대단히 중요한 분야라고 할 수 있다. 즉 UFO 연구 혹은 UFO학(Ufology)은 인류 연구의 중차대한 전환점을 가져오는 지극히 중요한 연구라는 것이다. 그런데 본문에서 자주 밝혔지만 우리는 UFO 그리고 외계인에 대해 아는 것보다는 알지 못하는 것이 훨씬 더 많다. 앞에서 주장한 것처럼 우리는 그들이 존재하고 인류보다 비교할 수 없을 정도로 고도로 진화된 문명을 갖고 있다는 것만 알 뿐 그 이상에 대해서는 추측만 할 뿐 정확하게 아는 것은 하나도 없다. UFO 연구에 관한 한 인류는 이제 걸음마를 띤 것이라 할 수 있다.

*   *   *

나는 이 책을 쓰던 즈음에 꿈이 늘 그렇듯 매우 상징적인 꿈을 꾸었다. 그런데 꿈을 꾸었던 당시는 그 꿈이 무엇을 의미하는지 잘 몰랐다. 그러나 이 책을 쓰고 나니 그 의미가 선연(鮮然)하게 들어왔다. 표면적으로 꿈의 내용은 이런 것이었다. 꿈에 나는 미국 필라델피아 근처에 사는 처형댁에 있었다. 나는 미국에 유학할 당시 필라델피아에 있는 템플대학교에서 박사과정을 밟았기 때문에 그 집을 종종 방문했다. 꿈에 또 그 집에 간 것인데 그때 누군가가 그 집 너머에 '그랜드 캐니언' 계곡이 있다고 했다. 이것은 말도 안 되는 것이지만 꿈이라 그런지 아무 의심도 들지 않았다. 필라델피아는 미국 동부 해안에 있는 도시이고 그랜드 캐니언은 서부의 애리조나주에 있는 것이니 처형댁 뒤에 이 계곡이 있다는 것은 말이 되지 않는다. 그런데도 꿈에서는 그 말이 사실인 것처럼 들렸다. 사실 꿈이라는 것은 상징적인 의미만 건지면 되지 논리적인 틀을 가지고 따지면 안 된다.

내가 이 꿈을 이런 세팅으로 시작한 데에는 의미가 있는지라 그 의미만 생각하면 된다. 미국에 있는 처형댁 뒤에 그랜드 캐니언이 있다는, 실제의 세계에서는 있을 수 없는 일의 상징적인 의미를 캐내야 할 필요가 있다. 일단 처형댁 뒤에 그랜드 캐니언이 있다는 것은 그 집 뒤에 어마어마한 세계가 있다는 것을 의미한다. 그런데 이 세계가 UFO와 관계된다. 그 이유는 이렇다. 나는 십수 년 전에 주제넘게 창작 활동을 하겠다고 『왜』라는 제목의 소설을 쓴 적이 있다. 그때 나는 이 소설의 뒷부분을 UFO를 주제로 풀어나갔다. 서술의 시작은 내가 살던 집 뒤에 UFO가 착륙하는 것으로 잡았다. 그리고 나는 이 UFO에서 나온 외계인을 만나 대화를 풀어나갔다. 이번 꿈에서 내 무의식은 이 장면을 모티프로 끄집어낸 것 같았다. 그러니까 내 꿈은 UFO가 처형댁 뒤에 착륙했고 그 너머에는 그랜드 캐니언이라는 엄청난 세계가 있는 것으로 해독될 수 있다.

여기서 생각해야 할 것은 이 꿈에서는 왜 미국에 있는 처형댁을 무대로 삼았을까 하는 것이다. 이것은 아마 내가 UFO를 연구하면서 그와 관계된 모든 정보를 미국으로부터 얻었기 때문일 것이다. 내가 이 책을 쓰기 위해 읽었던 책과 시청했던 영상은 대부분 미국에서 만들어진 것이라 그렇게 말할 수 있다. 그래서 꿈이지만 내 무의식은 UFO가 있다면 미국에 착륙해야 한다는 설정을 한 것 같다.

어떻든 처형댁 뒤에 그랜드 캐니언이 있다는 이야기를 듣고 나는 그 집 뒤로 갔는데 거기에는 약간의 비탈길이 있었다(이 길이 비탈길로 나온 것도 의미가 있는데 이에 대한 설명은 번거로우니 넘어가자). 비탈길 내려가기가 쉬운 일이 아니었는데 위에서 보니 앞에 아름다운 섬 두 개가 강 혹은 호수 같은 물 위에 있는 것이 보였다. 앞의 섬은 크기가 뒤의 섬의 1/3 정도이었다. 그런데 섬에 더 가까이 가자 두 번째 섬은 보이지 않았고 첫 번째 섬만 눈에 들어왔다. 이 섬은 작았지만 아름다웠는데 어떻게 아름다웠는지는 기억이 잘 나지 않는다. 어설픈 기억으로는 섬이 돌과 꽃으로 이루어져 있던 것 같았다. 그때 들려오는 정보로는 이 물길을 따라 더 들어가면 그랜드 캐니언이 나온다고 했다. 그러나 그 꿈은 첫 번째 섬만 보는 것으로 끝나고 말았다.

자! 이 평범하지도 않고 비범하지도 않은 꿈이 제시하는 의미는 무엇일까? 꿈은 항상 일정한 비유나 상징을 통해 당사자에게 그가 하는 일이 어떤 것인지 보여주고 그 다층적인 의미를 알려준다. 더 나아가서 어떤 때는 당시 하는 일이 앞으로 어떻게 될지에 대해서 알려주기도 한다. 이런 관점에서 내가 꾼 꿈을 풀어보면 이 꿈은 당시 내가 시작한 UFO 공부가 인간의 의식, 특히 무의식이라는 엄청난 세계로 진입하는 시초를 의미한다고 알려주는 것 같다. 그 이유는 이 꿈에 나온 섬들이 UFO 연구를 상징하는 것으로 보이기 때문이다.

이런 해석이 나오게 된 배경을 설명해보자. 우선 이 꿈에 나온 그랜드 캐니언은 미국에 있는 협(계)곡 가운데 가장 대표적인 것으로 내 꿈에서는 인간의 무의식을 상징하는 것으로 보인다고 했다. 이유는 간단하다. 계곡은 산과 달리 땅 밑으로 파고 들어가서 형성된 것이기 때문에 무의식을 상징한다고 볼 수 있는 것이다. 산은 위로 솟아 있으니 양(陽)적인 세계, 즉 의식을 상징한다고 하면 계곡은 밑으로 파여 있으니 음(陰)적인 세계, 즉 무의식을 상징한다고 보아야 한다.

그런데 그랜드 캐니언은 그 규모가 다른 어떤 계곡보다 크고 깊으니 이것은 앞으로 내가 직면하게 될 무의식의 세계가 규모 면에서 엄청나리라는 것을 암시하는 것으로 보인다. 한국에 있는 설악산 계곡 정도가 아니라 지구상에서 가장 큰 계곡 가운데 하나인 그랜드 캐니언 계곡이니 그 깊이가 얼마나 대단하겠는가? 이것은 내가 앞으로 다룰 무의식의 세계 역시 이 계곡처럼 매우 깊은 '심층'에 속한다는 것을 암시하는 것이다. 나는 이전에 카르마 책을 쓰면서 비슷한 꿈을 꾼 적이 있다. 그때도 지하세계로 들어가는 꿈을 꿨는데 나는 정체를 모르는 어떤 두 사람과 함께 동굴 같은 데로 들어가고 있었다. 그런데 그 꿈에 나타난 지하세계는 그다지 깊게 보이지 않았다. 그 꿈과 대조해서 보면 이번 꿈이 상징하는 무의식의 세계는 그와는 비교도 안 되게 깊은 곳인 것을 알 수 있다.

그다음은 섬에 관한 것이다. 왜 섬이 나왔을까? 섬은 항상 물과 같이 나올 수밖에 없는데 이때 섬이 의식을 상징한다면 물 밑의 세계는 무의식을 상징한다고 할 수 있다. 섬과 바다의 비유는, 우리의 의식이 바다에 의해 분리된 섬처럼 보이지만 사실은 섬이 물 밑으로 연결된 것처럼 우리의 무의식도 연결되어 있다는 것을 나타날 때 등장하는 것이다. 그런데 내 꿈에 섬이 나왔다는 것은 다시금 지금 내가 공부하는 주제가 인간의 무의식에 관한 것이라는 것을 말해주는 것이다. 그리고 이 섬이 내가 막 시작한 UFO 연구를 의미한다고 했다.

재미있는 것은 꿈에서 내가 그 섬 가운데 첫 번째 섬밖에 보지 못했다는 것이다. 멀리서 보았을 때는 두 개의 섬이 보였는데 가까이 가보니 한 개만 보였다. 이것은 아마도 나의 이번 연구가 주제 전체의 방대함과 비교하면 지극히 초엽에 해당한다는 것을 암시하는 것 아닐까 한다. 다시 말해 내가 이 책을 통해 UFO 연구를 시작한 것이 전체 연구의 시각에서 보면 지극히 초기, 아니 아예 시작에 불과한 것 아니냐는 것이다.

그런데 나는 앞에서 이 첫 번째 섬 바로 옆에 두 번째 섬이 있었다고 했다. 위에서 볼 때는 보였는데 가까이 가니 보이지 않았던 이 섬은 또 무엇을 상징하는 것일까? 이 의미를 억지로 추정해보면 UFO 피랍자를 포함한 접촉자들에 대한 연구를 상징하는 것 아닐까 한다. 내가 다음 연구로 상정하고 집필을 준비하고 있는 주제가 바로 이것이기 때문에 그렇게 추정해본 것이다. 그 추정이 맞는다고 하더라도 지금 내가 하는 모든 것은 지극히 초기 연구에 불과하다. 그 뒤에는 전개 양상을 전혀 예측할 수 없는 그랜드 캐니언 같은, 엄청나다는 말도 부족한 '거대 무시'한 세계가 기다리고 있다. 그 세계가 어떤 것이지 될지는 지금으로서는 알 수 없다. 나는 이번 생에 내가 얼마나 이 연구를 지속할지 아직 예단하지 못한다. 그러나 나이 문제가 있는 것을 참작하면 이번 생에는 연구가 초엽에서 그칠 가능성이 크다.

이 꿈을 글로 써서 공개하는 것은 이번이 처음인데 꿈의 내용을 서술하는 데에 전혀 문제가 없었다. 다시 말해 이 꿈을 꾼 지가 벌써 넉 달이 지났는데도 꿈이 하도 선명해서 기억하는 데에 전혀 지장이 없었다. 이렇게 기억에서 떠나지 않는 꿈은 대단히 중요한 꿈으로 이것은 우리의 무의식이 의식에 중요한 메시지를 전달하는 것으로 이해된다. 어떻든 이 꿈을 통해 나는 '내 일생에서 가장 중요한 연구를 시작했고 지금의 연구는 극히 작은 부분에 불과하다'라는 것을 알게 되었다.

그런가 하면 이 연구는 인간학이나 인류학적으로 매우 중요한 것 같다. 우리 인간에게 무의식을 연구하는 것보다 더 중요한 일이 어디 있겠는가? 굳이 무의식이라 하지 않고 그냥 의식이라고 하는 게 더 나은 표현이지만 말이다. 어떻든 그런 점에서 나는 지금 시작한 내 연구가 '라이트 트랙(right tract)'에 들어섰다는 것을 알게 되어 적이 안심되었다. '엄한' 데로 빠진 게 아니라 제 길에 들어섰다고 무의식이 알려주니 마음이 놓인 것이다.

*　　　*　　　*

그런데 앞으로의 연구가 문제다. 한국에서 UFO를 제대로 연구하는 것은 거의 불가능에 가깝기 때문이다. 무엇보다도 이 주제에 관련된 연구서를 구할 수 없는 것이 결정적인 문제라 하겠다. 한국에는 책이 없으니 나는 개인적으로 미국 회사에 주문해서 책을 구매할 수밖에 없었는데 여기에는 명백한 한계가 있다. 필요한 책을 넉넉하게 옆에 놓고 연구하지 못했으니 한계가 있을 수밖에 없는 것이다. 그럼에도 불구하고 나는 온갖 상상력을 발휘해서 연구했는데 이 같은 열악한 환경에도 불구하고 이번 책을 펴낼 수 있었던 것은 수많은 영상 자료들이 있었기 때문이다. 인터넷을 검색해보면 UFO에 관련해서 유튜브 등에 어마어마한 자료가 있어 많은 도움이 되었다. 어떤 경우에는 내가 필요로 하는 책이 통째로 있어 신기해했던 기억도 난다. 그런데 첫 번째 연구는 이렇게 힘을 짜내어 어떻게든 해낼 수 있었지만 두 번째 연구부터는 환경을 완전히 바꾸어야 한다. 반드시 더 많은 자료를 보아야 하는데 자료들을 어떻게 접할 수 있을지 난감하다.

내가 앞으로 하고 싶은 연구의 주제는 외계인과 접촉한 사람들이 증언이다. 이 주제는 여전히 그 진위를 놓고 논란의 여지가 많다. 그러나 지금 세상에는 외계인을 만나서 일정한 체험을 한 사람들의 증언이 끊임없이 이어지고 있다. 이들은 대부분 UFO 선체 내부에 가서 여러 가지 일을 겪고 오는데 그 내용이 황당하기 짝이 없다. 그러나 이들의 체험을 사실로 받아들인다면 이들의 증언은 중요한 자료로 부각될 수 있다. 이들이야말로 외계인에 대한 생생한 정보를 제공할 수 있는 유일한 재원이기 때문이다. 보통의 우리들은 공중에 떠 있는 UFO를 목격하는, 단순한 일도 체험하지 못했는데 이들은 UFO에 탑승했을 뿐만 아니라 외계인들과 의사소통까지 했다고 하니 그들의 체험은 UFO학에서 매우 중요한 위치를 차지할 수밖에 없을 것이다.

이런 사례가 많지만 독자들의 이해를 돕기 위해 가장 잘 알려진 사례를 꼽는다면 이스라엘 출신의 초능력자인 유리 겔러를 들 수 있다. 그가 지녔다고 하는 초능력에 대해 진위를 두고 여러 가지 말이 많지만 그에게 일정한 초능력이 있는 것은 사실인 것 같다. 그런데 그가 진술하기를 자신이 의식으로 물질을 움직이게 하는 따위의 초능력을 얻게 된 것은 외계인들과 접촉한 뒤부터라는 것이다. 이 사람 외에도 UFO와 교통한다고 주장하는 사람은 의외로 많은데 나는 이 책의 본문에서 이런 사람들에 대해 이미 간단하게 언급했다. 나는 이런 사람들의 체험을 연구한 자료를 가지고 좀 더 깊은 공부를 계획하고 있다. 내 어줍은 생각에 이 길 외에는 UFO 현상을 심도 있게 이해할 수 있는 방법이 없다는 의미에서 이 주제는 대단히 중요하다. 이 현상에 대해 미국(그리고 유럽 일부 국가)에서는 엄청난 연구가 되어 있는데 그 많은 자료를 자유롭게 접할 수 없으니 앞으로 내 연구를 어떻게 진행할 수 있을지 정확하게 예측할 수 없다.

* * *

"이게 선배님 전화 맞나요? 제 책이 최근에 나와 드리고 싶으니까 주소 좀 알려주세요" 하는 문자가 2024년 3월 중순께 왔다. 문자를 보낸 장본인은 일본에서 종교학으로 박사학위를 하고 대학에서 가르치다 은퇴한 김 교수(가명)였다. 김 교수는 나와 전공이 같은 관계로 교류가 있었는데 어느 때부터인가 왕래가 뜸해지더니 십여 년 전부터는 연락이 아예 끊겼다. 그런 탓에 나는 그에게서 연락이 올 거라고는 전혀 기대하지 않았다. 그런데 그에게서 예기치 않은 연락이 온 것이다. 학교를 은퇴한 뒤 내게 연락하는 사람이 별로 없어 격조(隔阻)했는데 누가 연락을 주니 반갑기 그지없었다. 심심하던 차에 잘 됐다 싶어 그에게 바로 전화해 그냥 책만 보내고 말 게 아니라 만나서 몇 마디라도 나누자고 했다. 그가 이 제안을 내치지 않아 우리는 그다음 주에 만났다.

이야기를 나누다 보니 내가 당시에 푹 빠져 있는 UFO 이야기를 그냥 지나칠 리가 없었다. 요즘 뭐 하고 지내느냐는 그의 질문에 나는 평소의 지론을 깨고 또 UFO를 공부하고 있다는 말을 내뱉고 말았다. 나는 이 책의 서문에서 말한 것처럼 다른 사람에게 UFO를 공부한다는 말은 가능한 한 자제하겠다고 마음의 결정을 내린 바 있다. 그 이유에 대해서는 서문에서 이미 밝혔다. 그런데 나는 이 다짐을 깨고 김 교수에게 내 근황을 발설하고 만 것이다. 내 말을 듣자 김 교수는 곧 표정을 바꾸면서 지난 수십 년 동안 아내를 제외하고 누구에게도 발설하지 않은 자신의 경험담을 토로하기 시작했다.

그는 "선배님, 제가 1980년대 중반에 군대에 있을 때 UFO 같은 걸 본 적이 있어요." 하고 말을 꺼냈다. 그의 말에 깜짝 놀란 나는 큰 기대 하지 않고 애써 태연한 척하면서 "그래요? 그거 밤에 나타나지 않았어요?" 하고 물었다. 나는 그의 UFO 체험 역시 그저 그럴 것이라고 지레짐작하고 별 의미를 두지 않은 질문을 던졌다. 그러나 내 짐작이 틀렸다는 것을 아는 데에는 그다지 오랜 시간이 걸리지 않았다. 비장한 그의 이야기가 이어졌다. "제가 군대를 ROTC 장교로 갔을 때 일이에요." 나는 그가 장교로 복무했다는 것이 의외라 다시 물었더니 자신은 몸이 약해 일반 병사로 가면 못 견딜 것 같아 부득이 ROTC의 길을 갔다고 했다. 그런데 아무 '빽'이 없었던지 최고 전방인 GP에서 근무했다고 한다. GP는 DMZ 안에 있는 유일한 아군 초소이고 북한군이 보이는 최고 전방이다.

"저는 소대장이라 매일 사병들이 보초 서는 것을 점검해야 하거든요. 그날도 새벽 4시 15분경 GP로 올라가서 다 살펴보고 문을 열었어요. 그랬더니 지름이 한 20~30m는 되는 물체 하나가 내 눈앞을 지나가더라고요. 그 물체에는 오색의 아름다운 불이 반짝거리고 있었는데 그 아름다움은 지금도 잊지 못해요. 그거 UFO 맞지요? 그렇게 내 앞으로 지나더니 저 뒤로 사라져버리더라고요. 그런데 이상하게 그걸 나만 봤나 봐요. 옆에 있는 '졸병'한테 봤냐고 물어보니까 자기는 못 봤다고 하면서 그저 혼불 같은 거 아니냐고 하데요. 별것 아니라는 투였어요."

여기까지 듣고 나는 깜짝 놀라 '그건 분명 UFO다!'라고 맞장구를 쳤다. 그러면서 내가 그동안 UFO 목격담을 많이 접해봤지만 이런 '찐' 목격을 한 사람을 만난 것은 처음이라고 방정을 떨었다. 보통 UFO 목격은 그저 먼 하늘에 떠 있는 비행체를 보는 데에 그치지 이렇게 당사자의 눈 바로 앞에서 휘황찬란한 빛을 발산하면서 UFO가 지나가는 경우는 별로 없다. 그래서 나는 공연히 들떠 김 교수에게 '이건 그 비행체가 의도적으로 김 선생에게 나타난 것 같은데 그 이유는 나도 모르겠다'라고 확인할 길이 없는 발언을 했다. 이런 식의 UFO 체험은 극소수의 사람만 하는 것이라 그의 토로가 더 가슴에 와닿았다. 그는 자기가 이 체험을 1980년대 중반 어느 날 새벽 4시 15분 - 그는 40년이 지난 지금도 당시 시간을 정확히 기억하고 있었다 -에 하고 처음 발설하는 것이라고 했다. 물론 아내에게 말해 보았지만 그녀는 그 말이 사실이라면 개천에서 용이 날 거라고 하면서 아예 처음부터 무시하더란다. 이것은 대부분의 사람들이 UFO에 대해 갖는 반응이라 그녀의 반응이 수상하게 보이지는 않았다.

나는 이 사건이 심상치 않았다. 사실 나는 김 교수는 이번 생에 또 볼 일이 없으리라 생각하던 터였다. 그나 나나 서로 연락할 일이 없었기 때문이다. 게다가 나는 사람을 잘 만나지 않아 사람들도 나에게는 별로 연락하지 않는다. 그런데 느닷없이 그가 내게 연락해 만남이 이루어졌는데 그는 내가 그토록 듣고 싶은 아주 진한 UFO 목격담을 가져왔다. 앞에서 말한 것처럼 나는 이 정도로 UFO를 진하게 체험한 사람을 만나보지 못했다. 그러니 내게는 이 만남이 기이했다. 그런데 나만 신기하게 생각하는 게 아니다. 김 교수 또한 40년 만에 그토록 귀한 UFO 목격담을 처음으로 발설했다고 하면서 우리의 만남은 그에게도 수상한 일이라고 실토했다. 이런 일이 우연으로 일어난 것인지 아니면 어떤 지성(intelligence)의 주도하에 일어난 일이지는 알 수 없지만 내가 UFO에 관한 책의 집필이 거의 끝내자 이런 '찐' 체험자가 나타난 게 이채롭기만 하다. 순전한 추측이지만 이 사건은 내가 앞으로 수행할 UFO 연구에 힘을 주기 위해 일어난 것이 아닌가 하는 어줍은 생각을 해본다. (그런데 이 책의 원고를 정리하던 중 나는 위의 김 교수가 겪은 사건과 매우 비슷한 사건에 대해 들을 수 있었다. 2024년 7월 29일 한국 UFO 학회 관계자들과 저녁 식사를 하던 중 나는 참석자인 서종한 씨로부터 뜻밖의 소식을 들었다. 서종한 씨는 한국 UFO 연구계에서는 UFO 관련 사진 분석의 일인자로 꼽는다. 그가 매우 의미심장한 제보를 받았는데 이 제보를 한 사람은 수십 년 전에 DMZ에서 군인으로 근무하던 중 UFO가 착륙한 것을 보았다고 한다. 그때 그는 동료들과 약 700~800m 앞까지 접근했는데 더는 지뢰 폭발의 위험이 있어 갈 수 없었다고 한다. 그런데 비행체 건너편으로는 북한군들도 와 있는 것을 목도할 수 있었다고 하는데 그들도 근접하지는 못했던 모양이다. 그러면서 씨는 제보자가 그린 UFO 그림을 보여주었는데 창문이 여러 개 있는 전형적인 UFO의 모습이었다. 우리의 토론은 김 교수가 본 UFO가 혹시 이 제보자가 본 UFO와 같은 것 아닌가 하는 것으로 이어졌는데 이 목격 사건이 사실이라면 더 정밀한 조사가 필요할 것이다. 이처럼 UFO가 착륙한 것을 목격하는 일은 좀처럼 일어나지 않는 일이라 연구 가치가 높다고 할 수 있다. 이렇게 사건이 꼬리 물면서 비슷한 사건이 일어나는 게 흥미롭다)

＊　　＊　　＊

　　본문에서 그렇게 장황하게 이야기를 늘어놓았는데 남은 이야기가 있어 쓰다 보니 이렇게 길어졌다. 이렇듯 UFO 이야기는 끝이 없다. 지금도 책으로, 또 영상으로 계속해서 새로운 정보를 습득하고 있으니 이 이야기가 언제까지 지속될지 알 수 없다. 그것은 그렇다 치고 이번 책을 내면서 감사의 말씀을 빼놓을 수는 없는 일이다. 첫 번째 감사는 물론 출판사 측에 돌려야 할 것이다. 사람들이 전화기 두들기느라 정신이 팔려 책을 멀리하는 세태에도 불구하고 이렇게 책을 내준 우물이있는집 출판사가 고맙기 그지없다. UFO와 같은 격외의 주제를 다룬 책을 출간하는 것은 모험이 뒤따를 수 있는데 그것을 감내하고 출판해주니 고맙기 짝이 없는 것이다.

또 감사의 말씀을 전하고 싶은 사람은 제자이자 동료인 송혜나 박사다. 그는 내 '오리지널' 원고를 첫 번째 독자이자 편집자로서 대폭 수정을 가해 지금의 원고로 만들어주었다. 나는 정연하게 쓴다고 했지만 중간, 중간에 너무 객설이 많이 들어가 그의 눈에는 원래의 원고가 이상하게 보였던 모양이다. 내 나름대로 더 많은 정보를 담기 위해 이것저것 넣다 보니 번잡하게 되었을 것이다. 송 박사는 그런 것을 재배치하고 적절한 나누어주었을 뿐만 아니라 좋은 제목을 붙여주어서 독자들이 읽기에 훨씬 편한 원고로 만들어주었다. 이와 더불어 그림 자료를 만들어준 임은우씨와 최나무씨에게도 큰 감사를 드린다. 이 책의 주제인 UFO는 워낙 신출귀몰해 좋은 사진을 구하기가 힘들다. 그나마 있는 사진은 저작권에 걸려 쓸 수 없는 경우가 많았다. 이 상황을 타개하기 위해 최나무씨는 AI를 활용해 그림을 그려주었고 임은우씨는 그림을 직접 그려 전달해주었다. 이 가운데에 임 씨는 아이패드를 이용해 흡사 손으로 그린 것 같은 생생한 그림을 만들어주었다. 그의 그림 덕에 이 책의 격이 높아진 것 같아 흐뭇하기 짝이 없다. 끝으로 세네스트 출판사와 인연을 맺게 해준 신영미 씨께도 깊은 감사를 드린다.

내가 진짜 마지막으로 하고 싶은 이야기는 다음이다. 물론 본문에서 다 한 이야기이지만 다시 한번 대놓고 말하고 싶다. 이 책의 결론은 아주 간단하다고 했다. 그것은,

1. UFO와 외계인은 존재한다.
2. 그들의 과학 기술 수준이나 정신적 수준은 인간과는 비교도 안 되게 드높다.
3. 이 명제를 인정한다면 우리 인간은 앞으로 무엇을 어떻게 해야 할까?

오늘도 UFO는 지구 상공을 배회하고 있다.

도판 목록

BEYOND UFO

초판 1쇄 발행 | 2025년 1월 15일

지은이 | 최준식

편 집 | 박일구

디자인 | S-design

펴낸이 | 강완구

펴낸곳 | 도서출판 써네스트   **브랜드** | 우물이있는집

출판등록 | 2005년 7월 13일 제2017-000293호

주 소 | 서울시 마포구 양화로 56, 1521호

전 화 | 02-332-9384   **팩 스** | 0303-0006-9384

홈페이지 | www.sunest.co.kr

ISBN 979-11-94166-41-2(03440) 값 28,000원

우물이있는집은 써네스트출판사의 인문브랜드입니다

잘못된 책은 바꾸어 드립니다.